普通高等教育教材
华东交通大学教材出版基金资助
江西省高等学校教学改革研究课题(JXJG-22-5-3)资助
江西省学位与研究生教育教学改革研究项目(JXYJG-2022-106)资助

给水排水科学与工程专业实验

胡锋平　戴红玲　丰桂珍　主　编
童祯恭　胡玉瑛　彭小明　副主编

化学工业出版社
·北京·

内容简介

本书依据全国高等学校给排水科学与工程专业指导委员会制订的《高等学校给排水科学与工程专业相关课程实验教学基本要求》对相关课程实验教学的基本要求，结合华东交通大学给排水科学与工程专业国家一流专业建设点、教育部给排水科学与工程专业实践教学改革虚拟教研室建设需要编写而成。全书包括实验数据分析处理、基础课程实验、专业基础与专业课程实验，含工程力学、物理化学、水力学、水处理生物学、水文学与水文地质学、泵与泵站、水分析化学、建筑给水排水工程、水质工程学等课程共计64个实验项目，并附开放性实验教学项目14项。

本书可供高等学校给排水科学与工程、环境工程及相关专业本科、专科教师及学生作为教学参考用书使用。

图书在版编目（CIP）数据

给水排水科学与工程专业实验 / 胡锋平，戴红玲，丰桂珍主编；童祯恭，胡玉瑛，彭小明副主编. — 北京：化学工业出版社，2025.4. —（普通高等教育教材）.
ISBN 978-7-122-47336-3

Ⅰ. TU991-33

中国国家版本馆 CIP 数据核字第 2025C5Z082 号

责任编辑：邹　宁　　　装帧设计：韩　飞
责任校对：宋　玮

出版发行：化学工业出版社
（北京市东城区青年湖南街 13 号　邮政编码 100011）
印　　装：北京科印技术咨询服务有限公司数码印刷分部
787mm×1092mm　1/16　印张 16¾　字数 373 千字
2025 年 5 月北京第 1 版第 1 次印刷

购书咨询：010-64518888　　售后服务：010-64518899
网　　址：http://www.cip.com.cn
凡购买本书，如有缺损质量问题，本社销售中心负责调换。

定　　价：59.00 元

《给水排水科学与工程专业实验》
编委会

主　编： 胡锋平　戴红玲　丰桂珍

副主编： 童祯恭　胡玉瑛　彭小明

参　编：（按姓氏笔画为序）

王秋华　方俐俐　付显婷　兰　蔚　李　丽

张　琪　祝泽兵　夏　坚　康彩霞　彭梦霞

喻晓今　管晓涛　魏　杨

前　言

本书依据教育部高等学校给排水科学与工程专业指导分委员会制订的《高等学校给排水科学与工程本科专业指南》对相关课程实验教学的基本要求，结合华东交通大学给排水科学与工程专业国家一流专业建设点、教育部给排水科学与工程专业实践教学改革虚拟教研室建设的需要编写而成，主要包括实验数据分析处理、基础课程实验、专业基础与专业课程实验，含工程力学、物理化学、水力学、水处理生物学、水文学与水文地质学、泵与泵站、水分析化学、建筑给水排水工程、水质工程学等课程共计64个实验项目，并附开放性实验教学项目14项。

本书的出版得到了华东交通大学教材出版基金、江西省高等学校教学改革研究课题（JXJG-22-5-3）、江西省学位与研究生教育教学改革研究项目（JXYJG-2022-106）的资助。

本书由华东交通大学胡锋平、戴红玲、丰桂珍主编，江立文主审。第一章由胡玉瑛、管晓涛编写，第二章由胡玉瑛、喻晓今、彭梦霞编写，第三章由胡玉瑛、夏坚编写，第四章由戴红玲、魏杨、兰蔚编写，第五章由丰桂珍、王秋华、祝泽兵编写，第六章由彭小明、张琪编写，第七章由戴红玲、魏杨编写，第八章由丰桂珍、方俐俐编写，第九章由童祯恭、李丽、张琪编写，第十章由丰桂珍、戴红玲、胡玉瑛、付显婷编写，开放性实验由戴红玲、胡锋平编写。

本书可作为高等学校给排水科学与工程专业本科、专科教学用书，也可供高等学校环境工程专业本科、专科教学参考使用。

在本书的编写中，参考和选用了一些单位和个人的著作和资料，在此谨向他们表示衷心的感谢。由于编者水平有限，书中不妥或疏漏之处敬请批评指正。

编　者

2024.10.20

目 录

第一章
实验数据分析处理

第一节　实验误差分析

水和废水监测分析与水处理实验，常需做一系列的测定，并取得大量的数据。实践表明：每项实验都有误差（即实验值与真实值之间的差异），同一项目的多次重复测量，结果总有差异。这是由实验环境不理想，实验人员技术水平不高，实验设备或实验方法不完善等因素引起的。

实验误差分析的目的在于确定实验直接测量值与间接值误差的大小、数据可靠性的大小，从而判断数据准确度是否符合工程实践要求。

一、误差的基本概念

1. 直接测量值与间接测量值

实验就是对一些物理量进行测量，并通过对这些实测值或根据它们经过公式计算后所得到的另外一些测得值进行分析整理，得出结论。前者称为直接测量值，后者称为间接测量值。水和废水监测分析与水处理实验中常可见这样的两类测量值。例如曝气设备清水充氧实验中，充氧时间 t 和水中溶解氧 O_t（仪表测定）均为直接测定值，设备总转移系数 K_{la} 是间接测定值。

2. 误差来源及误差分类

实验值与真实值之间的差异即为误差。根据对测量值影响的性质，误差通常分为系统误差、偶然误差及过失误差。

（1）系统误差

系统误差是指在同一条件下，多次测量同一量时，误差的数值保持不变或按某一规律变化的误差。造成系统误差的原因很多，可能是仪器、环境、装置、测试方法等。

系统误差虽然可以采取措施使之降低，但关键是找到产生误差的原因，这是实验讨论中的一个重要方面。

(2) 偶然误差

偶然误差又称随机误差，其性质与系统误差不同，测量值总是有稍许变化且变化不定，误差时大时小、时正时负。其来源可能是：人的感官分辨能力不同，环境干扰等。偶然误差是无法控制的，它服从统计规律，但其规律性必须在大量观测数据中才能显现出来。

(3) 过失误差

过失误差是由于实验时使用仪器不合理或粗心大意、精力不集中、记错数据而引起的。只要实验时严肃认真，这种误差一般是可以避免的。

3. 绝对误差和相对误差

绝对误差 ε 是指测量值 x 与其真值 a 的差值，即 $\varepsilon=x-a$，单位同测量值。它反映测量值偏离真值的大小，故称为绝对误差。它虽然可以表示一个测量结果的可靠程度，但在不同测量结果的对比中，对可靠程度的描述不如相对误差。

相对误差是指测量值的绝对误差与测量值的比值，即：

$$\delta=\frac{\varepsilon}{x}\times 100\% \tag{1-1-1}$$

相对误差无单位，通常用百分数表示，多用在不同测量结果的可靠性对比中。

二、直接测量值误差分析

1. 单次测量值误差分析

水和废水监测分析与水处理实验中，不仅影响因素多，而且测试量大，有时由于条件限制，对测量准确度要求不高。而且还有很多测量由于是在动态实验下进行的，不容许对测量值做重复测量，所以实验中往往对某些测量值只进行一次测量。例如在曝气设备清水充氧实验中，取样时间、水中溶解氧值的测定（仪器测定）、压力计量等，均为一次测定值。这些测定值的误差，应根据具体情况进行具体分析。例如，对于偶然误差较小的测定值，可按仪器上注明的误差范围分析计算；无注明时，可按仪器最小刻度的1/2 作为单次测量的误差。如用上海第二分析仪器厂的 SJ6-203 溶解氧测定仪记录，仪器精度为 0.5 级。当测得 DO＝3.2mg/L 时，其误差值为 3.2×0.005＝0.016mg/L；若仪器未给出精度，由于一般仪器最小刻度为 0.2mg/L，故每次测量的误差可按0.1mg/L 考虑。

2. 重复多次测量值误差分析——算术平均误差及均方根偏差

为了能得到比较准确可靠的测量值，在条件允许的情况下，应尽可能进行多次测量，并以测量结果的算术平均值近似代替该物理量的真值。该值误差有多大，在工程中除用算术平均误差表示外，多用均方根偏差或叫标准偏差来表示。

(1) 算术平均误差

算术平均误差是指测量值与算术平均值之差的绝对值的算术平均值。

设各测量值为 x_i，则算术平均值 $\overline{x}$ 为：

$$\overline{x}=\frac{1}{n}\sum_{i=1}^{n}x_i \tag{1-1-2}$$

偏差 $d=x_i-\overline{x}$，则算术平均误差Δx 为：

$$\Delta x=\frac{\sum_{i=1}^{n}|d_i|}{n}=\frac{\sum_{i=1}^{n}|x_i-\overline{x}|}{n} \tag{1-1-3}$$

则真值可以表示为 $a=\overline{x}\pm\Delta x$。

(2) 均方根偏差

均方根偏差也叫标准偏差，是指各测量值与算术平均值差值的平方和的平均值的平方根，故又称为均方偏差，其计算式为：

$$\sigma=\sqrt{\frac{1}{n}\sum_{i=1}^{n}(x_i-\overline{x})^2}=\sqrt{\frac{1}{n}\sum_{i=1}^{n}d_i^2} \tag{1-1-4}$$

在有限次测量中，工程上常用式(1-1-5) 计算标准偏差：

$$\sigma_{n-1}=\sqrt{\frac{1}{n-1}\sum_{i=1}^{n}(x_i-\overline{x})^2} \tag{1-1-5}$$

由于式(1-1-5) 中用算术平均值代替了未知的真值，故用“偏差”这个词代替了“误差”，由式(1-1-5) 求得的均方根误差也称为均方根偏差。测量次数越多，算术平均值越接近于真值，则各偏差也越接近于误差。因此，工程中一般不去区别误差与偏差的细微区别，将均方根偏差也称为均方根误差，简称为均方差，真值用多次测量值的结果表示为：

$$a=\overline{x}\pm\sigma \tag{1-1-6}$$

三、间接测量误差值分析

间接测量值是通过一定的公式，由直接测量值计算得到的。由于直接测量值均有误差，故间接测量值也必有一定的误差。该值的大小不仅取决于各直接测量值误差的大小，还取决于公式的形式。表达各直接测量值误差与间接测量值误差关系的关系式，称为误差传递公式。

1. 间接测量值算术平均误差的计算

这种误差分析是在考虑各项误差同时出现最不利情况时，其绝对值相加而得，计算时可以分为以下几类。

(1) 加减法运算中间接测量值的误差

设 $N=A+B$ 或 $N=A-B$，则有：

$$\Delta N=\Delta A+\Delta B \tag{1-1-7}$$

即和、差运算的绝对误差等于各直接测量值的绝对误差之和。

（2）乘、除运算中间接测量值的误差

设 $N=AB$ 或 $N=\frac{A}{B}$，则有：

$$\delta=\frac{\Delta N}{N}=\frac{\Delta A}{A}+\frac{\Delta B}{B} \tag{1-1-8}$$

即乘除运算的相对误差等于各直接测量值相对误差之和。

由上述结论可见，当间接测量值计算式只含加、减运算时，以先计算绝对误差后计算相对误差为宜，当式中只有乘、除、乘方、开方时，以先计算相对误差后计算绝对误差为宜。

2. 间接测量值标准误差计算

由于间接测量值算术平均误差是在考虑各项误差同时出现最不利情况下的计算结果，这在实际工程中出现的可能性是很小的，因而按此法算得的误差夸大了间接测量值的误差，故工程实际多采用标准误差进行间接测量值的误差分析，其误差传递公式如下。

绝对误差：
$$\sigma=\sqrt{\left(\frac{\partial f}{\partial X_1}\right)^2\sigma_{X_1}^2+\left(\frac{\partial f}{\partial X_2}\right)^2 a_{X_2}+\cdots+\left(\frac{\partial f}{\partial X_n}\right)^2\sigma_{X_n}^2} \tag{1-1-9}$$

相对误差：
$$\delta=\frac{\sigma}{N} \tag{1-1-10}$$

式中 σ——间接测量值的标准误差；

σ_{X_1}，σ_{X_2}，…，σ_{X_n}——直接测量值 X_1，X_2，…，X_n 的标准误差；

$\frac{\partial f}{\partial_{X_1}}$，$\frac{\partial f}{\partial_{X_2}}$，…，$\frac{\partial f}{\partial_{X_n}}$——函数 f（X_1，X_2，…，X_n）对变量 X_1，X_2，…，X_n 的偏导数，并以 X_1，X_2，…，X_n 代入求其值。

由于式(1-1-9) 更真实地反映了各直接测量值误差与间接测量值误差的关系，因此在正式误差分析计算中都用此式。但实际实验中，并非所有直接测量值都进行多次测量，此时所算得的间接测量值误差，比用各直接测量值的误差均为标准误差算得的误差要大一些。

四、测量仪器精度的选择

掌握了误差分析理论后，就可以在实验中正确选择所使用仪器的精度，以保证实验成果有足够的精度。

工程中，当要求间接测量值 N 的相对误差 $\delta_N=\frac{\sigma_N}{N}\leqslant A$ 时，通常采用等分配方案将其误差分配给各直接测量值 X_i，即

$$\frac{\sigma_{x_i}}{X_i}\leqslant\frac{1}{n}A \tag{1-1-11}$$

式中　X_i——某待测量 X_i 的直接测量值；

σ_{x_i}——某直接测量值 X_i 的绝对误差值；

n——待测量值的数目；

A——特定误差要求值。

则根据 $\frac{1}{n}A$ 的大小就可以选定测量 X_i 时所用仪器的精度。

在仪器精度能满足测试要求的前提下，尽量使用精度低的仪器，否则由于高精度仪器对周围环境、操作等要求过高，使用不当时反而会加速仪器的损坏。

第二节　实验数据整理

实验数据整理的目的在于：分析实验数据的一些基本特点，计算实验数据的基本统计特征，利用计算得到的一些参数，分析实验数据中可能存在的异常点，为实验数据的取舍提供一定的统计依据。

一、有效数字及其运算

每一个实验都要记录大量的原始数据，并对它们进行分析运算。但是这些直接测量数据都是近似数，存在一定的误差，因此就存在实验记录时应取几位数，运算后又应保留几位数的问题。

1. 有效数字

准确测定的数字后加上最后一位估读数字（又称存疑数字）所得的数字称为有效数字，如用 20mL 刻度为 0.1mL 的滴定管测定水中溶解氧的含量，其消耗硫代硫酸钠为 3.63mL 时，有效数字为三位，其中 3.6 为确切读数，而 0.03 为估读数字。实验中直接测量值的有效数字与仪表刻度有关，实际一般都应尽可能估计到最小分度的 1/10、1/5 或是 1/2。

2. 有效数字的运算规则

由于间接测量值是由直接测量值计算出来的，因而也存在有效数字的问题，通常其运算规则如下。

① 有效数字的加、减。运算后的和、差小数点后有效数字的位数，与参加运算的各数中小数点后位数最少的相同。

② 有效数字的乘、除。运算后积、商的有效数字的位数与各参加运算的有效数中位数最少的相同。

③ 乘方、开方的有效数字。乘方、开方运算后有效数字的位数与其底的有效数字位数相同。

有效数字运算时，应注意公式中某些系数不是由实验测得的，计算中不考虑其位数。对数运算中，首数不算有效数字。乘除运算中，首位数是 8 或 9 的有效数字多计一位。

二、实验数据整理

1. 实验数据的基本特点

对实验数据进行简单分析后可以看出，实验数据一般具有以下一些特点。

① 实验数据总是以有限次数给出并具有一定的波动性。

② 实验数据总存在实验误差，且是综合性的，即随机误差、系统误差、过失误差同时存在于实验数据中。今后我们所研究的实验数据，均认为是没有系统误差的数据。

③ 实验数据大都具有一定的统计规律性。

2. 几个重要的数字特征

通常用几个有代表性的数来描述随机变量 X 的基本统计特征，一般把这几个数称为随机变量 X 的数字特征。

实验数据的数字特征计算，就是由实验数据计算一些有代表性的特征量，用以浓缩、简化实验数据中的信息，使问题变得更加清晰、简单、易于理解和处理，这里给出分别用来描述实验数据取值的大致位置、分散程度和相关特征等的几个数字特征参数。

(1) 位置特征参数及其计算

实验数据的位置特征参数，是用来描述实验数据取舍的平均位置和特定位置的，常用的有均值、极大值、极小值、中值、众值等。

① 均值 $\overline{X}$。如由实验得到一批数据 X_1，X_2，…，X_n，n 为测试次数，则算术平均值为：

$$\overline{X}=\frac{1}{n}\sum_{i=1}^{n}X_i \tag{1-2-1}$$

算术平均值 $\overline{X}$ 具有计算简便，对于符合正态分布的数据来说和真值接近的优点，它是提示实验数据取值平均位置的特征参数。

② 一组测试数据中的极大值 a 与极小值 b 为：

$$a=\max\{X_1,X_2,\cdots,X_n\} \tag{1-2-2}$$

$$b=\min\{X_1,X_2,\cdots,X_n\} \tag{1-2-3}$$

③ 中值。中值是一组实验数据的中项测量值，其中一半实验数据小于此值，另一半实验数据大于此值。若测得数为偶数时，则中值为正中两个值的平均值。该值可以反映全部实验数据的平均水平。

④ 众值。众值是实验数据中出现最频繁的量，故也是最可能值，其值为所求频率的极大值出现的量。因此，众值不像上述几个位置特征参数那样可以迅速直接求得，而是应先求得频率分布再从中确定。

(2) 分散特征参数及其计算

分散特征参数被用来描述实验数据的分散程度，常用的有极差、标准差、方差、变异系数等。

① 极差 R。极差 R 是最简单的分散特征参数，是一组实验数据极大值与极小值之差，计算公式为：

$$R=\max\{X_1,X_2,\cdots,X_n\}-\min\{X_1,X_2,\cdots,X_n\} \tag{1-2-4}$$

极差可以度量数据波动的大小，具有计算简便的优点，但由于它没有充分利用全部数据提供的信息，而是过于依赖个别的实验数据，故代表性较差，反映实际情况的精度较差。实际应用中多用以均值 $\overline{X}$ 为中心的分散特征参数，如方差、标准差、变异系数等来描述数据的波动。

② 方差 α^2 和标准差 α。方差和标准差的计算公式如下。

$$\sigma^2=\frac{1}{n-1}\sum(X_i-\overline{X})^2 \tag{1-2-5}$$

$$\sigma=\sqrt{\frac{1}{n-1}\sum_{i=1}^{n}(X_i-\overline{X})^2} \tag{1-2-6}$$

方差和标准差都是表明实验数据分散程度的特征数。标准差也叫均方差，与实验数据单位一致，可以反映实验数据与均值之间的平均差距，这个差距愈大，表明实验所取数据愈分散，反之表明实验所取数据愈集中。方差这一特征数所取单位与实验数据单位不一致，但是标准差大则方差大，标准差小则方差小，所以方差同样可以表明实验数据取值的分散程度。

③ 变异系数 C_r 为：

$$C_r=\frac{\sigma}{\overline{X}} \tag{1-2-7}$$

变异系数可以反映数据相对波动的大小，尤其是对标准差相等的两组数据，变异系数大的一组数据相对波动小，变异系数小的一组数据相对波动大。而极差、标准差只反映了数据的绝对波动大小，因此，此时变异系数的应用就显得更为重要。

(3) 相关特征参数

为了表示变量间可能存在的关系，常常采用相关特征参数，如线性相关系数等。线性相关系数的计算将在回归分析中介绍，它反映变量间存在的线性关系的强弱。

三、实验数据中可疑数据的取舍

1. 可疑数据

整理实验数据进行计算分析时，常会发现有个别测量值与其他值偏差很大，这些值可能是由偶然误差造成的，也可能是由过失误差或条件的改变造成的。所以在实验数据整理的整个过程中，控制实验数据的质量，消除不应有的实验误差是非常重要的。但是对于这样一些特殊值的取舍一定要慎重，不能轻易舍弃，因为任何一个测量值都是测试结果的一个信息，通常我们将个别偏差大的，不是来自同一分布总体的、对实验结果有明显影响的测量数据称为离群数据；将可能影响实验结果，但尚未证明确定是离群数据的测量数据称为可疑数据。

2. 可疑数据的取舍

舍掉可疑数据虽然可以提高实验结果精密度，但是可疑数据并非都是离群数据，因为正常测定的实验数据总有一定的分散性，因此不加分析，人为地全部删掉，虽然可能删去了离群数据，但也删去了一些误差较大的并非错误的数据，则由此得到的实验结果并不一定符合客观实际。因此可疑数据的取舍，必须遵循一定的原则，一般这项工作由具有丰富经验的专业人员根据下述原则进行：

实验中由于条件改变、操作不当或其他人为的原因产生离群数值，离群数据应有当时记录可供参考。

没有肯定的理由证明它是离群数值，而从理论上分析，此点又明显反常时，可以根据偶然误差分布的规律，决定它的取舍。一般应根据不同的检验目的选择不同的检验方法，常用的方法如下。

(1) 用于一组测量值的离群数据的检验

对于一组测量值的离群数据的检验，常用的方法有 3σ 法则、肖维涅准则。

① 3σ 法则。实验数据的总体是正态分布（一般实验数据多为此分布）时，先计算出数列标准误差，求其极限误差 $K_\sigma=3\sigma$，此时测量数据落在 $\overline{X}\pm3\sigma$ 范围内的可能性为 99.7%，也就是说，数据落在此区间外只有 0.3%的可能性，这在一般测量次数不多的实验中是不易出现的，若出现了这种情况则可认为是由于某种错误造成的。因此，这些特殊测量值的误差超过极限误差后，可以舍弃。一般把依此进行可疑数据取舍的方法称为 3σ 法则。

② 肖维涅准则。实际工程中常根据肖维涅准则利用表 1-2-1 决定可疑数据的取舍。表中 n 为测量次数；K 为系数，$K_\sigma=K\sigma$ 为极限误差，当可疑数据的误差大于 K_σ 时，即可舍弃。

表 1-2-1　肖维涅准则

n	K	n	K	n	K
4	1.53	10	1.90	16	2.16
5	1.65	11	2.00	17	2.18
6	1.73	12	2.04	18	2.20
7	1.79	13	2.07	19	2.22
8	1.86	14	2.10	20	2.24
9	1.92	15	2.13		

(2) 用于多组测量值的均值的离群数据的检验——Crubbs 检验法（克罗勃斯法）

克罗勃斯法的步骤如下。

① 计算统计量 T。将 m 个组的测定均值按大小顺序排列成 $\overline{X}_1$、$\overline{X}_2$、…、$\overline{X}_{m-1}$、$\overline{X}_m$，其中最大、最小均值记为 $\overline{X}_{\max}$、$\overline{X}_{\min}$，求此数列的均值并记为总均值 $\overline{\overline{X}}$。求此数列的标准误差 $\sigma_{\overline{X}}$：

$$\overline{\overline{X}}=\frac{1}{m}\sum_{i=1}^{m}\overline{X}_i \tag{1-2-8}$$

$$\sigma_X=\sqrt{\frac{1}{m-1}\sum_{i-1}^{m}(\overline{X}_i-\overline{\overline{X}})^2} \tag{1-2-9}$$

按式(1-2-10) 进行可疑数据为最大及最小均值时的统计量 T 的计算：

$$T=\frac{\overline{X}_{\max}-\overline{\overline{X}}}{\sigma_X} \tag{1-2-10}$$

$$T=\frac{\overline{\overline{X}}-\overline{X}_{\min}}{\sigma_X} \tag{1-2-11}$$

② 查出临界值 T_α，根据给定的显著性水平 T_α 和测定的组数 m，由表 1-2-2 查得克罗勃斯检验临界值 T_α。

③ 判断离群数值的方法如下。若计算统计量 $T>T_{0.01}$，则可疑均值为离群数值，可舍掉，即舍去了与均值相应的一组数据。

若 $T_{0.05}<T\leqslant T_{0.01}$，则为偏离数值。

若 $T\leqslant T_{0.05}$，则为正常数值。

(3) 用于多组测量值方差的离群数据检验法——Cochran 最大方差检验法

此法既可用于剔除多组测定中精密度较差的一组数据，也可用于多组测定值的方差一致性检验（即等精度检验）。

① 计算统计量 C。将 m 个组测定的每组标准差按大小顺序排列为 σ_1、σ_2、…、σ_m，最大记为 $\sigma_{\max}$，按式(1-2-12) 计算统计量 C：

$$C=\frac{\sigma_{\max}^2}{\sum_{i=1}^{m}\sigma_i^2} \tag{1-2-12}$$

② 当每组仅测定两次时，统计量用极差计算：

$$C=\frac{R_{\max}^2}{\sum_{i=1}^{m}R} \tag{1-2-13}$$

式中　R——每组的极差值；

$R_{\max}$——m 组极差中的最大值。

③ 查临界值 C_α。根据给定的显著性水平 α 及测定组数 m，每组测定次数 n，由表 1-2-3 中 Cochran 最大方差检验临界值 C_α 表查得 C_α 值。

④ 判断。若 $C>C_{0.01}$，则可疑方差为离群数值，说明该组数据精密度过低，应予剔除。

若 $C_{0.05}<C\leqslant C_{0.01}$，则可疑方差为离群方差。

若 $C\leqslant C_{0.05}$，则可疑方差为正常方差。

表 1-2-2 克罗勒斯（Crubbs）检验临界值 T_α

m	显著性水平 α				m	显著性水平 α			
	0.05	0.025	0.01	0.005		0.05	0.025	0.01	0.005
3	1.153	1.155	1.155	1.155	30	2.745	2.908	3.103	3.236
4	1.463	1.481	1.492	1.496	31	2.759	2.924	3.119	3.253
5	1.672	1.715	1.749	1.764	32	2.773	2.938	3.135	3.270
6	1.822	1.887	1.944	1.973	33	2.786	2.952	3.150	3.286
7	1.938	2.020	2.097	2.139	34	2.799	2.965	3.164	3.301
8	2.032	2.126	2.221	2.274	35	2.811	2.979	3.178	3.316
9	2.110	2.315	2.323	2.387	36	2.823	2.991	3.191	3.330
10	2.176	2.290	2.410	2.482	37	2.835	3.003	3.204	3.343
11	2.234	2.355	2.485	2.564	38	2.846	3.014	3.216	3.356
12	2.285	2.412	2.550	2.636	39	2.857	3.025	3.288	3.369
13	2.331	2.462	2.607	2.699	40	2.866	3.036	3.24	3.381
14	2.371	2.507	2.659	2.755	41	2.877	3.046	3.251	3.393
15	2.409	2.549	2.705	2.806	42	2.887	3.057	3.261	3.404
16	2.443	2.585	2.747	2.852	43	2.896	3.067	3.271	3.415
17	2.475	2.620	2.785	2.894	44	2.905	3.075	3.282	3.425
18	2.504	2.650	2.821	2.932	45	2.914	3.085	3.292	3.435
19	2.532	2.681	2.854	2.968	46	2.923	3.094	3.302	3.445
20	2.557	2.709	2.884	3.001	47	2.931	3.103	3.310	3.455
21	2.580	2.733	2.912	3.031	48	2.940	3.111	3.319	3.464
22	2.603	2.758	2.939	3.060	49	2.948	3.120	3.329	3.474
23	2.624	2.781	2.963	3.087	50	2.956	3.128	3.336	3.483
24	2.644	2.802	2.987	3.112	60	3.025	3.199	3.411	3.560
25	2.663	2.822	3.009	3.135	70	3.082	3.257	3.471	3.622
26	2.681	2.841	3.029	3.157	80	3.130	3.305	3.521	3.673
27	2.698	2.859	3.049	3.178	90	3.171	3.347	3.563	3.716
28	2.714	2.876	3.068	3.199	100	3.207	3.383	3.600	3.754
29	2.730	2.893	3.085	3.218					

表 1-2-3 Cochran 最大方差检验临界值 C_α 表

m	$n=2$		$n=3$		$n=4$		$n=5$		$n=6$	
	$\alpha=0.01$	$\alpha=0.05$	$\alpha=0.01$	$\alpha=0.05$	$\alpha=0.01$	$\alpha=0.05$	$\alpha=0.01$	$\alpha=0.05$	$\alpha=0.01$	$\alpha=0.05$
2			0.995	0.975	0.979	0.939	0.959	0.906	0.937	0.877
3	0.993	0.967	0.942	0.871	0.883	0.798	0.834	0.745	0.793	0.707
4	0.968	0.906	0.864	0.768	0.781	0.684	0.721	0.629	0.676	0.590
5	0.928	0.841	0.788	0.684	0.696	0.598	0.633	0.544	0.588	0.506

续表

m	$n=2$		$n=3$		$n=4$		$n=5$		$n=6$	
	$\alpha=0.01$	$\alpha=0.05$	$\alpha=0.01$	$\alpha=0.05$	$\alpha=0.01$	$\alpha=0.05$	$\alpha=0.01$	$\alpha=0.05$	$\alpha=0.01$	$\alpha=0.05$
6	0.883	0.781	0.722	0.616	0.626	0.532	0.564	0.480	0.520	0.445
7	0.838	0.727	0.664	0.561	0.568	0.480	0.508	0.431	0.466	0.397
8	0.794	0.680	0.615	0.516	0.521	0.438	0.463	0.391	0.423	0.360
9	0.954	0.638	0.573	0.478	0.481	0.403	0.425	0.358	0.387	0.329
10	0.718	0.602	0.536	0.445	0.447	0.373	0.393	0.331	0.357	0.303
11	0.684	0.570	0.504	0.417	0.418	0.348	0.366	0.308	0.332	0.281
12	0.653	0.541	0.475	0.392	0.392	0.326	0.343	0.288	0.310	0.262
13	0.624	0.515	0.450	0.371	0.369	0.307	0.322	0.271	0.291	0.246
14	0.599	0.492	0.427	0.352	0.349	0.291	0.304	0.255	0.274	0.232
15	0.575	0.471	0.407	0.335	0.332	0.276	0.288	0.242	0.259	0.220
16	0.553	0.452	0.388	0.319	0.316	0.262	0.274	0.230	0.246	0.208
17	0.532	0.434	0.372	0.305	0.301	0.250	0.261	0.219	0.234	0.198
18	0.514	0.418	0.356	0.293	0.288	0.240	0.249	0.209	0.223	0.189
19	0.496	0.403	0.343	0.281	0.276	0.230	0.238	0.200	0.214	0.181
20	0.480	0.389	0.330	0.270	0.265	0.220	0.229	0.192	0.205	0.174
21	0.465	0.377	0.318	0.261	0.255	0.212	0.220	0.185	0.197	0.167
22	0.450	0.365	0.307	0.252	0.246	0.204	0.212	0.178	0.189	0.160
23	0.437	0.354	0.297	0.243	0.238	0.197	0.204	0.172	0.182	0.155
24	0.425	0.343	0.287	0.235	0.230	0.191	0.197	0.166	0.176	0.149
25	0.413	0.334	0.278	0.228	0.222	0.185	0.191	0.160	0.170	0.144
26	0.402	0.325	0.270	0.221	0.215	0.179	0.185	0.155	0.164	0.140
27	0.391	0.316	0.262	0.215	0.209	0.173	0.179	0.150	0.159	0.135
28	0.382	0.308	0.255	0.209	0.202	0.168	0.173	0.146	0.154	0.131
29	0.372	0.300	0.248	0.203	0.196	0.164	0.168	0.142	0.150	0.127
30	0.363	0.293	0.241	0.198	0.191	0.159	0.164	0.138	0.145	0.124
31	0.355	0.286	0.235	0.193	0.186	0.155	0.159	0.134	0.141	0.120
32	0.347	0.280	0.229	0.188	0.181	0.151	0.155	0.131	0.138	0.117
33	0.339	0.273	0.224	0.184	0.177	0.147	0.151	0.127	0.134	0.114
34	0.332	0.267	0.218	0.179	0.172	0.144	0.147	0.124	0.131	0.111
35	0.325	0.262	0.213	0.175	0.168	0.140	0.144	0.121	0.127	0.108
36	0.318	0.256	0.208	0.172	0.165	0.137	0.140	0.118	0.124	0.106
37	0.312	0.251	0.204	0.168	0.161	0.134	0.137	0.116	0.121	0.103
38	0.306	0.246	0.200	0.164	0.157	0.131	0.134	0.113	0.119	0.101
39	0.300	0.242	0.196	0.161	0.154	0.129	0.131	0.111	0.116	0.099
40	0.294	0.237	0.192	0.158	0.151	0.126	0.128	0.108	0.114	0.097

第三节　实验数据处理

在对实验数据进行整理，剔除了错误数据之后，还要通过实验处理将数据进行归纳，用图形、表格或经验公式加以表示，以找出影响研究的各因素之间相互影响的规律，为得到正确的结论提供可靠的信息。

常用的数据处理方法有列表表示法、图形表示法和方程表示法三种。表示方法的选择主要是依据经验，可以用其中的一种表示，也可以用两种或三种方法同时表示。

一、列表表示法

列表表示法是将一组实验数据中的自变量、因变量的各个数值依一定的形式和顺序一一对应列出来，借以反映各变量之间的关系。

列表表示法具有简单易作、形式紧凑、数据容易参考比较等优点，但对客观规律的反映不如图形表示法和方程表示法明确，在理论分析方面使用不方便。

完整的表格应包括表的序号、表题、表内项目的名称和单位、说明以及数据来源等。

实验测得的数据，其自变量和因变量的变化，有时是不规则的，使用起来很不方便。此时可以通过数据的分度，使表中所列数据有规则地排列起来，即当自变量作等间距顺序变化时，因变量也随着顺序变化，这样的表格查阅较方便。数据分度的方法有多种，较为简便的方法是先用原始数据（即未分度的数据）画图，作出一光滑曲线，然后在曲线上一一读出所需的数据（自变量作等距离顺序变化），并列表。

二、图形表示法

图形表示法的优点在于形式简单直观，便于比较，易显出数据的最高点或最低点、转折点，具有周期性以及其他特征等。当图形作得足够准确时，可以不必知道变量之间的数学关系，对变量求微分或积分后得到需要的结果。

图形表示法可用于以下两种场合。

① 已知变量间的依赖关系图形，通过实验，将取得的数据作图，然后求出相应的一些参数。

② 两个变量间的关系不清，将实验数据点绘于坐标纸上，用以分析、反映变量间的关系和规律。

图形表示法包括以下几个步骤。

1. 选择坐标纸

常用的坐标纸有直角坐标纸、半对数坐标纸和双对数坐标纸等。选择坐标纸时，应根据研究变量间的关系，确定选用哪种坐标纸。坐标纸的格子不宜太密或太稀。

2. 坐标分度和分度值标记

坐标分度是指沿坐标轴规定各条坐标线所代表的数值的大小。进行坐标分度应注意下列几点。

① 一般以 x 轴代表自变量，y 轴代表因变量。在坐标轴上应注明名称和所用的计量单位。分度的选择，应使每一点在坐标纸上都能够迅速方便地找到。

② 坐标原点不一定就是零点，也可用低于实验数据中最低值的某一整数作起点，高于最高值的某一整数作终点，坐标分度应与实验精度一致，不宜过细，也不宜太粗。

③ 为便于阅读，有时除了标记坐标纸上的主坐标线的分度值外，还应在细副主线上也标以数值。

3. 根据实验数据描点和作曲线

把实验得到的自变量和因变量一一对应地画在坐标纸上即可。若在同一图上表示不同的实验结果，应采用不同的符号加以区别，并注明符号的意义。作曲线的方法有以下两种。

① 数据不够充分，图上的点数较少，不易确定自变量与因变量之间的对应关系，或自变量与因变量不一定呈函数关系时，最好是将各点用直线直接相连。

② 实验数据充分，图上点数足够多，自变量与因变量呈函数关系，则可作出光滑连续曲线。

4. 注解说明

每个图形下面应有图名，将图形的意义清楚准确地写出来，紧接图形应有简要说明，使读者能较好地理解图形的意思。此外，还应注明数据的来源，如作者姓名、实验地点、日期等。

三、方程表示法

实验数据用图形或列表表示后，使用时虽然较直观简便，但不便于理论分析研究，故常需要用数学表达式来反映自变量与因变量的关系。

用方程表示法表达自变量与因变量的关系通常包括以下两个步骤。

第一步：选择经验公式。

表示一组实验数据的经验公式的形式应简单紧凑，式中系数不宜太多。一般没有一个简单方法可以直接获得一个较理想的经验公式，通常是先将实验数据在直角坐标纸上描点，再根据经验和解析几何知识推测经验公式的形式，若经验证此形式不够理想时，则另立新式，再进行实验，直到得到满意的结果为止。若表达式中容易直接用实验验证的是直线方程，则应尽量使所得的函数形式呈直线式。若得到的函数形式不是直线式，可以通过变量变换，使所得图形改为直线。

第二步：确定经验公式中的系数。

确定经验公式中系数的方法很多，在此仅介绍直线图解法和回归分析中的一元线性回归以及回归线的相关系数和精度。

1. 直线图解法

凡实验数据可直接绘成一条直线或经变量变换后能改为直线的，都可以用此种方法，具体方法如下。

将自变量和与因变量一一对应地点绘在坐标纸上作直线，使直线两边的点差不多相等，并使每一点尽量靠近直线，所得直线的斜率就是直线方程 $y=a+bx$ 中的系数 b，y 轴上的截距就是直线方程中的 a 值。直线的斜率可用直角三角形的两条直角边 Δy 和 Δx 的比值（$\Delta y/\Delta x$）求得。

直线图解法的优点是简便，但由于每个人用直尺凭视觉画出的直线可能不同，因此精度较差。当问题比较简单，或者精度要求低于 0.5%时可用此法。

2. 一元线性回归

(1) 回归方程

回归就是工程上和科研中常遇到的配直线的问题，即两个变量 x 和 y 存在一定的线性相关关系，通过实验取得数据后，用最小二乘法求出系数 a 和 b，并建立起回归方程：

$$\hat{y}=a+bx$$

这个图像称为 y 对 x 的回归线。用最小二乘法求系数时，应满足以下两个假定：

① 所有自变量的各个给定值均无误差，因变量的各值可带有测定误差；

② 最佳直线应使各实验点与直线的偏差的平方和最小。

由于各偏差的平方均为正值，如果平方和为最小，说明这些偏差很小，所得的回归线即为最佳线。

截距 a 与斜率 b 的计算公式为：

$$a=\bar{y}-b\bar{x} \tag{1-3-1}$$

$$b=\frac{L_{xy}}{L_{xx}} \tag{1-3-2}$$

式中：

$$\bar{x}=\frac{1}{n}\sum_{i=1}^{n}x_i \tag{1-3-3}$$

$$\bar{y}=\frac{1}{n}\sum_{i=1}^{n}y_i \tag{1-3-4}$$

$$L_{xx}=\sum_{i=1}^{n}x_i^2-\frac{1}{n}\left(\sum_{i=1}^{n}x_i\right)^2 \tag{1-3-5}$$

$$L_{xy}=\sum_{i=1}^{n}x_iy_i-\frac{1}{n}\left(\sum_{i=1}^{n}x_i\right)\left(\sum_{i=1}^{n}y_i\right) \tag{1-3-6}$$

(2) 一元线性回归的计算步骤

① 将实验数据列入一元回归计算表（表 1-3-1）并计算。

表 1-3-1　一元回归计算表

序号	x_i	y_i	x_i^2	y_i^2	x_iy_i
1					
…					

续表

序号	x_i	y_i	x_i^2	y_i^2	$x_i y_i$
n					
Σ					

$\Sigma x=$	$\Sigma y=$	$n=$
$\bar{x}=$	$\bar{y}=$	
$\Sigma x^2=$	$\Sigma y^2=$	$\Sigma xy=$
$L_{xx}=\Sigma x^2-(\Sigma x)^2/n=$	$L_{XY}=\Sigma xy-(\Sigma x)(\Sigma y)/n=$	
$L_{yy}=\Sigma y^2-(\Sigma y)^2/n=$		

② 根据式(1-3-1)～式(1-3-6)计算 a、b，得一元线性回归方程 $\hat{y}=a+bx$。

3. 回归线的相关系数和精度

用上述方法配出的回归线是否有意义？两个变量间是否确实存在线性关系？在数学上引进了相关系数（γ）来检验回归线有无意义，用相关系数的大小判断建立的经验公式是否正确。

相关系数 γ 是判断两个变量之间相关关系的密切程度的指标，它有下述特点。

① 相关系数是介于－1 与＋1 之间的某任意值。

② 当 $\gamma=0$ 时，说明变量 y 的变化与 x 无关，这时 x 与 y 没有线性关系，如图 1-3-1 所示。

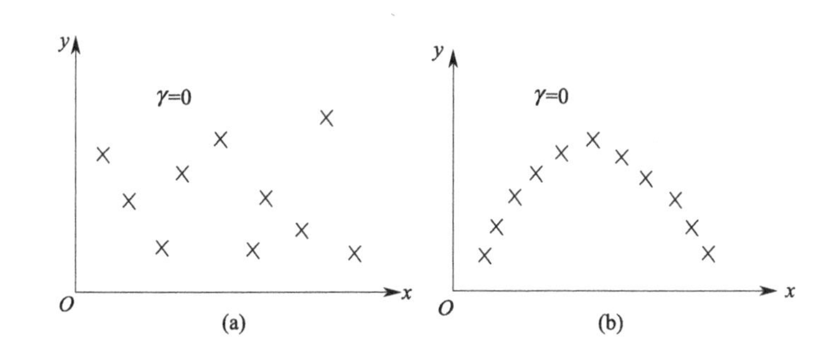

图 1-3-1　x 与 y 无线性关系

③ $0<|\gamma|<1$ 时，x 与 y 之间存在一定的线性关系。当 $\gamma>0$ 时，直线斜率是正的，y 值随着 x 值的增加而增加，此时称 x 与 y 为正相关（见图 1-3-2）。当 $\gamma<0$ 时，直线斜率是负的，y 值随着 x 值的增加而减少，此时称 x 与 y 为负相关（见图 1-3-3）。

④ $|\gamma|=1$ 时，x 与 y 完全线性相关。当 $\gamma=+1$ 时称为完全正相关（图 1-3-4）。当 $\gamma=-1$ 时称为完全负相关（图 1-3-5）。

相关系数只表示 x 与 y 线性相关的密切程度，当 $|\gamma|$ 很小，甚至为零时，只表明 x 与 y 之间线性关系不密切，或不存在线性关系，并不表示 x 与 y 之间没有关系，可能两者存在着非线性关系，如图 1-3-1(b) 所示。

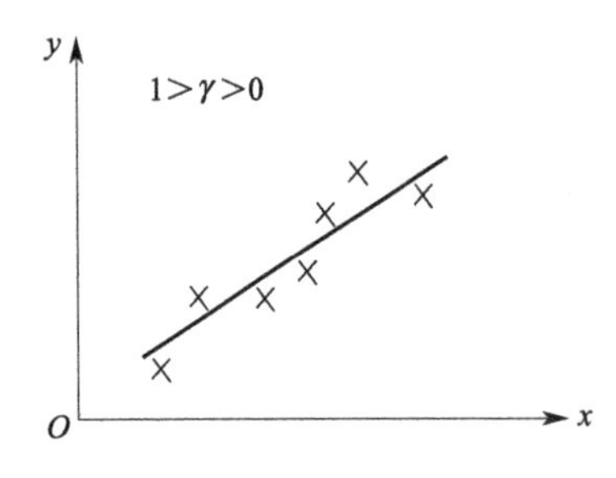

图 1-3-2　x 与 y 正相关

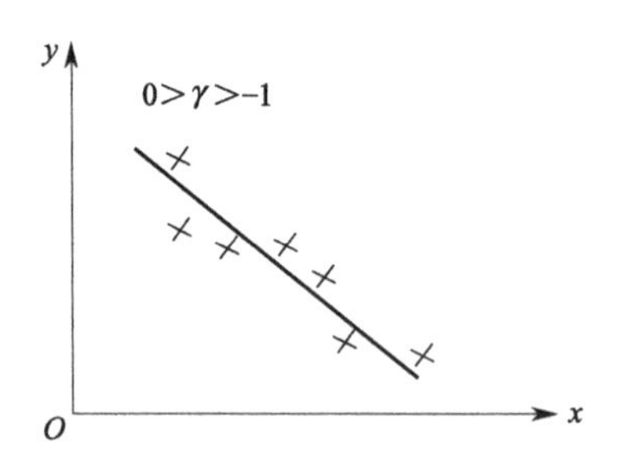

图 1-3-3　x 与 y 负相关

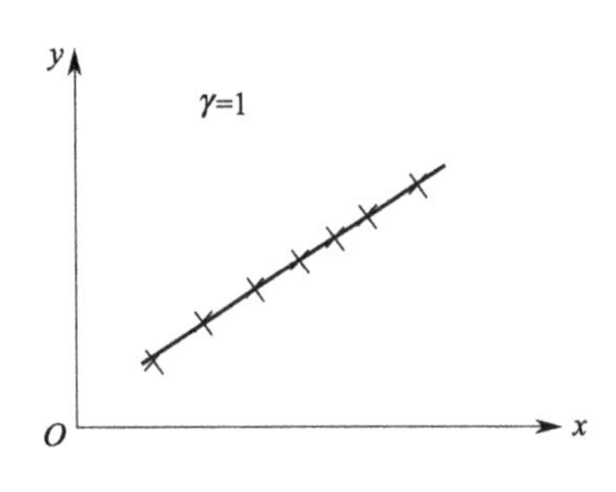

图 1-3-4　x 与 y 完全正相关

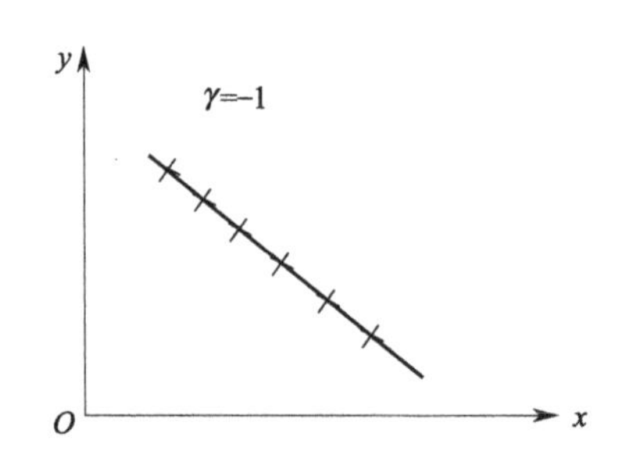

图 1-3-5　x 与 y 完全负相关

相关系数的计算式如下：

$$\gamma=\frac{L_{xy}}{\sqrt{L_{xx}L_{yy}}} \tag{1-3-7}$$

相关系数的绝对值越接近于 1，x 与 y 的线性关系越好。

第二章
工程力学实验

固体材料包括松散体，岩土，天然固体，制造的有形、一体材料等，工程力学主要研究承力结构材料。

实验一　拉伸实验

拉伸实验主要用于确定承力结构材料在受到单向应力状态下的应力与应变之间的关系。

一、实验目的

① 测定低碳钢的屈服极限 σ_s、强度极限 σ_b、延伸率 δ 和断面收缩率 ψ。

② 测定灰口铸铁的强度极限 σ_b。

③ 观察拉伸过程中的各种现象（屈服、强化、颈缩、断裂特征等），并绘制拉伸图（F-ΔL 曲线）。

④ 比较塑性材料和脆性材料的力学性质特点。

二、实验原理

1. 测试过程

把预测试的材料制成符合国家有关部门标准的试件，安装于试验机上进行加力实验。

将划好刻度线的标准试件，安装于万能试验机的上下夹头内。开启试验机，油压作用带动动活动平台上升。因下夹头和蜗杆相连，一般固定不动。上夹头在活动平台里，当活动平台上升时，试件便受到拉力作用，产生拉伸变形。变形的大小可由滚筒或引伸仪测得，力的大小通过指针直接从测力度盘读出，F-ΔL 曲线可以从自动绘图器上得到。

用试验机的自动绘图器绘出低碳钢和灰口铸铁的拉伸曲线（见图 2-1-1）。

2. 低碳钢的拉伸曲线

低碳钢是典型的塑性材料，试样依次经过弹性、屈服、强化和颈缩四个阶段，其中前三个阶段是均匀变形的。

低碳钢试件的拉伸曲线见图 2-1-1(a)。在比例极限内，力与变形成线性关系，拉伸图上呈现一段斜直线。试件开始受力时，头部在夹头内有一点点滑动，故拉伸图最初一小段是相对明显的曲线。

低碳钢的屈服阶段在试验机上表现为测力指针来回摆动，而拉伸图上则绘出一段锯齿形线，出现上下两个屈服荷载。对应于 B'点的为上屈服荷载。上屈服荷载受试件变形速度和表面加工的影响，而下屈服荷载则比较稳定，所以工程上均以下屈服荷载作为受试材料的屈服极限。屈服极限 F_s 是材料力学性能的一个重要指标，确定 F_s 时，需缓慢而均匀地使试件变形，仔细观察。

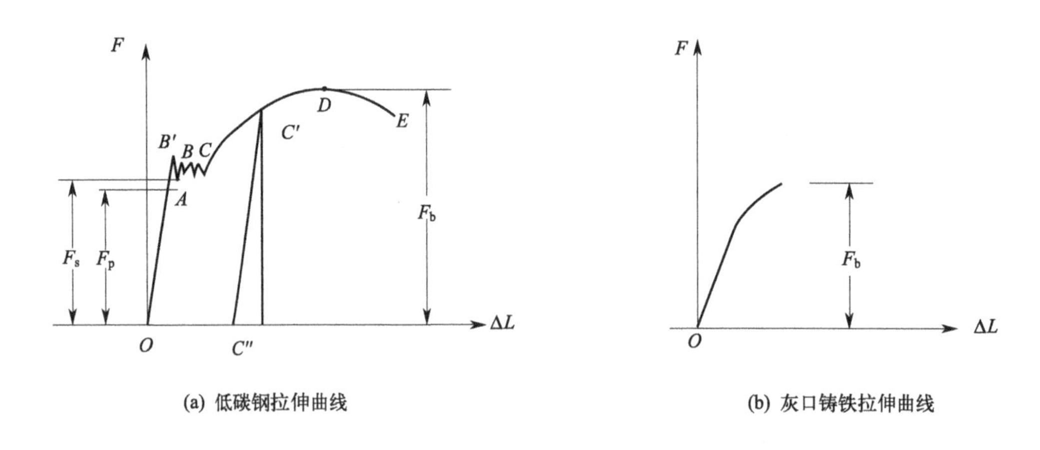

(a) 低碳钢拉伸曲线　　(b) 灰口铸铁拉伸曲线

图 2-1-1　拉伸曲线

试件拉伸达到最大荷载 F_b 以前，在标距范围内的变形是均匀分布的。从最大载荷开始便产生局部伸长的颈缩现象，这时截面急剧减小，继续拉伸所需的载荷也减小了。实验时应把测力指针的副针（从动针）与主动针重合，一旦达到最大荷载时，主动针后退，而副针则停留在载荷最大的刻度上，副针指示的读数为最大载荷 F_b。

在荷载平缓上升的强化阶段，若卸载，则曲线走成 $C'C''$一段，复加载时沿 $C''C'$返回，此现象称为冷作硬化。

3. 灰口铸铁的拉伸曲线

灰口铸铁试件在变形极小时就达到最大载荷 F_b，而后突然发生断裂。没有屈服和颈缩现象，是典型的脆性材料，其拉伸曲线见图 2-1-1(b)。

三、仪器设备

实验需用到的仪器设备为液压式万能试验机、划线器、游标卡尺。

液压式万能试验机的结构、功能等如下所述。

液压式万能试验机为WE系列试验机，能给试件（或模型）施加的最大载荷通常为50kN、100kN、300kN、600kN、1000kN和2000kN等多种，能兼作拉伸、压缩、剪切和弯曲等多种试验并广泛应用于材料试验中。其组成结构可分为四大部分：加载部分、测力部分、绘图部分和操作部分。液压式万能试验机的外形及结构如图2-1-2所示。

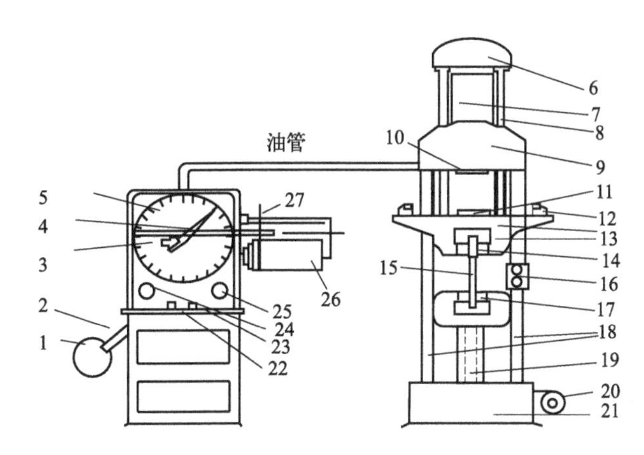

(a) 液压式万能试验机的外形

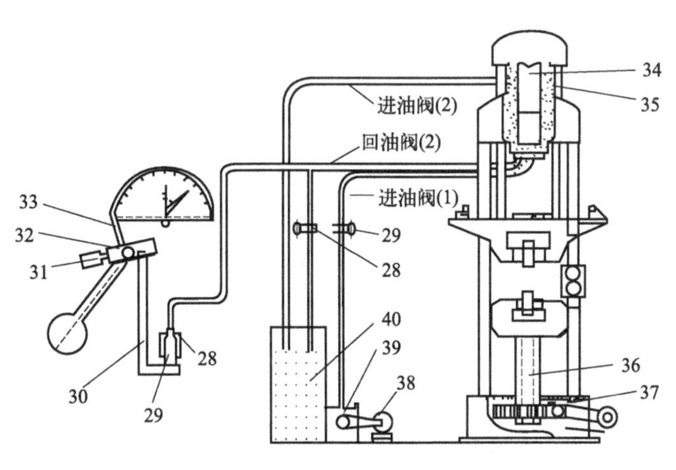

(b) 液压式万能试验机的结构

图2-1-2　液压式万能试验机的外形及结构

1—摆锤；2—摆杆；3—从动针；4—主动针；5—测力度盘；6—小横梁；7—工作油缸；8—活动立柱；9—大横梁；10—上压板；11—下压板；12—支座；13—活动平台；14—上夹头；15—试件；16—下夹头升降按钮；17—下夹头；18—固定立柱；19—蜗杆；20—下夹头升降电动机；21—底座；22—启动按钮；23—停止按钮；24—回油阀；25—进油阀；26—自动绘图器；27—绘图笔；28—测力油缸；29—测力活塞；30—拉杆；31—平衡砣；32—支点；33—推杆；34—工作活塞；35—工作油缸；36—蜗杆；37—蜗轮；38—电动机；39—油泵；40—油箱

1. 构造及工作原理

(1) 加载部分

在机器底座上，装有两个固定立柱，它支撑着大横梁和工作油缸。开动电动机，带动油泵，将油液从油箱吸入工作油泵，经油泵的出油管送到进油阀内，当进油阀手轮打开时，油液经进油管进入工作油缸内，通过油压推动工作活塞，由活塞顶起小横梁，再由小横梁带动活动立柱和活动平台上升。若将试件两端装在上下夹头中，因下夹头固定不动，当活动平台上升时，试件便受到拉力。若把试件放在活动平台的下压板上，当活动平台上升时，由于上压板固定不动，试件与上压板接触后，便受到压力，产生压缩变形。把弯曲试件放在两支座上，当试件随活动平台上升并碰到上夹头后，便产生弯曲变形。一般试验机在输油管路中都装有进油阀门和回油阀门。进油阀门用于加载，控制进入工作油缸中的油量，以便调节试件变形速度。回油阀门用于卸载，打开时，可使工作油缸中的压力油流回油箱，活动平台由于自重而下落，回到原始位置。

根据拉伸的空间不同，可启动下夹头升降电动机，转动底座中的蜗轮，使蜗杆上下移动，以调节下夹头的升降位置。注意当试件已夹紧或受力后，不能再开动下夹头升降电动机。否则会造成下夹头对试件加载，以致损伤机件，烧毁电机。

(2) 测力部分

测力部分主要由测力度盘、指针、回油管、测力油缸、工作油缸、摆锤、拉杆等组成。加载时，工作油缸中的压力油推动活塞的力与试件所受的力随时处于平衡状态。由回油管将工作油缸和测力油缸连通，工作油缸内的油压通过回油管传到测力油缸，并推动测力活塞向下。通过拉杆使摆锤绕支点转动而抬起，同时摆上的推杆推动螺杆，螺杆又推动齿轮，齿轮又带动主动针旋转。这样操作者便可从测力度盘上，读出试件受力的大小。

如果增加或减少摆锤的重量，当指针旋转同一角度时，所需的油压也就不同。即指针在同一位置所指示出的载荷大小与摆锤重量有关。一般试机有 A、B、C 三种锤重，测力度盘上也相应地有三种刻度，分别表示三种测力范围。例如 300kN 万能机有 0～60kN、0～150kN 和 0～300kN 三种刻度。实验时，根据试件所需载荷的大小，选择合适的测力度盘，并在摆杆上挂上相应重量的摆锤即可。

加载前，测力针应指在度盘上的零点，否则必须加以调整。调整时，先开动电动机，将活动平台升起 5～10mm，然后移动摆杆上的平衡砣，使摆杆保持铅直位置。转动螺杆使主动针对准零点，然后轻轻按下测力度盘中央的弹簧按钮并把从动针拨到主动针右边附近即可。需要先升起活动平台才调整零点的原因是：由于活塞、小横梁、活动立柱、活动平台和试件等的重量较大，这部分重量必须消除，不应反映到试件荷载的读数中去，只有这样才能避免测力读数的误差。而要消除自重则必须使工作油缸里有一定的油压，先将它们升起来，这部分油压并未用于给试件加载，只是用于消除升起部分的重量。

(3) 绘图部分

试验机上连有一套附属装置，可以在实验过程中自动地画出试件所受载荷与变形之间的关系曲线，这个装置称为自动绘图器。自动绘图器装在测力度盘的右边，由绘图笔、导轨架、滚筒、撵线和坠砣等组成。绘图纸卷在滚筒上，水平螺杆运动方向为力坐标 F，滚筒转动方向为变形坐标 ΔL。试件受力时，绘图笔便会自动地把拉伸图（F-ΔL）曲线描绘在绘图纸上。由于线图的精确度较差，所以它绘出的图形只能作为定性的示范，不能用于定量分析。

（4）操作部分

该部分主要由进油阀、回油阀、启动按钮、停止按钮、电源开关等组成。进油阀的作用是将油箱里的油送至工作油缸。进油阀门开得大，表示压力油送到工作油缸里的速度快，也就说明试件受力大，变形快。实验时要严格控制进油阀门的大小，保证荷载指针均匀地转动。回油阀的作用主要是使试件卸载，实验完毕后，需打开回油阀，使工作油缸里的油流回油箱。万能试验机的具体操作方法见以下操作规程。

2. 操作规程

① 检查机器：检查试件夹头形式和尺寸是否与试件相配合；各保险开关是否有效；自动绘图器是否正常；进油阀与回油阀是否关紧。

② 选择度盘：估计所需的最大载荷，选择适当的测力度盘。配置相应的摆锤，调节好回油缓冲器。

③ 指针调零：打开电源，开动油泵电动机，检查机器运转是否正常。关闭回油阀，拧开进油阀，缓慢进油。当活动平台上升少许（约 10mm）后，关闭进油阀。移动平衡砣使摆杆保持垂直。然后调整指针至零。

④ 安装试件：做压缩实验时必须保持试件中心受力，将试件放在下夹板的中心位置。安装拉伸试件时，需开动下夹头的升降电动机，调整下夹头位置，夹头应夹住试件全部头部。

注意事项：试件夹紧后，不得再开动下夹头升降电机，否则会烧坏电机。

⑤ 进行实验：启动油泵电动机，操纵进油阀。注视测力度盘，慢速加载。操纵机器必须专人负责，操作者须坚守岗位，如发生机器声音异常，立即停机。

⑥ 还原工作：实验完毕，关闭进油阀，打开液压夹具，取下试件。拧开回油阀，缓慢回油，使活动平台回到初始位置，将一切机构复原，停机。

四、试件

试件截面一般制成圆形或矩形，圆形截面试件形状如图 2-1-3 所示，试件中段用于测量拉伸变形，此段的长度 L_0 称为标距。两端较粗部分是头部，用于装入试验机夹头内，试件头部形状视试验机夹头要求而定，可制成圆柱形[图 2-1-3(a)]、阶梯形[图 2-1-3(b)]、螺纹形[图 2-1-3(c)]。

实验表明，试件的尺寸和形状对实验结果会有影响。为了避免这种影响，便于各种材料力学性能的数值互相比较，国家对试件的尺寸和形状都有统一规定，即所谓“标准试件”，其形状尺寸的详细规定参阅国家标准《金属材料室温拉伸试验方法》（GB/T

228—2002）。标准试件的直径为 d_0，则标距 $L_0=10d_0$ 或 $L_0=5d_0$，d_0 一般取 10mm 或 20mm。矩形截面试件标距 L 与横截面面积 A 的比例为 $L_0=11.3\sqrt{A}$ 或 $L_0=5.65\sqrt{A}$。

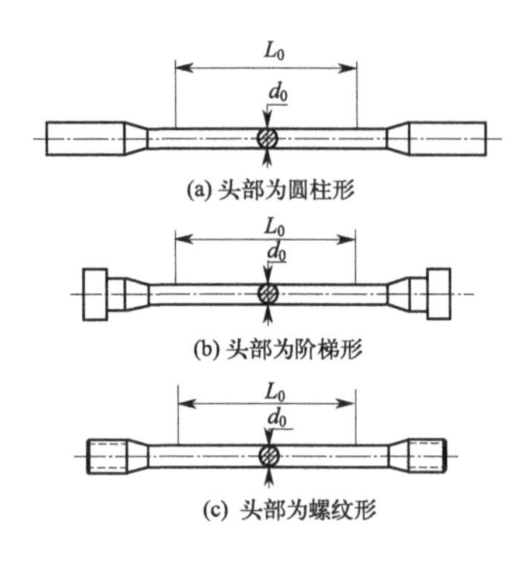

图 2-1-3　圆形截面试件形状

五、低碳钢的拉伸实验步骤

1. 测量试件尺寸

在试件的标距长度内，用划线器划出 100mm 的两根端线作为试件的原长 L_0。

用游标卡尺在试件标距长度 L_0 范围内，测量两端及中间等三处截面的直径 d_0，在每一处截面垂直交叉各测量一次，三处共需测量六次。取三处中最小一处之交叉测量的平均直径 d_0 用于计算截面面积 A_0，要求测量精度精确到 0.02mm。

2. 选择度盘

根据试件截面尺寸估算最大荷载（$F_{max}=A_0\sigma_b$），并选择合适的测力度盘。配置好相应的砣（摆锤），调节好相应回油缓冲器的刻度。

3. 指针调零

打开电源，按下（绿色）油泵启动按钮，关闭回油阀，以手感关好即可，无须拧得过紧。打开进油阀，开始时工作油缸里可能没有液压油，需要开大一些油阀，以便液压油快速进入工作油缸，使活动平台加速上升。当活动平台上升 5～10mm，便关闭进油阀，如果活动平台已在升起的合适位置时，则不必先打开进油阀，仅将进油阀关好即可；如果活动平台升得过高，试件无法装夹，则需打开回油阀，将活动平台降到合适的位置并关好。移动平衡锤使摆杆保持铅垂，铅垂的标准是摆杆右侧面和标示牌的刻划线对齐重合。然后轻轻地旋转螺杆，使主动针对准度盘上的零点，并轻轻按下拨钩，拨动从动针与主动针靠拢，注意要使从动针靠在主动针的右边。同时装好纸和笔，调整好自动绘图器。

4. 安装试件

先将试件安装在试验机上夹头内，再开动下夹头升降电机（或转动下夹头升降手轮）使其达到适当的位置，然后把试件下端夹紧，夹头应夹住试件全部头部。

5. 检查

先请指导教师检查以上步骤完成情况，并经准许后方可进行下步实验。

6. 进行实验

用慢速加载，顺时针转动进油阀半圈左右，缓慢均匀地使试件产生变形。当指针转动较快时，减小一些进油量；指针转动较慢时，则增大一些进油量。

在试件受拉的过程中注意观察测力指针的转动和自动绘图器上的 $F\text{-}\Delta L$ 曲线的轨迹。当测力指针倒退时（有时表现为指针来回摆动），说明材料已进入屈服阶段，注意观察屈服现象，此时不要增加油量，也不要减少油量，让材料慢慢屈服，并抓住时机，记录屈服时的最小载荷 F_s（下屈服点），也就是指针来回摆动时的最小值。

当主动针开始带动从动针往前走，说明材料已过屈服阶段，并进入强化阶段。这时可以适当地再增大一些进油量，即用快一点的速度加载。在载荷未达到强度极限之前把载荷全部卸掉，再重新加载，以观察冷作硬化现象，继续加载，直至试件断裂。在试件断裂前，注意指针的移动，当主动针往回走时，说明材料已进入颈缩阶段，注意观察试件的颈缩现象，这时可以适当地减少一些进油量。当听到断裂声时，立即关闭进油阀，并记录从动针指示的最大载荷 F_b。

7. 结束工作

取下试件，并关闭电源。将试件重新对接好。用游标卡尺测量试件的断后标距 L_1（即断后的两个标记刻划线之间的距离）。测量断口处的直径 d_1，在断口处的两个互相垂直方向各测量一次。最后观察断口形状和自动绘图器上的拉伸曲线图是否与理论相符。

8. 注意事项

① 试件夹紧后，不得再开动下夹头的升降电机，否则会烧坏电机。
② 开始加载要缓慢，防止油门开得过大，引起载荷冲击突然增加，造成事故。
③ 进行实验时，必须专人负责，坚守岗位，如发现机器声音异常，立即停机。
④ 实验结束后，切记关闭进油阀，取下试件，打开回油阀，并关闭电源。

六、灰口铸铁的拉伸实验

实验步骤与低碳钢基本相同，但拉伸图没有明显的四个阶段，只有破坏荷载 F_b，而且数值较小，变形也不大。因此加载时速度一定要慢，进油阀不要开得过大。灰口铸铁断裂前没有任何预兆，突然断裂，是典型的脆性材料。最后观察断口形状和自动绘图器上的拉伸曲线图是否与理论相符，其断口形状与低碳钢有何不同，请教师检查实验记录。

七、数据处理

根据材料的屈服载荷 F_s 和最大载荷 F_b，计算屈服极限 σ_s 和强度极限 σ_b：

$$\sigma_s=\frac{F_s}{A_0}$$

$$\sigma_b=\frac{F_b}{A_0}$$

根据试件实验前后的标距（L_0，L_1）及断面面积（A_0，A_1）计算其延伸率 δ 和断面收缩率 Ψ：

$$\delta=\frac{L_1-L_0}{L_0}\times100\%$$

$$\Psi=\frac{A_0-A_1}{A_0}\times100\%$$

八、思考题

① 试件的破坏断口及其拉伸图反映了两种材料的哪些异同？为什么将低碳钢的极限应力 σ_u 定为 σ_s，而将灰口铸铁的定为 σ_b？

② 为何在拉伸实验中必须采用标准试件或比例试件？材料和直径相同而长短不同的试件延伸率是否相同？

实验二　压缩实验

压缩实验主要用于确定材料在受到单向应力状态下的应力与应变之间的关系。

一、实验目的

① 测定压缩时低碳钢的屈服极限 σ_s 和灰口铸铁的强度极限 σ_b。

② 观察低碳钢和灰口铸铁压缩时的变形和破坏情况。

二、仪器设备

液压式万能试验机、游标卡尺。

三、试件

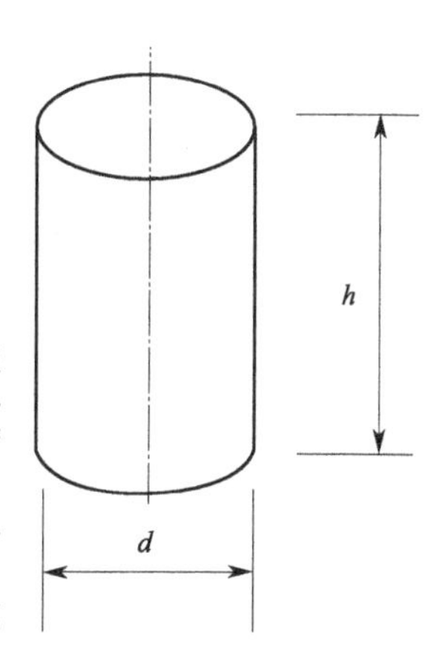

图 2-2-1　压缩试件示意

低碳钢和灰口铸铁等金属材料的压缩试件一般制成圆柱形（图 2-2-1），其直径 d_0 与高 h_0 之间的比例应控制在 $1\leqslant\frac{h_0}{d_0}\leqslant3$。即高度不能太大，以避免试件在实验中发生挠曲现象。但 h_0 也不能太小，因为上下垫板发生摩擦也会影响实验结果。由于摩擦阻止了靠近垫板部分的金属的横向变形，因而试件变形后如图 2-2-2 所示形成鼓形，越靠近垫板变形越小。这种摩擦力的影响，试件越小影响越大。所以需要在试件两端面涂上润滑剂（润滑油或石蜡），以减小摩擦力。同时在安放试件时要注意放在压板的中心（图 2-2-3），并使用导向装置，使试件仅承受轴向压力。

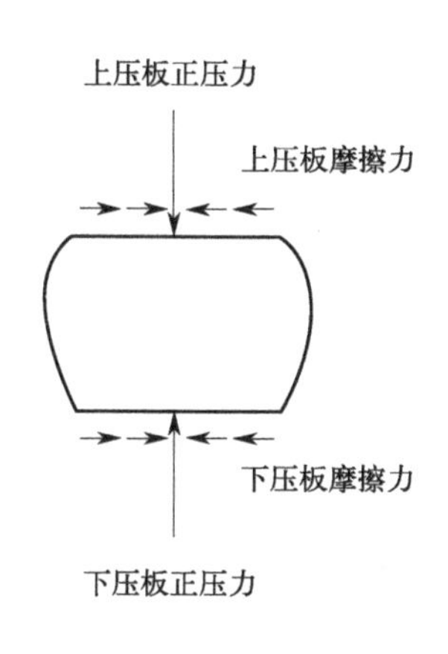

图 2-2-2　试件的鼓形变形

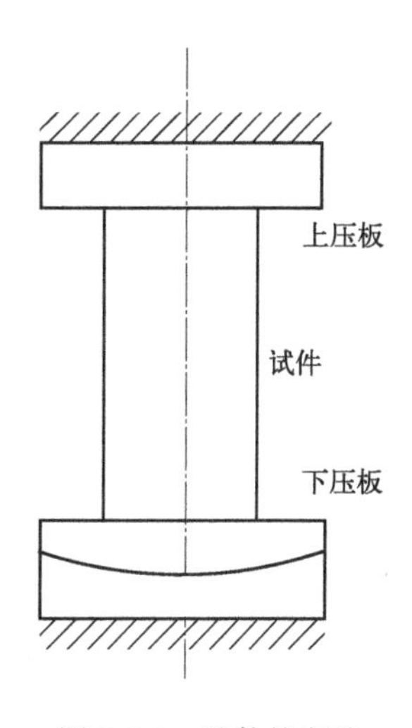

图 2-2-3　试件的安放

四、操作步骤

1. 低碳钢

(1) 测量尺寸

测量试件的高度和直径时，直径取试件的上、中、下三处，每处垂直交叉各测量一次，取最小值来计算截面面积 A_0。

(2) 选测度盘

根据试件的截面大小估算量程，并选好测力度盘，挂好相应的平衡砣。

(3) 指针调零

按下启动按钮，随即关闭回油阀，拧开进油阀，将活动平台提升一小段，便关闭进油阀。然后检查摆杆是否垂直，如果不垂直则调节平衡砣，使摆杆保持垂直。最后将指针调零，并装好绘图纸和绘图笔。

(4) 安放试件

将试件安放在下夹板的中心位置或压缩实验装置的中心（注意一定要放在中心，否则偏心受压）。

(5) 加载

如果试件或压缩实验装置离上压板空间较大，有几十厘米空间，此时可以将进油阀开到较大，让活动平台快速上升。这时右手控制进油阀，左手放在停止按钮上（控制台面上的红色按钮），眼睛看着试件或压缩实验装置。当试件或压缩实验装置离上压板还差 5cm 时，左手立即按下停止按钮，右手关闭进油阀（顺时针转动手轮），直到关闭为止。然后重新启动试验机，顺时针转进油阀 2 下（半圈左右），并缓慢而均匀地加载。装好纸和笔，调整好自动绘图仪，转动滚筒，使绘图笔处于合适的位置。注意观察测力指针，如果指针转动较快，则关小一些进油阀；如果指针转动较慢，则开大一些进油阀，并注意观察自动绘图器上的 F-ΔL 曲线。曲线的开始部分为一段斜直线，说明低碳钢在弹性阶段，此时力与变形成比例。当测力指针转动速度减慢或停顿，自动绘图器上的曲线出现拐点时，此时的荷载即为屈服荷载 α_s。记下此荷载。然后加大一些进油量，继续加载，一般加到 250kN 即可，停机，此时试件被压成鼓状。如果继续加载，随着载荷的增大，试件将越压越扁，最后被压成饼形而不破裂，如图 2-2-4 所示。

2. 灰口铸铁

灰口铸铁压缩实验的方法和步骤与低碳钢压缩实验相同，但要注意灰口铸铁是脆性材料，没有屈服点。试件应置于低碳钢套内，以免材料可能破裂飞散。从 F-ΔL 曲线上可以看出，其压缩图在开始时接近于直线，之后曲率逐渐增大，当载荷达到最大载荷 F_b 时，测力指针停顿并开始往回走，预示试件将很快破裂，这时关小一些进油量，当听到响声后，立即停机（按下红色按钮），打开回油阀，关闭进油阀，由从动针可读出 F_b 值。试件最后被破坏，如图 2-2-5 所示，破裂面与试件轴线约成 45°。

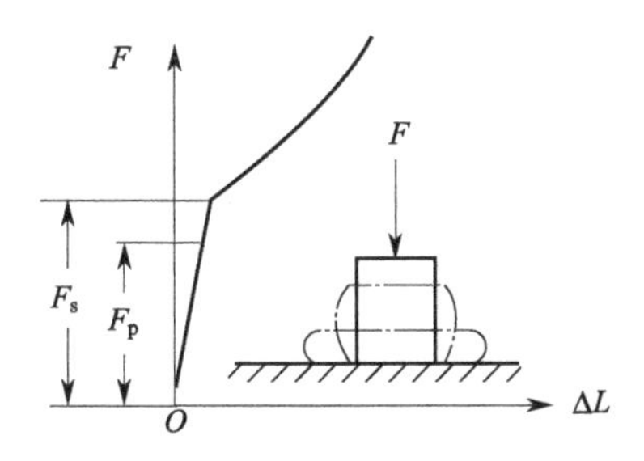

图 2-2-4　低碳钢压缩示意

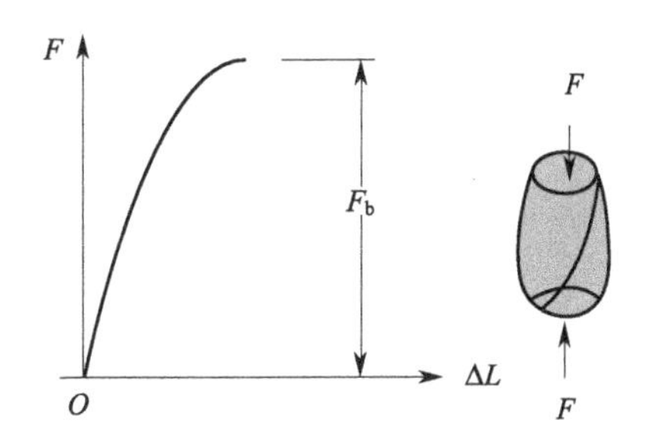

图 2-2-5　灰口铸铁压缩示意

3. 注意事项

① 当试件或压缩实验装置的顶面与上压板快接触时，进油量一定要小，进油阀控制在半圈即可，否则会由于进油量较大而引起载荷瞬间突然增大，超过试验机的最大量程，造成试验机损坏。

② 灰口铸铁压缩时，不要靠近试件观察，以防试件破坏时，碎片飞出伤人。

五、数据整理

计算低碳钢的屈服极限 σ_s 和灰口铸铁强度极限 σ_b：

$$\sigma_s=\frac{F_s}{A_0}$$

$$\sigma_b=\frac{F_b}{A_0}$$

式中　F_s——低碳钢的屈服荷载；

F_b——灰口铸铁的屈服荷载；

A_0——实验前试件的截面面积。

绘图表示两种材料的变形和断口形状。从宏观角度分析破坏原因，比较并说明两种材料的力学性质特点。

六、思考题

① 试件偏心时对实验结果有何影响？

② 为什么不能求得塑性材料的强度极限？

③ 灰口铸铁拉伸、压缩破坏时断口为何不同？

实验三　梁的弯曲正应力实验

一、实验目的

① 测定矩形截面梁在纯弯曲时横截面上正应力的大小及其分布规律，并与理论计算结果进行比较，以验证纯弯曲正应力公式$\sigma=\frac{My}{I_z}$的正确性。

② 学习电测法，并熟悉静态电阻应变仪的使用和半桥接线方法。

二、仪器设备

梁的弯曲正应力实验需用到的仪器设备为电阻应变仪和多功能组合实验台。

1. 电阻应变仪

电阻应变仪相关的电测法的基本原理及电阻应变仪的组成和工作原理如下。电测法是一种实验应力分析方法，其基本原理是用电阻应变片测定构件表面的线应变，再根据应变-应力关系确定构件表面的应力状态。这种方法将电阻应变片粘贴到被测构件表面，当构件变形时，电阻应变片的电阻值将发生相应的变化，然后通过电阻应变仪将此电阻变化转换成电压（或电流）的变化，再换算成应变值或者输出与此应变成正比的电压（或电流）的信号，由记录仪进行记录，就可得到所测定的应变或应力，其原理框图如图 2-3-1 所示。

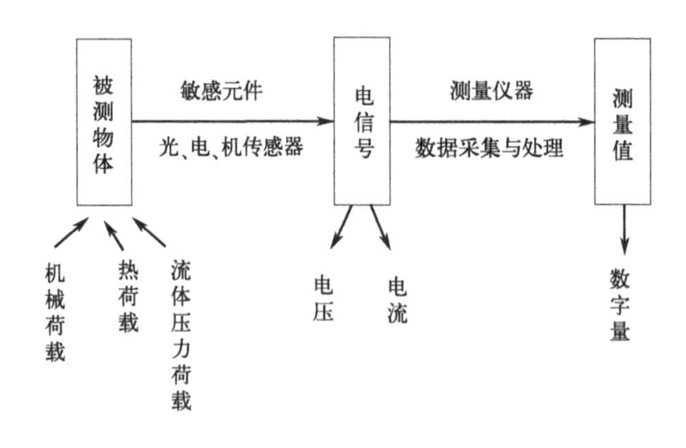

图 2-3-1　电阻应变仪的原理框图

(1) 电测法的优点

① 测量灵敏度和精度高。其最小测量灵敏度为 1 微应变（即 10^{-6}）。在常温静态测量时，误差一般为 1%～3%；动态测量时，误差为 3%～5%。

② 测量范围广。可测$\pm(1\sim2)\times10^4$微应变，力或重力的测量范围在$10^{-2}\sim10^5$N。

③ 频率响应好。可以测量从静态到数10^5Hz的动态应变。

④ 轻便灵活。在现场或野外等恶劣环境下均可进行测试。电阻应变片最小标距仅 0.2mm。

⑤ 能在高、低温或高压环境等特殊条件下进行测量。

⑥ 便于与计算机连接并进行数据采集与处理，易于实现数字化、自动化及无线电遥测，可广泛用于生产管理的自动化及控制。

⑦ 可制成各种传感器，如力、位移、压力、加速度传感器等。

(2) 电测法的缺点

① 只能测量构件表面有限点的应变，不能测量构件内部的应变。

② 只能测得电阻应变片栅长范围内的平均应变值，因此对于应力集中及应变梯度大的应力场进行测量时会引起较大的误差。

2. 电阻应变片

(1) 应变片的构造与种类

应变片一般由敏感栅、黏结剂、覆盖层、基底和引出线五部分组成（见图 2-3-2）。敏感栅由具有高电阻率的细金属丝或箔（如康铜、镍铬等）加工成栅状，用黏结剂牢固地将敏感栅固定在覆盖层与基底之间。在敏感栅的两端焊有用铜丝制成的引线，用于与测量导线连接。基底和覆盖层通常用胶膜制成，它们的作用是固定和保护敏感栅，当应变片被粘贴在试件表面之后，由基底将试件的变形传递给敏感栅，并在试件与敏感栅之间起绝缘作用。

应变片的种类很多，常用的常温应变片有金属丝式应变片和金属箔式应变片（见图 2-3-3），其中以箔式应变片应用最广。

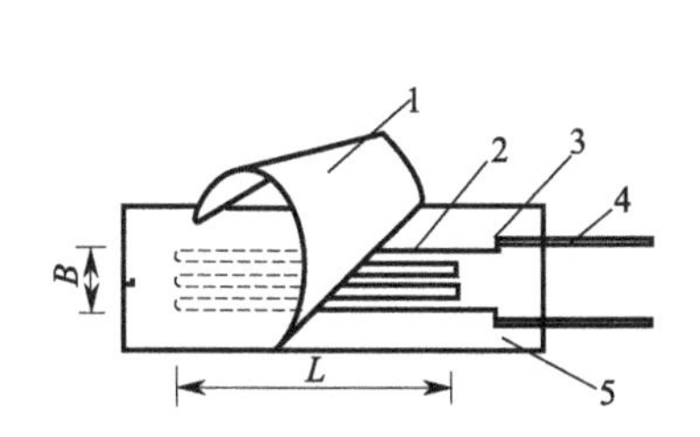

图 2-3-2 应变片的构造

1—覆盖层；2—敏感栅；3—黏结剂；4—引出线；5—基底

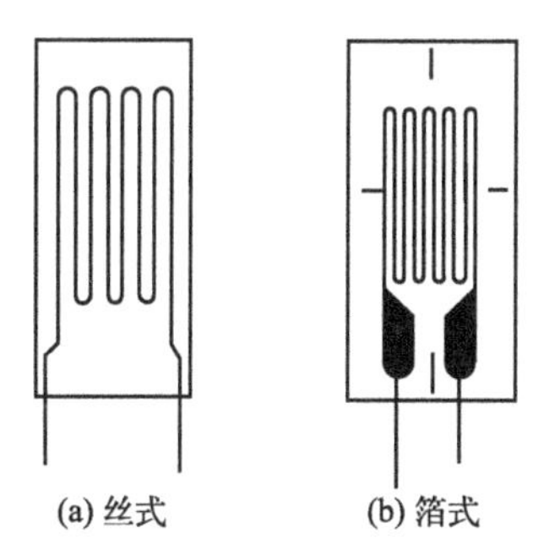

图 2-3-3 金属丝式、金属箔式应变片

(2) 电阻应变片的工作原理

如果将电阻值为 R 的应变片牢固地粘贴在构件表面被测部位，当该部位沿应变片敏感栅的轴线方向产生应变 ε 时，应变片亦随之变形，其电阻产生一个变化量 ΔR。实验表明，在一定范围内，应变片的电阻变化率 $\Delta R/R$ 与应变 ε 成正比，即：

$$\frac{\Delta R}{R}=K\varepsilon \tag{2-3-1}$$

式中，K 为应变片的灵敏系数，与敏感栅的尺寸、形状及电阻变化率等有关，一般由生产厂家标定好，其值在 2.0 左右。由式(2-3-1) 得知，只要测出应变片的电阻变化率 $\Delta R/R$，即可确定试件的应变 ε。

3. 电阻应变仪的工作原理及组成

电阻应变仪是测量微小应变的精密仪器。其工作原理是利用粘贴在构件上的电阻应变片随同构件一起变形而引起其电阻的改变，通过测量电阻的改变量得到粘贴部位的应变。一般构件的应变是很微小的，要直接测量相应的电阻改变量是很困难的。因此采取电桥把应变片感受到的微小电阻变化转换成电压信号，然后将此信号输入放大器进行放大，再把放大后的信号转化成应变值通过显示器显示出来。

下面介绍 TS3860 型静态电阻应变仪。该仪器采用直流电桥，将输出电压的微弱信号进行放大处理，再经过 A/D 转换器转化为数字量，经过标定可直接由显示屏读出应变值（注意：应变仪上读出的应变为微应变，1 个微应变等于 10^{-6} 应变，即 $1\mu\varepsilon = 10^{-6}\varepsilon$)，其原理如图 2-3-4 所示。

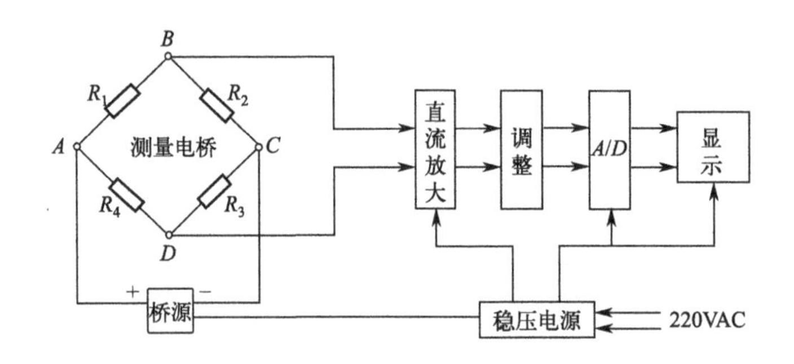

图 2-3-4 TS3860 型静态电阻应变仪的工作原理

4. 电桥

(1) 测量电桥的工作原理

应变仪的核心部分是电桥。电桥采用惠斯登电桥，其工作原理如图 2-3-5 所示。

电阻 R_1、R_2、R_3、R_4 组成电桥的四个桥臂，A、C、B、D 分别为电桥的输入端和输出端。输入端电压为 E，应变电桥的输出端总是接在放大器的输入端，而放大器的输入阻抗很高。因此电压的输出端可以看成是开路的。其输出电压 U_{BD} 为：

$$U_{BD}=E\frac{R_1R_3-R_2R_4}{(R_1+R_2)(R_3+R_4)} \tag{2-3-2}$$

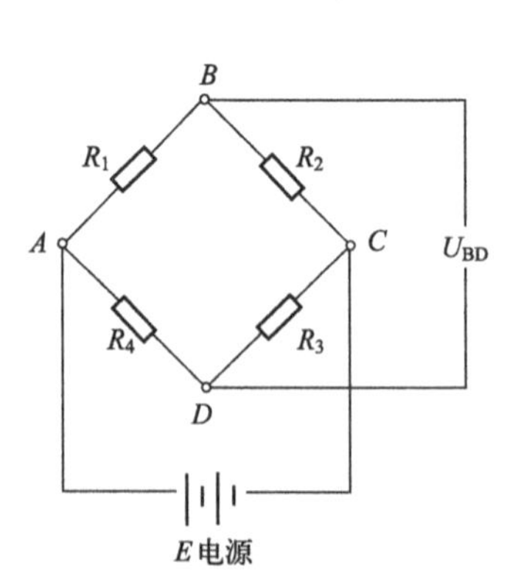

图 2-3-5 惠斯登电桥的工作原理

当四个桥臂上的电阻产生微小的改变量 ΔR_1、ΔR_2、ΔR_3、ΔR_4 时，B、D 间的电压输出也产生改变

量 ΔU_{BD}：

$$\Delta U_{BD}=E\frac{R_1\Delta R_3+R_3\Delta R_1-R_2\Delta R_4-R_4\Delta R_2}{(R_1+R_2)(R_3+R_4)} \tag{2-3-3}$$

若四个桥臂接上电阻值和灵敏系数 K 均相同的电阻应变片，即 $R_1=R_2=R_3=R_4=R$ 时，则：

$$\Delta U_{BD}=\frac{E}{4}\left(\frac{\Delta R_1}{R_1}-\frac{\Delta R_2}{R_2}+\frac{\Delta R_3}{R_3}-\frac{\Delta R_4}{R_4}\right) \tag{2-3-4}$$

由于$\frac{\Delta R}{R}=K\varepsilon$，则式(2-3-4) 变为：

$$\Delta U_{BD}=\frac{KE}{4}(\varepsilon_1-\varepsilon_2+\varepsilon_3-\varepsilon_4) \tag{2-3-5}$$

应变仪的输出应变为：

$$\varepsilon_r=\frac{4\Delta U_{BD}}{KE}=(\varepsilon_1-\varepsilon_2+\varepsilon_3-\varepsilon_4) \tag{2-3-6}$$

式(2-3-6) 表明：

① 两相邻桥臂上应变片的应变增量同号（即同为拉应变或同为压应变）时，则输出应变为两者之差，异号时为两者之和；

② 两相对桥臂上应变片的应变增量同号（即同为拉应变或同为压应变）时，则输出应变为两者之和，异号时为两者之差。

(2) 温度补偿和温度补偿片

贴有应变片的试件总是处在某一温度场中，温度变化会使应变片电阻值发生变化，这一变化产生电桥输出电压，因而造成应变仪的虚假读数。严重时，温度每升高 1℃，应变仪可显示几十微应变，因此必须设法消除。消除温度影响的措施称为温度补偿。

消除温度影响最常用的方法是补偿片法。具体做法是用一片与工作片规格相同的应变片，贴在一块与被测试件材料相同但不受力的试件上，放置在被测试件附近，使它们处于同一温度场中，将工作片与温度补偿片分别接入电桥 A、B 和 B、C 之间（图 2-3-6)，当试件受力后，工作片产生的应变为：

$$\varepsilon=\varepsilon_1-\varepsilon_t \tag{2-3-7}$$

式中 ε——由应力造成的工作片的应变；

ε_1——由电阻应变仪读出的工作片的应变；

ε_t——温度补偿片的应变。

温度补偿片产生的应变为：

$$\varepsilon_2=\varepsilon_t \tag{2-3-8}$$

固定电阻 R_3 和 R_4 产生的应变为零，即 $\varepsilon_3=\varepsilon_4=0$。

采用半桥接线法，由式(2-3-6) 可知，应变仪的读数应变为：

$$\varepsilon_r=\varepsilon_1-\varepsilon_2+\varepsilon_3-\varepsilon_4=\varepsilon_1-\varepsilon_2+0-0=\varepsilon_1-\varepsilon_2=(\varepsilon+\varepsilon_t)-\varepsilon_t=\varepsilon \tag{2-3-9}$$

式(2-3-9) 表明，采用补偿片后，即可消除温度变化造成的影响（应当注意的是：工作片和温度补偿片都应采用相同的应变片，它们的规格、阻值、灵敏系数都应基本相

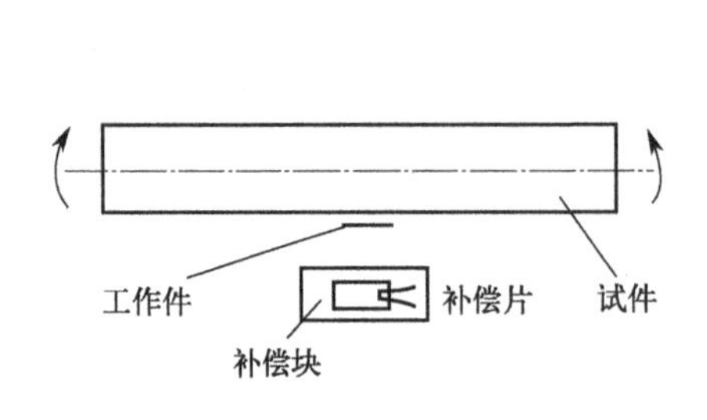

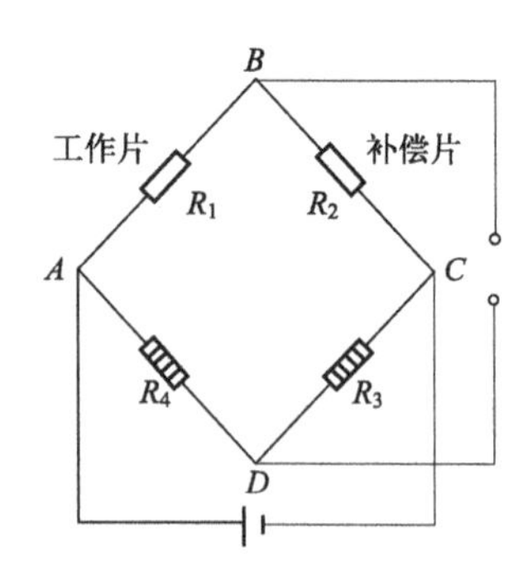

图 2-3-6　温度补偿原理

同，也就是同一包或同一批次的应变片，它们感应温度的效应基本相同，这样才能消除温度产生应变的影响)。当然补偿片也可贴在受力构件上或利用工作片作为温度补偿片，但要保证工作片和补偿片所测得的应变值的绝对值相等、符号相反，或关系已知，这样既可以消除温度的影响，又可以增加电桥的输出电压。

(3) 桥路连接

若 R_1、R_2 为应变片，R_3、R_4 为仪器内部的固定电阻，则称这样的连接为半桥接法（如图 2-3-7 所示)；这时 $\varepsilon_3=\varepsilon_4=0$，$\varepsilon_r=\varepsilon_1-\varepsilon_2$。

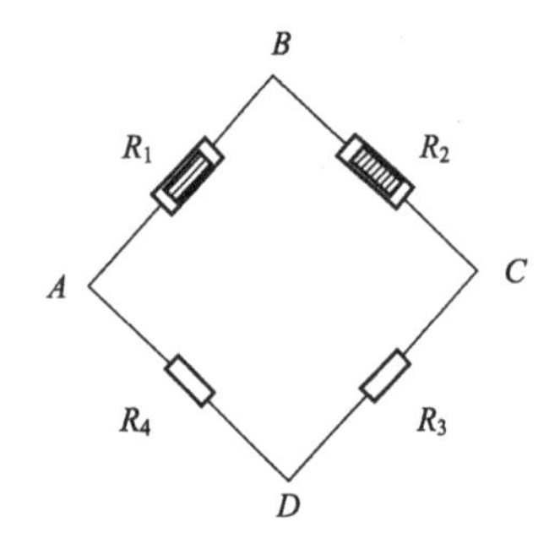

图 2-3-7　半桥接法

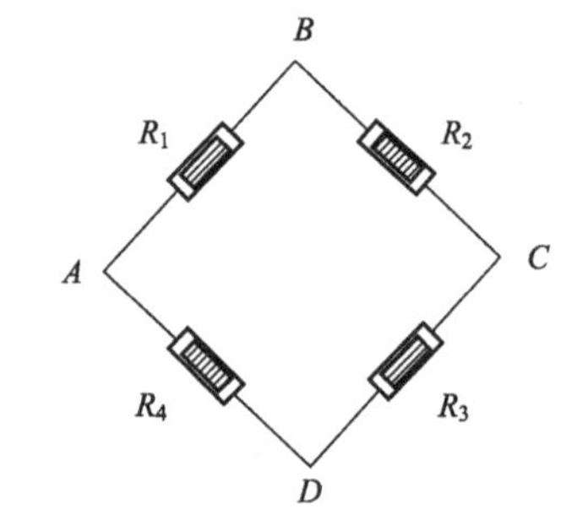

图 2-3-8　全桥接法

若四个桥臂上都是贴在构件上的应变片，则称为全桥接法（如图 2-3-8 所示)。这时 $\varepsilon_r=\varepsilon_1-\varepsilon_2+\varepsilon_3-\varepsilon_4$，全桥接法可以增大读数应变，进一步提高测量灵敏度。

5. 电阻应变仪的使用

下面以 TS3860 型静态电阻应变仪为例，介绍其使用方法。该仪器前后面板和上面板如图 2-3-9 所示。

(1) 前面板

① 测点显示窗口，显示当前测点通道 1～24 点。

② 应变值显示窗口，显示各桥路初始值以及扣除初始值之后的实测应变值。

③ 测点选择按钮（即通道选择按钮)，用于选择各测点：“<”减小，“>”增大。

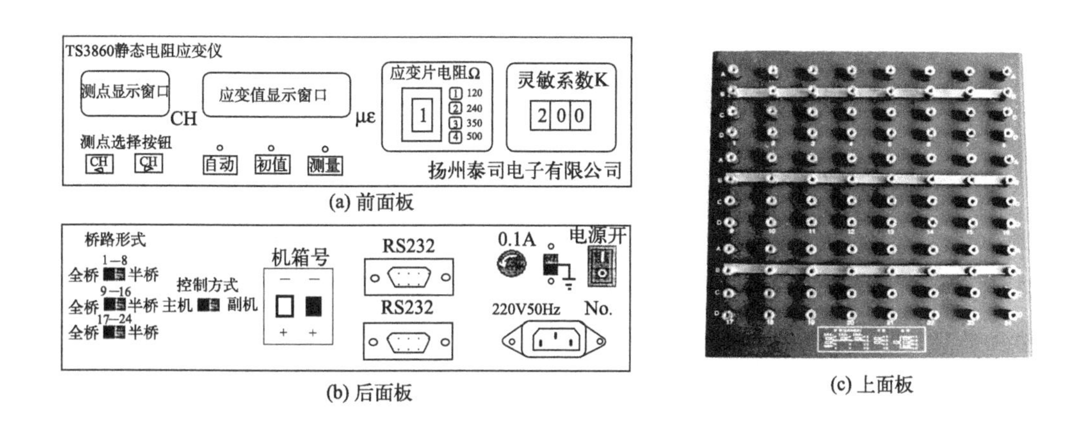

(a) 前面板

(b) 后面板

(c) 上面板

图 2-3-9 TS3860 型静态电阻应变仪的前后面板和上面板

④“自动”按钮，按一下该键，相应指示灯亮，应变仪即进入计算机控制的自动采集、测试模式。

⑤“初值”按钮，点按该键，相应指示灯亮，显示该点的初始值。

⑥“测量”按钮，点按该键，相应指示灯亮，显示该点的实测应变值。

⑦“应变片电阻 Ω”设置键，用于设置与桥路应变片阻值相对应的电阻值，分为四种：120、240、350、500，单位均为 Ω。

⑧“灵敏系数 K”设置，用于设置应变片的灵敏系数 K 值。

(2) 后面板

① 桥路形式开关：用于选择桥路形式，是半桥测量还是全桥测量。一旦选定全桥模式，则该排所有测点均为全桥模式。

② 控制方式：用于该仪器作为主机还是副机。

③ 机箱号：当多台仪器串联使用时，设定该仪器的地址号。

④ RS232 接口：用于和计算机通信及与另一台仪器的级联。

⑤ 保险丝座：用于安装 0.1A 的保险丝，保护仪器不损坏。

⑥ 接地开关。

⑦ 电源开关：用于接通或断开电源。

⑧ 电源插座：输入 220V 交流电。

(3) 上面板

上面板上主要分布排列着 24 个测点的接线柱和桥路接线示意图。左右两边 A、B、C、D 即为电桥的四个桥臂。用于进行半桥或全桥的测量，共 3 大排桥路，每大排之间有一定距离互相隔开。每排 8 个通道（即 8 个测点）。横向 1、2、3、4…23、24，即为应变仪的测点接线柱编号。具体接线方法可根据测试需要，按面板上面的接线示意图进行半桥或全桥的连接。“B”柱上有一个短路片，主要用于“半桥”多点测量时，进行公共外补偿之用。

（4）操作步骤

① 按下电源开关（电源开关在后面板上），预热30min。

② 选择桥路形式。根据测试需要，选择半桥或全桥，并将“半桥”和“全桥”开关拨至相应的状态上。

③ 应变片灵敏系数 K 值设定和电阻值选择。根据应变片灵敏系数的大小和阻值，在前面板上进行相应的设定和选择。

④ 接线。按面板上的接线示意图进行接线，半桥测量时，工作片接“A、B”，温度补偿片接“B、C”；全桥测量时，则将四个电阻应变片分别接在 A、B、C、D 四个接线柱上，并用螺丝刀将其拧紧。

⑤ 调零。先按测点选择键选择测点号，之后按“初值”键，显示该点的初始值，最后按“测量”键，进行调零。未加荷载时各测点应变值应显示为“0000”，如果不为“0000”，应重按“初值”，再按“测量”，直到所有测点均显示为“0000”，或“0001”即可。

⑥ 加载。

⑦ 测量。按测点选择键选择测点，并记录各测点相应的应变值（注意正负号，数字前有“－”号者为压应变，无“－”号者为拉应变）。

6. 多功能组合实验台

多功能实验台是一套小型组合实验装置。用时稍加准备，并转动旋转臂，切换到各个实验的相应位置后拧紧固定，即可进行梁的弯曲正应力实验、弯扭组合实验等多种实验。

多功能实验台主要由基座平台、圆管固定支座、简支支座、固定立柱、旋转臂、加载手轮、荷载传感器、拉压接头、数字测力仪以及各种试件组合而成，其构造如图2-3-10所示。

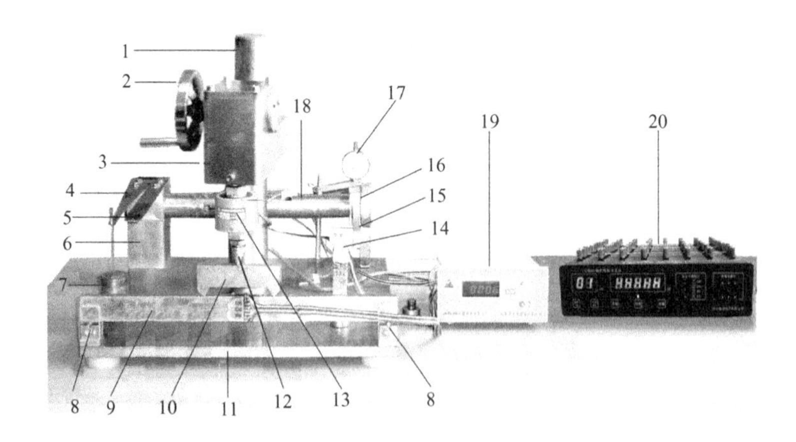

图2-3-10　多功能组合实验台

1—固定立柱；2—加载手轮；3—旋转臂；4—等强度梁；5—悬臂梁；6—圆管固定支座；7—砝码；8—简支支座；9—矩形梁；10—分力梁；11—基座平台；12—压头；13—拉压力传感器；14—拉伸试件；15—扭转力臂；16—轴承支座；17—百分表；18—空心圆管；19—测力仪；20—应变仪

（1）使用方法

① 调零转位。打开数字测力仪电源并进行调零，根据实验需要，安装试件或更换拉压接头，转动旋转臂到各个实验的相应位置。

② 对中紧固。检查试件、支座、拉压接头的相应位置是否对中、对准，是否符合要求，若达到要求，拧紧固定。

③ 加载读数。缓慢转动加载手轮，便可对试件施加拉力或压力（顺时针转动施加压力，逆时针转动施加拉力）。力的大小由数字测力仪显示，单位为“N”，数字前显示“−”号表示压力，无“−”号表示拉力。荷载大小根据各实验的具体要求来确定。

（2）注意事项

切勿超载，所加荷载不得超过各实验的规定要求，最大不超过5000N，否则将损坏荷载传感器。

三、实验原理与方法

实验装置见图2-3-11。

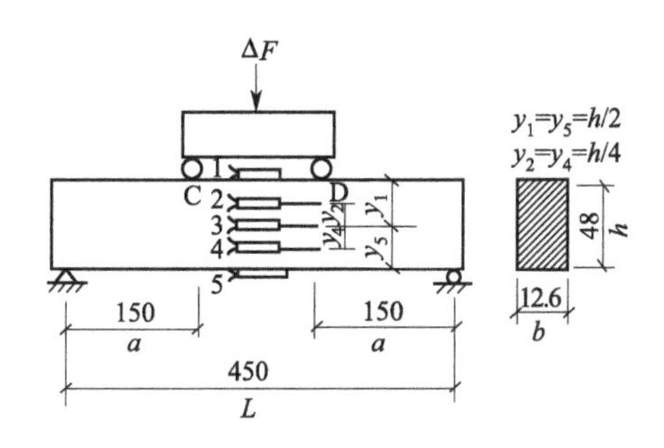

图2-3-11　梁的尺寸、测点布置及加载示意

弯曲梁为矩形截面低碳钢梁，其弹性模量$E=2.05\times10^5$MPa，几何尺寸见图2-3-11，CD段为纯弯曲段，梁上各点为单向应力状态，在正应力不超过比例极限时，只要测出各点的轴向应变$\varepsilon_{实}$，即可按$\sigma_{实}=E\varepsilon_{实}$计算正应力。为此在梁的$CD$段某一截面的前后两侧面上，在不同高度沿平行于中性层各贴有五枚电阻应变片。其中编号3和3′片位于中性层上，编号2和2′片与编号4和4′片分别位于梁的上半部分的中间和梁的下半部分的中间，编号1和1′片位于梁的顶面的中线上，编号5和5′片位于梁的底面的中线上（见图2-3-11）。各前后片串接连接。

温度补偿片贴在一块与试件相同的材料上，实验时放在被测试件的附近。上面粘贴有各种应变片（测量构件应变的传感器元件）和应变花（由两个或两个以上的应变片紧密地排列组成，用以测量构件不同方向的应变），实验时根据工作片的情况自行组合。为了便于检验测量结果的线性度，实验时采用等量逐级缓慢加载方法，即每次增加等量的荷载ΔF，测出每级荷载下各点的应变增量$\Delta\varepsilon$，然后取应变增量的平均值$\overline{\Delta\varepsilon_{实}}$，依次求出各点应力增量$\Delta\sigma_{实}=E_{实}\overline{\Delta\varepsilon_{实}}$。

实验可采用半桥接法、公共外补偿。即工作片与不受力的温度补偿片分别接到应变仪的 A、B 和 B、C 接线柱上（见图 2-3-7），其中 R_1 为工作片，R_2 为温度补偿片。对于多个不同的工作片，用同一个温度补偿片进行温度补偿，这种方法叫作“多点公共外补偿”。也可采用半桥自补偿测试。即把应变值绝对值相等而符号相反的两个工作片接到 A、B 和 B、C 接线柱上进行测试、但要注意，此时 $\varepsilon_{实}=\varepsilon_{仪}/2$，$\varepsilon_{仪}$ 为应变仪所测的读数。

四、实验步骤和注意事项

1. 实验步骤

① 打开测力仪电源，如果此时数字显示不为“0000”，用螺丝刀将其调整为“0000”。

② 打开应变仪电源，预热 30min，并对应变仪进行灵敏系数 K 值设定和应变片桥路电阻值选择（参见电阻应变仪的使用）。

③ 接线：看清各测点应变片的引线颜色，将工作片的两根引出线按序号分别接到 A_1B_1、$A_2B_2 \cdots A_5B_5$ 五对接线柱上，温度补偿片接到 B、C 接线柱上并拧紧，并用短接片将 $B_1 \sim B_5$ 连接起来并拧紧。

④ 调零：按测点选择按钮选择 1～5 点，依次按“初值”和“测量”按钮对各测点进行调零。重复检查 2～3 遍，直至全部测点的初应变在未加荷载之前均显示为“±0000”，或显示“±0001”也可。

⑤ 加载：分四级进行（500N→1000N→1500N→2000N），顺时针转动加载手轮，对梁施加荷载，注意观察测力仪读数，每级荷载 $\Delta P=500\text{N}$，并分别记录每级荷载作用下各点的应变值（注意数字前的符号，有“－”者为压应变，无“－”号者为拉应变）。

⑥ 测试完毕，将荷载卸去，关闭电源。拆线整理所用仪器、设备，清理现场，将所用仪器设备复原。数据经指导教师检查签字。

2. 注意事项

① 切勿超载，所加荷载最大不能超过 4000N，否则会损坏拉压力传感器。

② 测试过程中，不要震动仪器、设备和导线，否则将影响测试结果，造成较大的误差。

③ 注意爱护贴在试件上的电阻应变片和导线，不要用手指或其他工具破坏电阻应变片的防潮层从而造成应变片的损坏。

五、数据处理

① 各点应力增量的实验值为：

$$\Delta\sigma_{实}=E\overline{\Delta\varepsilon_i}$$

式中　$\Delta\sigma_{实}$——各点应力增量的实验值；

$\Delta\varepsilon_i$——应变增量的实验值；

E——材料的弹性模量，表示材料在弹性变形范围内应力与应变的比例关系，Pa。

② 各点应力增量的理论值为：

$$\Delta\sigma_{理}=\frac{\Delta M \cdot y_i}{I_z}$$

$$\Delta M=\frac{1}{2}\Delta Fa$$

式中　$\Delta\sigma_{理}$——各点应力增量的理论值；

ΔM——弯矩，N/m；

y_i——中性层到应力点的垂直距离，m；

I_z——截面惯性矩，mm^4；

ΔF——作用在物体上的力，N；

a——从弯矩中心到力的作用线的垂直距离，也称为力臂，m。

③ 误差：中性层上的 $3^{\#}$ 点按绝对误差计算。其他各点的误差按相对误差 $\delta=\left|\frac{\Delta\sigma_{理}-\Delta\sigma_{实}}{\Delta\sigma_{理}}\right|\times 100\%$计算。

按同一比例分别画出各点正应力的实验值和理论值沿横截面高度的应力分布直线（实线代表理论值，虚线代表实验值），将两者加以比较，并分析误差的主要原因，从而验证理论公式。

六、思考题

① 影响实验结果的主要因素是什么？

② 弯曲正应力的大小是否会受材料弹性系数 E 的影响？

③ 尺寸完全相同的两种材料，如果距中性层等远处纤维的伸长量对应相等，思考二者相应截面的应力是否相同，所加载荷是否相同？

第三章
物理化学实验

实验一　燃烧热的测定

一、实验目的

① 了解氧弹式量热仪的构造和原理，学习用其测定固体试样的燃烧热。

② 加深对热化学知识的理解和掌握。

③ 测定一种固体物质的燃烧热并与文献值相比较。

二、实验原理及方法

燃烧热的测定是将可燃物质，氧化剂及其容器与周围环境隔离，测定燃烧前后系统温度的升高值 ΔT，再根据系统的热容 C 和可燃烧物质的质量 m，计算每克物质的燃烧热 Q，即：

$$Q=\frac{1}{m}C\Delta T$$

系统的热容 C 包括内桶、氧弹、测温器件、搅拌器和水的热容。其计算方法为利用已知燃烧热的基准物质在相同条件下完全燃烧，根据其燃烧前后系统温度的变化 $\Delta T'$，基准物质的质量 m'，每克基准物质的理论燃烧热 Q'，利用式(3-1-1) 求出：

$$C=\frac{Q'm'}{\Delta T'} \tag{3-1-1}$$

本实验测定的是恒容反应热 Q_V，可以通过 $Q_P=Q_V+\Delta nRT$ 计算恒压反应热 Q_P。

氧弹式量热仪分为两类：一类称为绝热式氧弹量热计，装置中有温度控制系统，在实验过程中，环境与实验体系的温度始终相同或始终略低 0.3℃，热损失可以降低到极微小的程度，因而，可以直接测出初温和最高温度；第二类为环境恒温量热仪，仪器的最外层是温度恒定的水夹套（外桶），这种仪器的实验体系与环境之间存在热交换，因此需通过温度-时间曲线（即雷诺曲线）来确定体系的初温和最高温度，从而计算 ΔT。本实验中使用的是第二类环境恒温量热仪。

由于量热仪的外筒温度与内筒温度在实验过程中不能保持一致，实验中体系与环境之间可以发生热交换，因此需要通过雷诺作图法对测得的温差进行校正，也可使用经验公式校正法计算温差。

1. 通过温度-时间曲线（雷诺曲线）确定初温和终态温度

这种方法是通过温度-时间曲线（雷诺曲线）确定初温和终态温度，进而求出燃烧前后体系温度的变化 ΔT，由雷诺曲线求得 ΔT 的方法如图 3-1-1 所示，其详细步骤如下。

称取适量待测物质，在氧弹中燃烧后使内筒水温升高 1.5～2.0℃。预先调节内筒水温低于室温 0.5～1.0℃。然后将燃烧前后记录的水温随时间的变化作图，连成 $FHIDG$ 折线（图 3-1-1），图中 H 相当于开始燃烧之点，D 为观察到的最高温度读数点，作相当于室温的平行线 JI，交折线于 I 点，过 I 点作 ab 垂线，然后将 FH 线和 GD 线外延，交 ab 线于 A、C 两点，A 点与 C 点所表示的温度差即为所求的温度升高值 ΔT。图中 AA' 为开始燃烧到温度上升至室温这一段时间 Δt_1 内，由环境辐射进来和搅拌引进的能量而造成的体系温度的升高，需予以扣除；CC' 为温度由室温升高到最高点 D 这一段时间 Δt_2 内，体系向环境辐射出能量而造成体系温度的降低，因此需要添加上。由此可见 AC 两点的温差比较客观地表示了由于样品燃烧产生的热量使量热仪温度升高的数值。

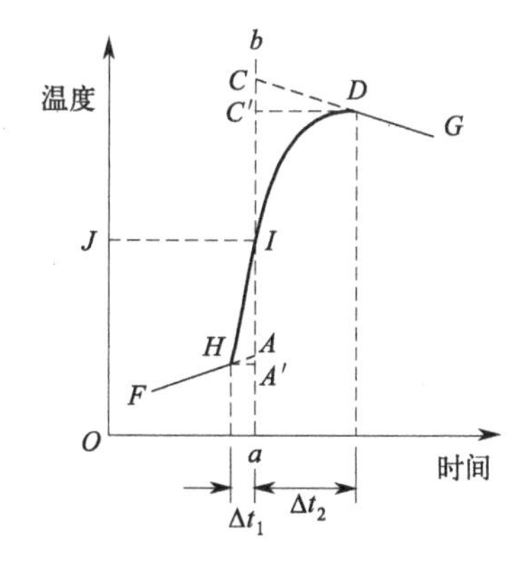

图 3-1-1　绝热较差时的雷诺校正图

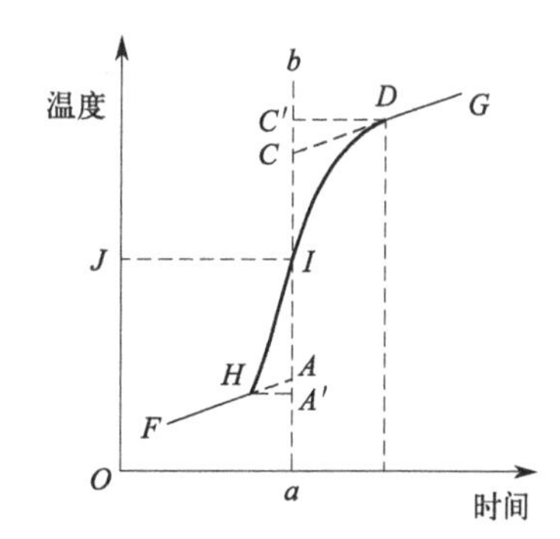

图 3-1-2　绝热较好时的雷诺校正图

如果量热仪的绝热情况良好，热泄漏小，而由于搅拌器功率大，不断搅拌输入能量使得燃烧后的最高点不出现（图 3-1-2）。这种情况下 ΔT 仍然可以按照同样方法校正。

2. 经验公式校正法

真实温差 ΔT 可按式(3-1-2) 求得：

$$\Delta T = t_{高} - t_{低} + \Delta t_{校正} \tag{3-1-2}$$

式中　$t_{低}$——点火前读得的量热仪的最低温度；

$t_{高}$——点火后，量热仪达到最高温度后，开始下降的第一个读数。

温度校正值 $\Delta t_{校正}$ 常用经验公式(3-1-3) 计算：

$$\Delta t_{校正}=\frac{V+V_1}{2}\times m+V_1 r \tag{3-1-3}$$

式中 V——点火前，每 0.5min 量热仪的平均温度变化；

V_1——样品燃烧使量热仪温度达到最高而开始下降后，每 0.5min 量热仪的平均温度变化；

m——点火后，温度上升很快（≥0.3℃/0.5min）的半分钟间隔数；

r——点火后，温度上升较慢（<0.3℃/0.5min）的半分钟间隔数。

三、设备与试剂

1. 设备

本实验所需设备为：WHR-15 型氧弹式量热仪，氧气低碳钢瓶，分析天平，样品压片机，充氧器，10mL 移液管，容量瓶（2000mL、1000mL）。

氧气低碳钢瓶：内充纯氧，不应有氢和其他可燃物，禁止使用电解氧。低碳钢瓶配氧气减压阀，通过铜管与充氧器相连。减压阀出口压力要大于 3MPa（常用的为最大出口压力 1.5MPa)，对于苯甲酸和萘，充入 1.5MPa 的氧也能完全燃烧。

2. 试剂和药品

① 苯甲酸（分析纯）：其燃烧热为 26455J/g。

② 萘：其燃烧热为 40205J/g。

③ 燃烧丝：点火用的金属丝（铁、铜、镍、铂），直径小于 0.2mm，长度约 80～120mm。所用燃烧丝材料的燃烧热为：铁 6700J/g；铜 2500J/g；镍 1400J/g；棉线 17500J/g。

四、实验步骤

1. 系统热容的测定

每套仪器的热容都不同，必须预先测定。仪器的热容在数值上等于量热体系温度升高 1K 所需的热量。测定仪器热容的方法，是用已知燃烧热值的苯甲酸在氧弹内燃烧，放出热量，测定体系的温度升高值 ΔT。

① 取苯甲酸约 0.8～1.0g，倒在压片机的压模孔中，将压模放入压片机上，扳动压杆使样品压紧成片状取出，在分析天平上准确称重后备用。压模用毛刷刷去黏附的样品屑，留待下一样品使用。

② 取长度为 12cm 的燃烧丝一根，用分析天平准确称重后备用。

③ 装弹：拧开氧弹盖放在专用支架上，将弹内清洗干净，擦干。用移液管加入 10mL 蒸馏水在弹筒内。将已准确称重的样品片放在不锈低碳钢燃烧皿内，再将已称重的燃烧丝两端分别缠紧在弹盖的两支电极上，并使燃烧丝的中部抵在样品片上，但不能

与燃烧皿壁接触。

④ 小心地旋紧氧弹盖子，在自动充氧器上充以 1.5MPa 的氧气。充好氧气后的氧弹可用万用表检查两电极是否为通路，若不通，说明燃烧丝接触不良，则需放掉氧气，打开弹盖，重新装弹和充氧。

⑤ 将充氧之后的氧弹放入量热仪的内筒中的金属支架上，用容量瓶准确量取 3000mL 纯净水（水温应与室温相同或略低于室温）倒入内筒，水应将氧弹淹没。仔细查看氧弹是否漏气，如有气泡发生表示氧弹漏气，需取出氧弹重新处理装弹。

⑥ 插好点火电极的连线针和帽盖，小心盖好量热仪盖板，注意搅拌器不要与弹体相碰，点火电线从盖板凹槽处穿出。再把测温探头插好，连接好控制器。

⑦ 打开量热仪电源开关，控制器上显示内筒水温读数，按搅拌器开关启动搅拌，设定读数间隔为 0.5min。预热一段时间后按“复原”按钮开始记录读数。

⑧ 实验后处理

停止记录温度后，从量热仪中取出氧弹，用放气帽缓缓压下放气阀，放尽气体，拧开并取下氧弹盖。取出未燃尽的引火线，称重后计算其实际燃烧消耗的重量。

仔细检查氧弹，如燃烧皿中有黑烟或未燃尽的试样微粒，此实验作废。

将氧弹内外清洗干净，并用干布擦干，最好用热风将弹盖和燃烧皿等吹干或风干，以备下一次测试使用。

2. 试样燃烧热的测定

用 0.8～1.0g 萘代替苯甲酸，按照上述测定系统热容同样的步骤，测定萘的燃烧热。

五、实验数据记录和整理

1. 实验数据记录

整个数据记录分为三个阶段，分别如下。

(1) 初期

这是试样燃烧以前的阶段。这一阶段观测和记录周围环境与量热体系在试样开始燃烧之前的温度条件下的热交换关系。每隔 0.5min 记录读数一次，共读 11 次，得到 10 个温度差（即 10 个间隔数）。

(2) 主期

在初期的最末一次（即第 11 次）读取温度的瞬间，按下“点火”按钮进行点火，然后开始读取主期的温度。每 0.5min 读取温度一次，直到读到温度不再上升而开始下降的第一次温度为止。这个阶段为主期。

(3) 末期

这一阶段的目的与初期相同，是观察在实验终了温度下的热交换关系。同样每 0.5min 记录读数一次，共读 10 次作为实验的末期。

2. 结果分析

① 列出温度读数记录表格，按经验公式计算或通过雷诺作图求出温差 ΔT，计算量热仪的系统热容 C（任选一种方法即可）。

② 根据系统热容和样品测定所得的 ΔT，计算样品的标准摩尔燃烧热并与文献值比较。

六、思考题

① 量热仪中哪些部分是系统，哪些部分是环境？系统和环境通过哪些途径进行热交换？

② 本实验中要提高燃烧热测定的精度应该采取哪些措施？

实验二　乙酸电离平衡常数的测定

一、实验目的

① 了解溶液的电导，电导率和摩尔电导率的概念。

② 掌握用电导法测定某些电化学物理量。

二、实验原理及方法

电解质溶液是靠正、负离子的迁移来传递电流的。而弱电解质溶液中，只有已电离部分才能承担传递电流的任务。在无限稀释的溶液中可以认为弱电解质已全部电离，此时溶液的摩尔电导率为 Λ_m^∞，而且可用离子极限摩尔电导率相加而得：

$$\Lambda_m^\infty = \Lambda_{m,+}^\infty + \Lambda_{m,-}^\infty \tag{3-2-1}$$

$\Lambda_{m,+}^\infty$ 和 $\Lambda_{m,-}^\infty$ 分别为无限稀释时的离子电导。对乙酸来说，在 25℃时，$\Lambda_m^\infty = 349.82 + 40.9 = 390.7$（$S \cdot cm^2/mol$）。

一定浓度下的摩尔电导率 Λ_m 与无限稀释的溶液中的摩尔电导率 Λ_m^∞ 是有差别的。这是由两个因素造成的，一是电解质溶液的不完全离解，二是离子间存在着相互作用力。所以 Λ_m 通常称为表观摩尔电导率。根据电离学说，弱电解质的电离度 α 随溶液的稀释而增大，当浓度 $C\rightarrow 0$ 时，电离度 $\alpha \rightarrow 1$。因此在一定温度下，随着溶液浓度的降低，电离度增加，离子数目增加，摩尔电导率增加。

在无限稀释的溶液中 $\alpha \rightarrow 1$，$\Lambda_m \rightarrow \Lambda_m^\infty$，故：

$$\alpha = \frac{\Lambda_m}{\Lambda_m^\infty} \tag{3-2-2}$$

根据电离平衡理论，当乙酸在溶液中达到电离平衡时，其电离常数 K 与初始浓度 C 及电离度 α 在电离达到平衡时有如下关系：

$$K = \frac{C\alpha^2}{1-\alpha} \tag{3-2-3}$$

将 $\alpha = \frac{\Lambda_m}{\Lambda_m^\infty}$ 代入式(3-2-3)，得到：

$$K = \frac{C\Lambda_m^2}{\Lambda_m^\infty(\Lambda_m^\infty - \Lambda_m)} \tag{3-2-4}$$

在一定温度下，由实验测得不同浓度下的 Λ_m 值，由式(3-2-4) 得：

$$C\Lambda_m = K\Lambda_m^{\infty 2}\frac{1}{\Lambda_m} - K\Lambda_m^\infty \tag{3-2-5}$$

以 $C\Lambda_m$ 对 $\frac{1}{\Lambda_m}$ 作图，得一直线，其斜率为 $K\Lambda_m^{\infty 2}$，截距为 $K\Lambda_m^\infty$。由此可计算出 Λ_m^∞ 和 K 值。

三、设备与试剂

DDS-11A型电导率仪；恒温槽一套（室温在20～25℃时可不用）；25mL移液管；50mL容量瓶5只；50mL烧杯5只；0.0200mol/L乙酸溶液（预先标定准确浓度）。

四、实验步骤

① 调整恒温槽温度为25.0℃±0.1℃（室温在20～25℃时可不使用恒温槽）。

② 接通电导率仪，通电预热。

③ 取铂黑电极上标明的电导池常数，调整仪器的电导池常数补偿值。

④ 配制不同浓度系列的乙酸溶液，具体如下。用容量瓶和移液管分别配制5个不同浓度的乙酸溶液，浓度分别为C、$\frac{C}{2}$、$\frac{C}{4}$、$\frac{C}{8}$、$\frac{C}{16}$（$C=0.0200\text{mol/L}$）。

⑤ HAc溶液和去离子水的电导测定。用电导率仪分别测定去离子水和上述5个不同浓度乙酸溶液的电导率，注意先测定水的电导率，然后依照从稀到浓的顺序测定5个乙酸溶液的电导率。

五、实验数据记录和整理

① 根据所测的各浓度下乙酸溶液及水的电导率，求出乙酸不同浓度下的摩尔电导率Λ_m。

② 以$C\Lambda_m$对$\frac{1}{\Lambda_m}$作图，得一直线，其斜率为$K\Lambda_m^{\infty 2}$，截距为$K\Lambda_m^{\infty}$。由此可计算出Λ_m^{∞}和K的值，并与文献值比较（文献值：乙酸溶液的$\Lambda_m^{\infty}=390.8\text{S}\cdot\text{cm}^2/\text{mol}$，电离常数$K=1.7\times10^{-5}$）。

六、思考题

① 本实验为何要测水的电导率？

② 实验中为何用镀铂黑电极？使用时注意哪些事项？

实验三　电位差计法测定原电池电动势

一、实验目的

① 掌握电位差计对消法测定电池电动势的原理及电位差计的使用方法。

② 学会某些电极的制备和处理方法。

③ 加深理解可逆电池的电动势及可逆电极电势的概念。

二、实验原理及方法

原电池是化学能变为电能的装置，它由两个“半电池”组成，即电池的正、负两极，电池在放电过程中，正极发生还原反应，负极发生氧化反应。每个半电池中有一个电极和相应的电解质溶液，电池的电动势为组成该电池的两个半电池的电极电势的代数和。两个半电池通过盐桥进行连接，以降低液接电势，构成电流回路。

电池除可以用来作为电源外，还可用它来研究构成此电池的化学反应的热力学性质。从化学热力学知道，在恒温、恒压、可逆条件下，电池反应有以下关系：

$$\Delta G=-nFE \tag{3-3-1}$$

式中　ΔG——电池反应的自由能的增量，J/mol；

F——法拉第常数，$F=96500$C；

n——电池反应中电子转移的物质的量（也即为各电极反应的电子得失数），mol；

E——电池的电动势，V。

所以测出该电池的电动势 E 后，便可求出 ΔG，通过 ΔG 又可求出其他热力学函数。但必须注意，只有在恒温、恒压、可逆条件下，式(3-3-1) 才能成立。这就首先要求电池本身是可逆的，即要求电极反应是可逆的，并且不存在任何不可逆的液接界。另外，测量电池的电动势要在接近热力学可逆的条件下进行，即在无电流通过的情况下测定，因此不能用普通的伏特计直接测量。使用对消法通过电位差计可达到测量原电池电动势的目的。

三、设备与试剂

UJ-25 型高电势电位差计、超级恒温槽、标准电池（惠斯登电池）、直流检流计、原电池、Cu-Zn 电极、甘汞电极、盐桥、饱和氯化亚汞（Hg_2Cl_2）溶液、饱和氯化钾（KCl）溶液、$ZnSO_4$ 溶液（0.100mol/L）、$CuSO_4$ 溶液（0.100mol/L）。

四、实验步骤

1. 半电池的制备

(1) 锌电极的制备

用砂纸将锌电极表面磨光，除掉电极上的氧化层，用蒸馏水洗净，然后浸入饱和

Hg_2Cl_2 溶液中 3～5s，取出后再用蒸馏水淋洗干净，使锌电极表面上有一层均匀的汞齐（防止电极表面副反应的发生，保证电极可逆）。将处理好的锌电极插入盛有 0.100mol/L $ZnSO_4$ 溶液的电极管中待用。

（2）铜电极的制备

将铜电极用砂纸打磨光亮，用蒸馏水淋洗干净，插入盛有 0.100mol/L $CuSO_4$ 溶液的电极管中待用。

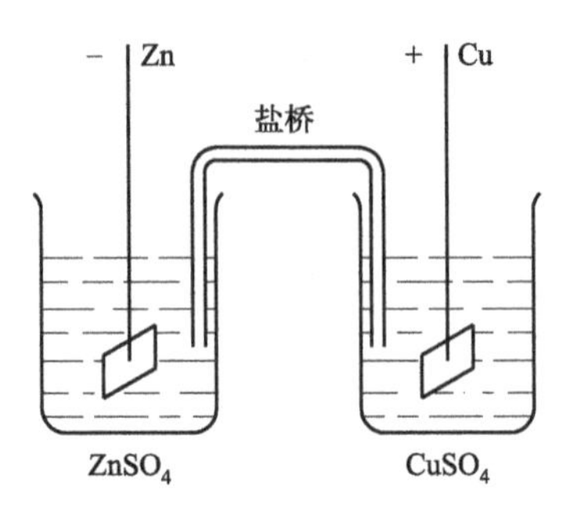

图 3-3-1　原电池的连接

2. 电池组合

将两个半电池组合成 Cu-Zn 原电池：

Zn | $ZnSO_4$(0.100mol/L) ‖ $CuSO_4$(0.100mol/L) | Cu

用盐桥将它们连接起来，构成待测电池，如图 3-3-1 所示。连接好后放入恒温槽中设定温度为 25.0℃，恒温 10min 后开始测定。

3. 电动势的测量

根据 UJ-25 型电位差计的使用方法，接好电动势的测量电路。用标准电池电动势的温度校正公式计算出室温下标准电池的电动势值，对电位差计的工作电流进行标定，然后测定原电池的电动势。

分别测定 Cu-Zn 原电池以及它们和饱和甘汞电极组成的电池的电动势：

Zn | $ZnSO_4$(0.100mol/L) ‖ $CuSO_4$(0.100mol/L) | Cu

Zn | $ZnSO_4$(0.100mol/L) ‖ KCl(饱和) | Hg_2Cl_2 | Hg

Hg | Hg_2Cl_2 | KCl(饱和) ‖ $CuSO_4$(0.100mol/L) | Cu

五、实验数据记录和整理

将所测数据记录在表 3-3-1 中

表 3-3-1　实验数据记录表（T=293.15K）

电池	实测电动势/V	电动势理论值/V
Cu-Zn 原电池		
Zn 电极-甘汞电极		
甘汞电极-Cu 电极		

六、思考题

1. 电位差计、标准电池、检流计及工作电池各有什么作用？如何保护及正确使用？
2. 盐桥有什么作用？选用作盐桥的物质应有什么原则？

附：UJ-25 型电位差计的使用

UJ-25 型电位差计的操作面板如图 3-3-2 所示。按照接线柱的标示连接好检流计、标准电池、待测电池和工作电池，按以下步骤进行测量。

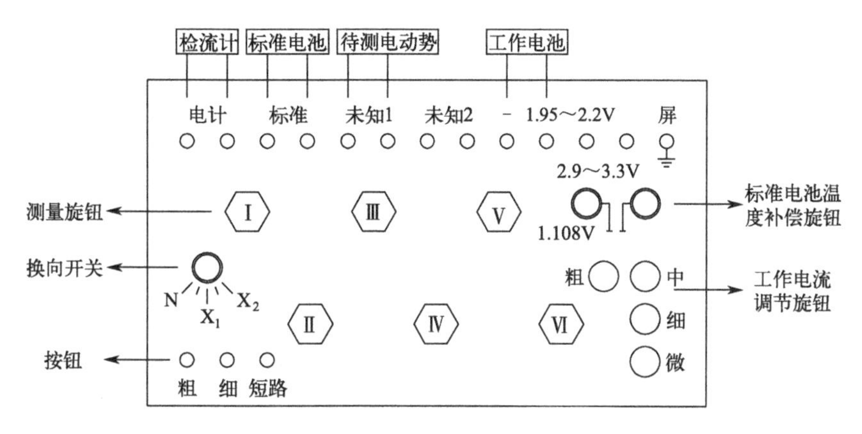

图 3-3-2　UJ-25 型电位差计的操作面板示意

(1) 标准电池电动势的温度校正

由于标准电池电动势是温度的函数，所以调节前需首先计算出标准电池电动势的准确值。常用的镉-汞标准电池电动势的温度校正公式为：

$$E_t = E_{20} - [39.94(t-20) + 0.929(t-20)^2 - 0.0090(t-20)^3 + 0.00006(t-20)^4] \times 10^{-6} \tag{3-3-2}$$

式中　E_t——温度为 t 时标准电池的电动势，V；

t——测量时室内温度，℃；

E_{20}——20℃时标准电池的电动势，$E_{20}=1.01845$V。

调节“标准电池温度补偿旋钮”，使其数值与标准电池电动势值一致。其中的两旋钮数值分别对应着 E_t 数值的最后两位。

(2) 电位差计的标定

将“换向开关”扳向“N”（校正），然后断续地按下“粗”“细”按钮，视检流计光点的偏转情况，依“粗、中、细、微”的顺序旋转“工作电流调节旋钮”，通过可变电阻的调节，使检流计光点指示零位，至此电位差计标定完毕。此步骤即是调节电位差计的工作电流。

(3) 未知电动势的测量

将“换向开关”扳向“X_1”或“X_2”（测量），与上述操作相似，断续地按下“粗”“细”按钮，根据检流计光点的偏转方向，旋转各“测量旋钮”（顺序依次由Ⅰ～Ⅵ）至检流计光点指示零位。此时，六个测量挡所示电压值总和即为被测量电动势 E_x。

(4) 测量注意事项

① 由于工作电池电压的不稳定，将导致工作电流的变化，所以在测量过程中要经常对工作电流进行核对，即每次测量操作的前、后都应进行电位差计的标定操作，按照标定→测量→标定的步骤进行。

② 在标定与测量的操作中，可能遇到电流过大、检流计受到“冲击”的现象。为此，应迅速按下“短路”按钮，检流计的光点将会迅速恢复到零位置，使灵敏的检流计得以保护。实际操作时，常常是按下“粗”或“细”按钮后，得知了检流计光点的偏转方向后，立即按下“短路”按钮。这样不仅保护了检流计免受冲击，而且可以缩短检流计光点的摆动时间，加快了测量的速度。

③ 在测量过程中，若发现检流计光点总是偏向一侧，找不到平衡点，这表明没有达到补偿，其原因可能是：被测电动势高于电位差计的限量；工作电池的电压过低；线路接触不良或导线有断路；被测电池、工作电池或标准电池极性接反。

实验四　溶液表面张力的测定

一、实验目的

① 了解表面张力的性质，表面能的意义以及表面张力和吸附的关系。

② 掌握最大气泡法测定表面张力的原理和技术。

二、实验原理及方法

在定温定压下纯溶剂的表面张力是定值。溶剂中加入溶质后，溶剂的表面张力要发生变化，当加入能降低表面张力的溶质时，表面层溶质的浓度比溶液内部大，反之，加入使溶剂表面张力升高的溶质时，表面层中的溶质浓度比溶液内部低。这种现象称为表面吸附。Gibbs（吉布斯）吸附等温式可以说明它们之间的关系：

$$\Gamma=\frac{-c}{RT}\left(\frac{\mathrm{d}\sigma}{\mathrm{d}c}\right)_T \tag{3-4-1}$$

式中　Γ——单位面积表面层上溶质的物质的量与同量溶剂在溶液本体中所含溶质物质的量的差值；

c——溶液中溶质的浓度，mol/L；

R——理想气体常数，约为 8.314J/(mol·K)；

T——绝对温度，K；

σ——表面张力，N/m。

当$\frac{\mathrm{d}\sigma}{\mathrm{d}c}<0$时，$\Gamma>0$，称为正吸附，加入的溶质称为表面活性剂；

当$\frac{\mathrm{d}\sigma}{\mathrm{d}c}>0$时，$\Gamma<0$，称为负吸附，加入的溶质称为非表面活性剂。

本实验采用最大气泡法测定正丁醇水溶液的表面张力。

从浸入液面下的毛细管端鼓出空气泡时，需要高于外部大气压的附加压力以克服气泡的表面张力，此附加压力 ΔP 与表面张力 σ 成正比，与气泡的曲率半径 R 成反比，其关系为：

$$\Delta P=\frac{2\sigma}{R} \tag{3-4-2}$$

当气泡开始形成时，表面几乎是平的，这时 R 最大，随着气泡的形成，R 逐渐变小，直至形成半球形，这时曲率半径 R 与毛细管半径 r 相等，曲率半径达最小值，根据式(3-4-2)，这时附加压力达最大值 ΔP_{m}。气泡进一步长大，R 变大，附加压力变小，直至气泡溢出。

按照式(3-4-2)，$R=r$ 时的最大附加压力为：

$$\Delta P_{\mathrm{m}}=\frac{2\sigma}{r}$$

即：
$$\sigma=\frac{r}{2}\Delta P_{m} \tag{3-4-3}$$

用密度为 ρ 的液体作压差计介质时，测得与 ΔP_{m} 相应的最大压差为 Δh_{m}，则 $\sigma=\frac{r}{2}\Delta h_{m}\rho g$，将 $\frac{r}{2}\rho g$ 合并为常数 K，则式(3-4-3) 变为：

$$\sigma=K\Delta h_{m} \tag{3-4-4}$$

式(3-4-4) 中的仪器常数 K 可用已知表面张力的标准物质测得。

三、设备与试剂

DMPY-2C/2B 表面张力仪、毛细管（0.15～0.20mm）、滴液漏斗、带支管的试管、烧杯、50mL 容量瓶 8 只、正丁醇溶液 1.00mol/L。

四、实验步骤

① 洗净仪器，按仪器说明书连接好，打开电源开关，LED 显示即亮，预热 5min 后按下置零按钮，对需干燥仪器作干燥处理。分别配制 0.02mol/L、0.05mol/L、0.10mol/L、0.15mol/L、0.20mol/L、0.25mol/L、0.30mol/L、0.35mol/L 正丁醇溶液各 50mL。

② 调节恒温为 25℃（或室温）。

③ 仪器常数测定。以水作标准物质测 K 值。方法是在清洁的试管中加入约 1/4 体积的蒸馏水，装上干燥的毛细管（垂直插入），使毛细管的端点刚好与水面相切，打开滴液漏斗，使水缓缓滴出，控制滴液速度，使毛细管逸出的气泡稳定在 5～10s 一个。在毛细管气泡逸出的瞬间最大压差在 700～800Pa（否则需换毛细管）。

通过手册查出实验温度时水的表面张力，利用公式 $K=\frac{\sigma_{H_2O}}{\Delta h_{m}}$求出 K 值。

④ 待测样品表面张力的测定。用已配好的正丁醇溶液，从稀到浓按上法测定，每次更换溶液只需用少量待测溶液淌洗三次试管及毛细管即可。测出已知浓度的待测样品的压力差 Δh，代入式(3-4-4)，求出表面张力 σ。

五、实验数据记录和整理

① 列表写出测试数据及处理结果。

② 由实验结果计算各份溶液的表面张力，并作 σ-c 曲线。

③ 在 σ-c 曲线上选取 6 点作切线和水平线段，分别求出各浓度 $\left(\frac{d\sigma}{dc}\right)_{T}$ 的值，并计算在各相应浓度下的 Γ。

④ 用$\frac{c}{\Gamma}$对 c 作图，应得一条直线，由直线斜率求出 Γ_{∞}（Γ 与 c 之间关系也可用 Langmuir 吸附等温式表示：

$$\frac{c}{\Gamma}=\frac{c}{\Gamma_{\infty}}+\frac{1}{k\Gamma_{\infty}}$$

由斜率$\frac{1}{\Gamma_{\infty}}$可求得 Γ_{∞}。Γ_{∞}表示盖满一层被吸附物的分子时的饱和吸附量，单位为 mol/cm^2。

六、思考题

① 本实验影响测定结果的关键因素有哪些？

② 测定中毛细管尖端为什么要恰好刚接触液面？

实验五　蔗糖水解反应速率常数的测定

一、实验目的

① 理解温度、反应物浓度、催化剂等对反应速率的影响。

② 学习旋光仪的使用并用旋光法测定蔗糖在酸催化条件下的水解反应速率常数。

二、实验原理及方法

下列反应理论上是一个二级反应。

$$C_{12}H_{22}O_{11}\ (\text{蔗糖}) + H_2O \xrightarrow{H_3O^+} C_6H_{12}O_6\ (\text{果糖}) + C_6H_{12}O_6\ (\text{葡萄糖})$$

时间				总旋光度
$t=0$	c_0	0	0	α_0
$t=t$	c_0-x	x	x	α
$t=\infty$	0	c_0	c_0	α_∞

但在低蔗糖浓度溶液中，即使蔗糖全部水解了，所消耗的水量也是十分有限的，因而 H_2O 的浓度均近似为常数，而 H^+ 作为催化剂，其浓度是不变的，故上述反应变为准一级反应。其反应动力学方程应为：

$$\ln c_t = \ln c_0 - k_1 t \tag{3-5-1}$$

即：

$$k_1 = \frac{1}{t}\ln\frac{c_0}{c_t} = \frac{1}{t}\ln\frac{c_0}{c_0-x} \tag{3-5-2}$$

式中　c_t——反应后蔗糖的浓度，mol/L；

c_0——初始蔗糖浓度，mol/L；

k_1——准一级反应的速率常数；

t——反应时间，h；

x——初始蔗糖浓度与反应后蔗糖浓度的差值，mol/L。

由于难以直接测量反应物的浓度，所以要考虑使用间接测量方法。因体系的旋光度与溶液中具有旋光性的物质的浓度成正比，所以有：

$$\alpha_0 = K_1 c_0 \tag{3-5-3}$$

$$\alpha = K_1(c_0-x) - K_2 x + K_3 x = K_1 c_0 - (K_1+K_2-K_3)x \tag{3-5-4}$$

[果糖是左旋性的，所以比例系数取负]

式中　α——旋光度，°；

K_1，K_2，K_3——拟合常数。

$$\alpha_\infty = -K_2 c_0 + K_3 c_0 \tag{3-5-5}$$

所以有：

$$\alpha_0 - \alpha_\infty = (K_1+K_2-K_3)c_0 \tag{3-5-6}$$

$$\alpha - \alpha_\infty = (c_0-x)(K_1+K_2-K_3) \tag{3-5-7}$$

利用上述两式可得出 c_0 与 c_0-x 的比值，再将其代入上述动力学方程中，得：

$$k_1=\frac{1}{t}\ln\frac{c_0}{c_t}=\frac{1}{t}\ln\frac{c_0}{c_0-x}=\frac{1}{t}\ln\frac{\alpha_0-\alpha_\infty}{\alpha-\alpha_\infty} \quad (3\text{-}5\text{-}8)$$

即：

$$\ln(\alpha-\alpha_\infty)=-k_1t+\ln(\alpha_0-\alpha_\infty) \quad (3\text{-}5\text{-}9)$$

由此可见，实验中只要测出 α_∞、α、t 后即可作图求出 k_1，而反应的半衰期为 $t_{1/2}=\ln2/k_1$。

三、设备与试剂

WXG-4 旋光仪、旋光管、台秤、秒表、烧杯、移液管、具塞锥形瓶、恒温水浴、盐酸（3mol/L）、蔗糖（分析纯）。

四、实验步骤

① 阅读旋光仪的使用说明，掌握仪器的操作方法。

② 练习旋光仪的零点调节操作，练习旋光管的装液方法，理解旋光管放置于旋光仪中正确方法（试管外壁必须绝对擦干，旋光管的两端用镜头纸擦，中间用抹布擦），了解旋光仪的读数方法。

③ 使用所给的盐酸溶液配制 2mol/L 的盐酸溶液 50mL；粗略称量 10g 蔗糖配制成 50mL 溶液（称量蔗糖时注意不要撒在桌面上）。

④ 室温下 α、t 的测定方法如下。

将盐酸溶液注入到蔗糖溶液中，当约有一半盐酸被注入蔗糖溶液中时开始计时（这个时间近似当作是反应开始的时间），迅速将溶液充分混匀。随后立即用少量混匀的样品溶液润洗旋光管，装样、擦净试管外壁并放入旋光仪中。

从开始计时算起，反应到大约第 3min 时读取第一个数据，然后分别在第 5min、第 7min、第 9min、第 12min、第 14min、第 16min、第 18min 和第 20min 时各记录一个 α 值，此后每隔 5min 记录一次，一直记录到旋光度出现第一个负值为止。

⑤ 室温下 α_∞ 的测定。将测定 α 时剩余的溶液倒入洁净的带塞锥形瓶中，置于 50℃ 恒温水浴中 30min，然后冷却到室温。待上述第④步测定完毕后再装管测定旋光度数值三次，取平均值（即 α_∞）。

⑥ 实验完毕后，关闭仪器电源，小心地清洗仪器，尤其是旋光管要清洗干净（至无酸性为止），注意保护旋光管两头的旋光玻片。

五、实验数据记录和整理

① 将室温下的 α、α_∞、t 的数据列表备用。

② 作 α-t 曲线。

③ 在 α-t 曲线上按时间等间隔地读取 8 组 α-t 数据，连同对应的 $\ln(\alpha-\alpha_\infty)$ 数据列表备用。

④ 作出直线 $\ln(\alpha-\alpha_\infty)$-$t$，由其斜率求 k_1 及反应的半衰期。

六、思考题

① 蔗糖的转化速率和哪些条件有关？

② 为什么配蔗糖溶液可用粗天平称量？

附：　WXG-4圆盘旋光仪的原理与使用方法

一般光源发出的光，其光波在垂直于传播方向的一切方向上振动，这种光称为自然光，或称非偏振光，而只在一个固定方向上有振动的光称为偏振光。当一束平面偏振光通过某些物质时，其振动方向会发生改变，此时光的振动面旋转一定的角度，这种现象称为物质的旋光现象，这种物质称为旋光物质。旋光物质使偏振光振动面旋转的角度称为旋光度。

旋光仪是研究溶液旋光性的仪器，用来测定平面偏振光通过具有旋光性物质的旋光度的大小和方向，从而定量测定旋光物质的浓度。它可用于糖溶液、松节油、樟脑等数千种活性物质的密度、纯度、浓度与含量测定；食品工业中检验含糖量和测定食品调味品中淀粉含量；临床及医院检验中测定尿液中含糖量及蛋白质含量；糖厂生产过程中检测糖溶液浓度以及药物香料工业中测定药物香料油的浓度。

本实验使用半荫型小型旋光仪，其光学系统如图 3-5-1 所示。

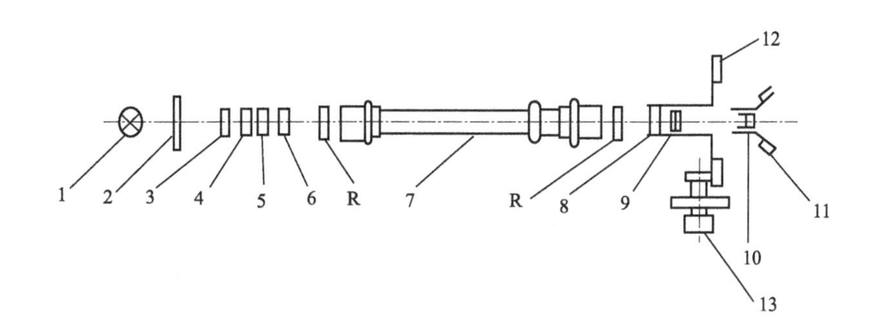

图 3-5-1　半荫型小型旋光仪的光学系统

1—光源；2—毛玻璃；3—透镜；4—滤色镜；5—起偏棱镜；6—石英半波片；7—试样管；8—检偏镜；9—物镜；10—目镜及调节手轮；11—读数放大镜；12—刻度盘；13—刻度盘转动手轮

光源 1（钠光灯）位于透镜 3 的焦点上，光线通过 3 成平行光射向起偏棱镜 5 和石英半波片 6，石英半波片 6 用玻璃 R 保护（防止灰尘和损坏），然后光线透过试样管 7，保护玻璃 R，检偏镜 8，通过物镜 9 把石英半波片 6 成像，通过目镜 10 进行观察，读数放大镜 11 用于清晰读取标尺角度读数。

由于直接用肉眼通过检偏镜 8 判断偏振光通过旋光物质前后的强度是否变化十分困难，会产生较大的误差，为此设计了一种在视野中分出三分视界的装置，原理是在起偏棱镜 5 后放置一块狭长的石英片，由起偏镜透过来的偏振光通过石英片时，由于石英片的旋光性，使偏振光的偏振方向旋转了一个角度。当转动检偏器时，从目镜中见到的视场将出现亮暗的交替变化（见图 3-5-2）。根据三个视野的亮度及反差，图中列出了四种显著不同的情形。

由于在亮度不太强的情况下，人眼辨别亮度微小差别的能力较大，故取特殊的视场作为参考视场，并将此时检偏器的偏振轴所指的位置作为刻度盘的零点。

旋光仪的使用方法如下。

① 首先打开钠光灯，稍等 5～6min，待光源稳定后，从目镜中观察视野，如不清楚可调节目镜

(a) 视场界限清晰，中间暗，亮暗反差最大

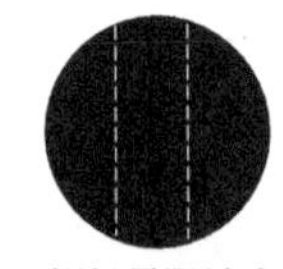
(b) 视场界限消失，亮度暗且相等

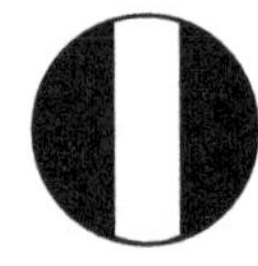
(c) 视场界限清晰，中间亮，亮暗反差也最大

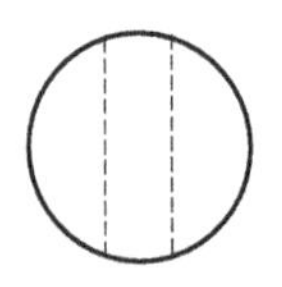
(b) 视场界限消失，亮度亮且相等

图 3-5-2　目镜视场的亮暗变化

焦距。

② 选取长度适宜的样品管并洗净，充满蒸馏水，装上橡皮密封圈，旋上螺帽，直至不漏水为止。螺帽不宜旋得太紧，否则护片玻璃会引起应力，影响读数的正确性。注意使样品管中尽量无气泡或气泡位于中部凸起位置。放入旋光仪的样品管槽中，合上槽盖。调节检偏镜的角度，使三分视野消失（最暗），读出刻度盘上的刻度并将此角度作为旋光仪的零点。

③ 零点调节好后，将样品管中的蒸馏水换为待测溶液，注意将样品管两头残余溶液揩干，以免影响观察清晰度和腐蚀仪器。按同样方法测定，此时刻度盘上的读数与零点时读数之差即为该样品的旋光度。读数为正的为右旋物质，读数为负的为左旋物质。

使用时注意以下事项。

① 仪器连续使用时间不宜超过 4h。如果使用时间较长，中间应关熄 10～15min，待钠光灯冷却后再继续使用，或用电风扇吹灯，减少灯管受热程度，以免亮度下降和寿命降低。

② 样品管用后要及时将溶液倒出，用蒸馏水洗涤干净，擦干放好。所有镜片均不能用手直接擦拭，应用柔软绒布擦拭。

第四章
水力学实验

实验一　点压强量测实验

一、实验目的与要求

① 掌握测量任一点相对压强与绝对压强的方法，并加深对相对压强与绝对压强概念的理解。

② 验证水静力学的基本方程，掌握测压管与压差计的工作原理与量测技能。

③ 熟练并准确完成测压管与压差计的读数任务。

④ 通过实验操作和分析，学会应用水静力学知识解决实际工程测量问题。

二、实验原理

实验原理主要为静力学的基本方程及原理。

① 在重力作用下，水静力学的基本方程为：

$$Z+P/\gamma=C(\text{常数})\text{或}P=P_0+\gamma h。\tag{4-1-1}$$

式中　Z——被测点与基准面的垂直高度；

P——被测点的静水压强；

P_0——水箱的液面压强；

γ——水的密度；

h——被测点在水箱中的垂直淹没深度。

② 静力学的等压面原理，即对于连续同种介质，液体处于静止状态时，水平面即为等压面。

三、实验仪器与装置

点压强量测实验主要的仪器设备包括：带标尺的测压管、U 形测压管、加压打气球、量杯等。实验装置如图 4-1-1 所示。

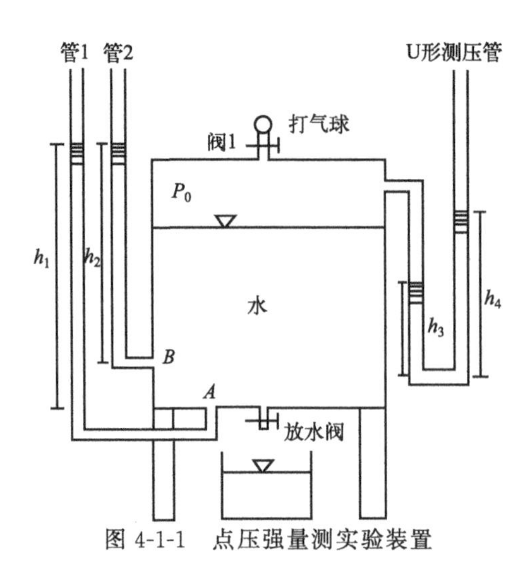

图 4-1-1　点压强量测实验装置

四、实验方法与步骤

① 熟悉实验装置的主要组成构件及各部分的功能与作用，包括加压与减压方法，检查仪器是否密封等。

② 记录实验装置流程中的主要常数。

③ 打开通气阀 1，保持液面与大气相通，此时水箱水面压强 $P_0=P_a$，其相对压强为零，观测记录水箱液面为大气压强时各测压管的液面高度。

④ 水面增压操作。关闭放水阀，用打气球向水箱水面以上的气体空间加压，并分别使管 1 与管 2 水面上升约 3cm 时停止加压，并关闭阀 1，读取并记录各测压管液面的高度值，包括测压管 1 与测压管 2 中水面至标尺起点的高度 h_1 与 h_2，水箱液面相对于水箱底面的高度。计算水箱液面下 A、B 两点的压强及液面压强。重复该步骤操作两次，每次操作使测压管高度变化 3cm 左右，便于读数。

⑤ 水面减压操作。关闭通气阀，打开放水阀并缓慢放水，放出少许水量后，读取并记录两测压管及 U 形测压管液面至标尺起点的高度 h_1、h_2、h_3 与 h_4 以及水箱液面相对于水箱底面的高度。计算水箱液面下 A、B 两点的压强及液面压强。重复该步骤操作两次，并每次操作使测压管高度变化 3cm 左右，便于读数。

⑥ 实验结束后使实验设备恢复原状。

五、实验结果与计算

实验结果与计算表见表 4-1-1。

表 4-1-1　实验结果与计算表　　单位：cm

量测次数		水箱液面高度	$h_1=P_A/\gamma$	$h_2=P_B/\gamma$	h_3	h_4	Z_A+P_A/γ	Z_B+P_B/γ	$P_0/\gamma=h_4-h_3$	Z_0+P_0/γ
1	$P_0=P_a$									
2	$P_0>P_a$									
3										
4										

续表

量测次数		水箱液面高度	$h_1=P_A/\gamma$	$h_2=P_B/\gamma$	h_3	h_4	Z_A+P_A/γ	Z_B+P_B/γ	$P_0/\gamma=h_4-h_3$	Z_0+P_0/γ
5	$P_0<P_a$									
6										
7										

六、思考题

① 如测压管管径太细，对测压管液面的读数有何影响？在毛细管现象影响下，测压管的读数如何减少误差？

② 同一静止液体内的测压管水头线是什么线？

③ 用本实验装置能否测出装置中 A、B 两点及水箱水面的绝对压强？为什么？

④ 绝对压强与相对压强、真空度的关系是什么？

实验二　流线演示实验

一、实验目的

① 观察实际流体的流动图像，加深对流体运动规律的认识。

② 观察流体绕不同固体边界运动时的流线形状以及加速区、减速区、分离区的流线形态。

二、实验基本原理

按欧拉法描述、研究流体运动时，引入流线的概念。流线可以更清晰地描绘出整个流体运动空间在某一瞬间的流动图像。对恒定（定常）流动来说，这种运动图像不随时间而变化。位于该曲线上的每一流体质点的运动方向均与该曲线相切，因此，流线是一条矢量线，是流体运动的方向线。通过观察该曲线的变化规律，便可明晰流体质点的运动性质。

三、实验装置

本实验装置为自循环式油液流线仪一套，如图 4-2-1 所示，它是由储油箱、油泵、进油管、汇流槽、流线显示槽、回流管等组成，形成油液自循环系统。

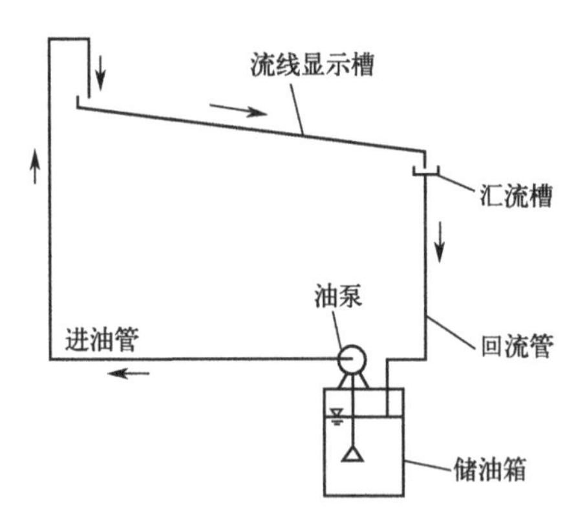

图 4-2-1　自循环式油液流线仪

四、实验步骤

① 熟悉并检查演示设备。

② 接通电源，开启油泵，检查进、回流系统是否畅通。

③ 待流线逐渐清晰后，观察并描述流经各绕流体时流线的形态。

④ 观察并描述流线在加速区、减速区、分离区的运动规律。

⑤ 调整机翼方位角，观察不同攻角时的流线形态。
⑥ 关闭油泵，切断电源，将设备恢复原状。

五、思考题

① 流线和迹线有何不同？
② 如何区别流线型和非流线型物体？
③ 局部阻力产生的原因是什么？

实验三　点流速测定实验

一、实验目的与要求

① 掌握毕托管的简单构造与测量点流速的基本原理。

② 掌握使用毕托管测量点流速的方法。

二、实验原理

毕托管是广泛应用于测量点流速的仪器，其测量点流速的原理如图 4-3-1 所示。

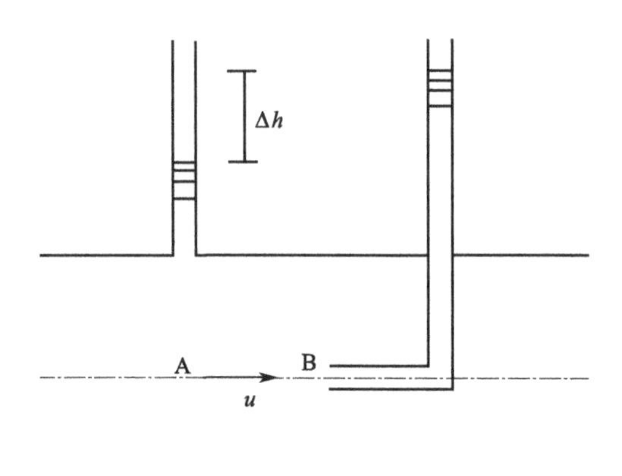

图 4-3-1　毕托管测定点流速的原理

管前端开口 B 正对水流，开口 B 端内部有流体通路与上端大气相通。管侧有开口 A，它的内部亦有流体通路与上端大气相通。当毕托管工作时，两测压管高差 Δh 即为端口 A 与 B 的压差。沿流线 A 与 B 列元流能量方程有：

$$\frac{p_A}{\gamma}+\frac{u^2}{2g}=\frac{p_B}{\gamma}+0$$

得出：

$$u=\sqrt{2g\,\frac{p_B-p_A}{\gamma}}=\sqrt{2g\Delta h}$$

式中　p_A，p_B——端口 A、端口 B 的静压能，Pa；

γ——流体的重度，N/m^3；

u——毕托管测点处的点流速，m/s。

实际流速取：

$$u=\varphi\sqrt{2g\Delta h}$$

式中　u——毕托管测点处的点流速；

φ——毕托管的校正系数，它与管的构造与加工情况有关，其值近似等于 1。

三、实验仪器与装置

毕托管测量点流速的实验装置如图 4-3-2 所示。水经低位水箱抬升至高位水箱，在高位水箱中有保持恒定水头的水流经管道出流，在管道正中流线上安装毕托管用以测量管中流线的点流速，毕托管中的水位高差用压差计测量。通过阀门可调节管道中的流速，且水可以实现循环流动。

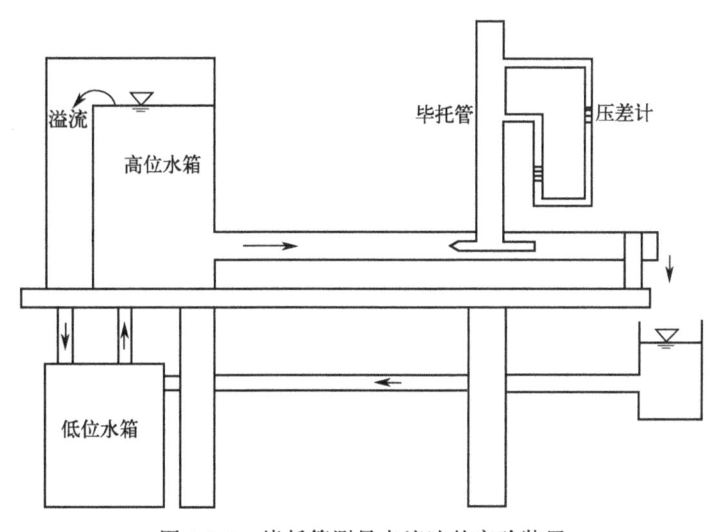

图 4-3-2　毕托管测量点流速的实验装置

四、实验方法与步骤

① 熟悉实验装置的组成构件及各部门的功能与作用，将毕托管安装在管道中央，距离管嘴出口处保持一定距离，并用螺丝固定毕托管的位置。

② 开启水泵，待高位水箱有溢流出现时，用吸气球放在测压管口部抽吸，排除毕托管及各连通管中的气体，用静水匣罩住毕托管，并检查测压计液面是否齐平。

③ 通过阀门调节管道中一定的流量并保持稳定后观测并记录毕托管压差计的高差。

④ 测量并记录各有关常数和实验参数。

⑤ 改变流速，重复上述测量 3～4 次并记录相关数据，计算测点流速。

⑥ 实验结束后使实验设备恢复原状。

五、实验结果与计算

实验结果与计算表见表 4-3-1。

表 4-3-1　实验结果与计算表

实验次序	毕托管测压管水头差			测点流速/(cm/s)
	h_1/cm	h_2/cm	Δh/cm	
1				
2				

续表

实验次序	毕托管测压管水头差			测点流速/(cm/s)
	h_1/cm	h_2/cm	Δh/cm	
3				
4				

六、思考题

① 利用测压管测量点压强时，为什么要排气？如何检验排净与否？

② 毕托管的压差 Δh 与管嘴上下游水位差 ΔH 之间的大小关系怎样？为什么？

实验四　能量方程实验

一、实验目的

① 测定水流各断面的单位重量液体的能量（即各项水压和水压损失）。

② 绘制测压管水压（水头）线和总水压（水头）线，从而验证实际液体的能量方程式。

③ 掌握水流中能量守恒定律和转换规律。

二、实验基本原理

由能量不灭定律和能量转换规律，对恒定流、渐变流的任意过水断面，可写出能量方程式：

$$z_1+\frac{p_1}{\gamma}+\alpha_1\frac{v_1^2}{2g}=z_2+\frac{p_2}{\gamma}+\alpha_2\frac{v_2^2}{2g}+h_{w1\text{-}2}$$

式中　z——位置水头，m；

$\frac{p}{\gamma}$——静水压强水头，m；

p——静水压强，kPa，即 kN/m^2；

γ——水的容重，$9.8kN/m^2$；

$\frac{v^2}{2g}$——流速水头，m；

$h_{w1\text{-}2}$——任意两个断面间的水头损失，m；

α——动能校正系数。

当实测流量为 Q、过水断面面积 $A=\frac{\pi d^2}{4}$时，则流速 $v=\frac{Q}{A}$，进而计算流速水头 $\frac{v^2}{2g}$；位置水头 z 与静水压强水头$\frac{p}{\gamma}$之和（即 $z+\frac{p}{\gamma}$）可由标尺读得。

位置水头与静水压强水头之和为测压管水头。位置水头、静水压强水头、流速水头之和为总水头。由于水流的黏滞性和紊动作用，一定会产生水头损失，因此，总水头一定是沿水流方向降低的。

三、实验装置

能量方程实验装置见图 4-4-1。

注意：对于装置中的各过水断面的直径（以 cm 计），依水流方向顺序排列。这些数据是实验中的固定常数。

四、实验步骤

① 打开水泵，将水箱充水至最高水位并有较大溢流。

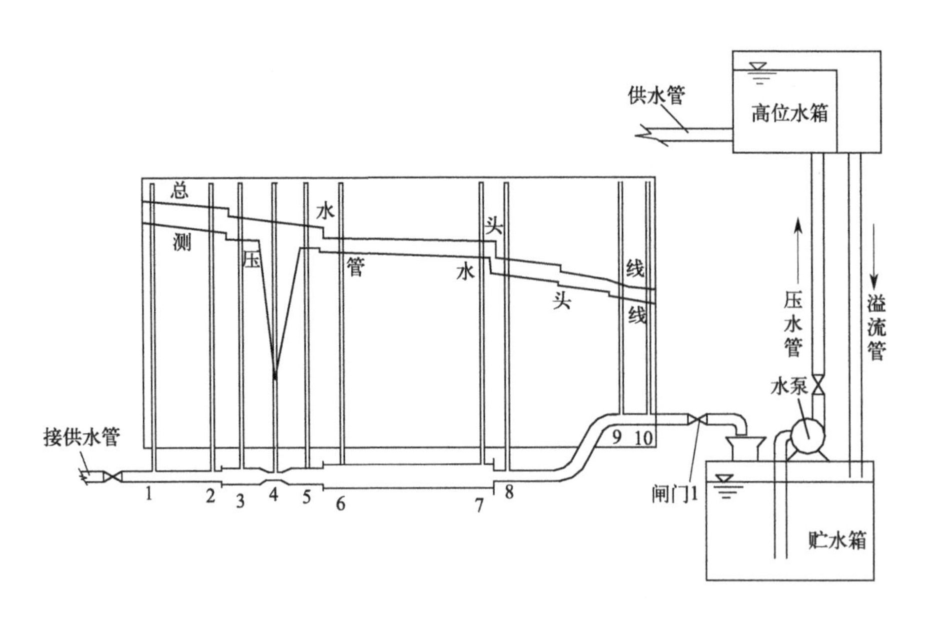

图 4-4-1　能量方程实验装置

② 检查水在静止时所有测压管水面是否齐平，如不齐平，则表示管内有空气阻塞，应放掉积气。

③ 打开并调节进水阀，使测压管水头线在实验装置所示位置，用体积法量测并记录管出口流量 $Q(m^3/s)$：

$$Q=\frac{V}{1000t}$$

式中　V——流出水量的体积，L；

t——量测时间，s。

④ 量测并记录断面 1～断面 10 的各点测压管水头（m）。

⑤ 量测上述各断面管中心的流速水头（m）。

⑥ 计算断面 1～断面 10 的各点流速水头 $v_i^2/(2g)$，单位为 m，其中 v_i 为断面 1～10 的流速（m/s）。

五、实验注意事项

① 闸门开启速度必须缓慢，并注意测压管水位变化情况，避免测压管水位下降过多（特别注意最小断面 4 的测压管），以免气体倒吸入装置，影响实验的进行。

② 流量不宜过小，最好在 1L/s 以上，以保证精度。

③ 当闸门 1 开启后，必须待水流稳定（需 2～3min），方可读取测压管水位和堰上水头（水压）。

④ 当流速较大时，测压管水面有跳动现象（这是紊流脉动作用），此时读数一律取水位跳动的平均值，并尽量保证精度。

⑤ 实验结束后关闭闸门 1，检查测压管水面是否仍旧保持齐平；如不齐平，表示空

气阻塞，实验结果不正确，则需排净空气重做。

六、数据记录与计算

实验结果与计算填于表 4-4-1，绘制测压管水头线及总水头线于图 4-4-2。

表 4-4-1　实验结果与计算表

$V=$____L，$t=$____s，$Q=$____m^3/s

断面编号	管径 d	流速 v	流速水头 $v^2/(2g)$	测压管水头 $z+p/\gamma$	管中心流速水 $u^2/(2g)$			总水头 $z+p/\gamma+v^2/(2g)$	两断面间水头损失 h_w
					测压管读数	总水头读数	高差		
	cm	m/s	m	m	m	m	m	m	m
1									
2									
3									
4									
5									
6									
7									
8									
9									
10									

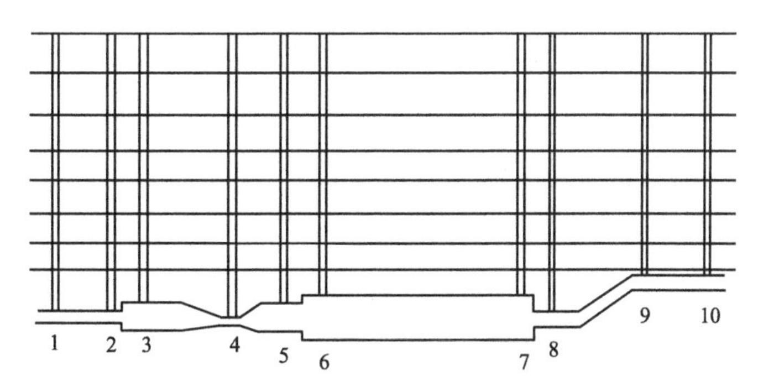

图 4-4-2　测压管水头线及总水头线图

七、思考题

① 为什么测压管水头线有的断面上升，有的断面下降，而总水头线总是沿流动方向下降？

② 流量增加，测压管水头线有何变化？为什么？

③ 实测的各断面管中心流速水头是否与该断面平均流速水头相等？为什么？

④ 为什么 1～2 段的沿程水头损失比 6～7 段大？

实验五　流量系数测定实验

一、实验目的与要求

① 掌握文丘里压差式流量计的构造、工作原理及操作技能。

② 观测文丘里流量计收缩段与扩张段的压力水头、流速水头沿程的变化规律。

③ 掌握比压计测压差和体积法测流量的工作原理与方法。

④ 掌握文丘里流量计流量系数的测定方法。

二、实验原理

文丘里管是在管路中安装一段断面急速变小，而后又逐渐恢复至原来断面的异径管。由伯努利方程可知：

$$z_1+\frac{p_1}{\gamma}+\frac{\alpha_1 v_1^2}{2g}=z_2+\frac{p_2}{\gamma}+\frac{\alpha_2 v_2^2}{2g}+h_{w1\text{-}2}$$

取 $\alpha_1=\alpha_2=1.0$，忽略水头损失，则有：

$$\frac{\alpha_2 v_2^2}{2g}-\frac{\alpha_1 v_1^2}{2g}=(z_1+\frac{p_1}{\gamma})-(z_2+\frac{p_2}{\gamma})=\Delta h$$

又因
$$Q=\frac{\pi d_1^2 v_1}{4}=\frac{\pi d_2^2 v_2}{4}$$

所以
$$Q=\frac{\frac{\pi d_2^2}{4}}{\sqrt{1-\frac{d_2^4}{d_1^4}}}\sqrt{2g\Delta h}=K\sqrt{\Delta h}$$

式中　z_1，z_2——两个过水断面的高度（相对于参考平面），m；

p_1，p_2——两个过水断面上的静压，Pa；

γ——流体的重度，N/m^3；

α_1，α_2——两个过水断面上的流速系数；

v_1，v_2——两个过水断面上的流速，m/s；

$h_{w1\text{-}2}$——两个过水断面之间的水头损失，m。

d_1，d_2——两个过水断面管道的直径，dm；

Q——理论流量，m^3/s；

Δh——两个过水断面上的高度差，m；

K——流量常数。

由于实际流动存在水头损失，因此实际流量 Q_0 要略小于理论流量 Q，故流量系数 $\mu=\frac{Q_0}{Q}$。

本实验目的为采用实验的方法确定流量系数 μ 的具体数值。实际流量 Q_0 用体积法测定。$Q_0 = V/\Delta t$，其中 V 为 Δt 时间内由管道流入计量箱内的体积。

三、实验仪器与装置

本实验装置为多功能水力学实验装置，如图 4-5-1 所示。

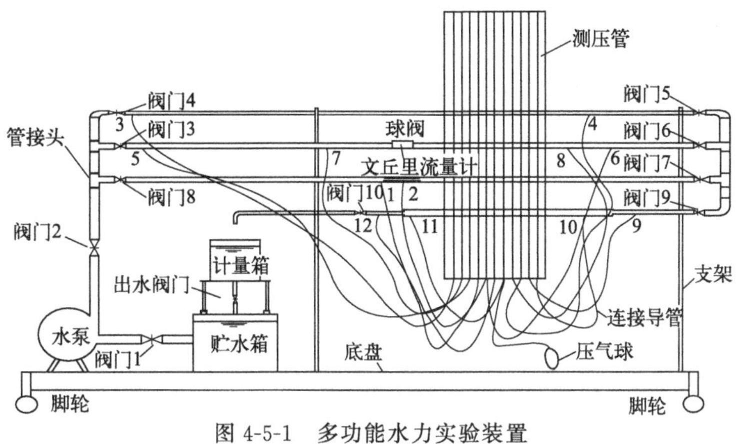

图 4-5-1　多功能水力实验装置

四、实验方法与步骤

① 记录有关仪器常数 d_1、d_2 并计算流量计系数 K 值，检查测压计液面是否水平。

② 关闭实验装置中的阀门 3、4、5、6，打开实验阀门 1、2、7、8、9、10。其中阀门 2 为实验控制阀门，控制流量的大小。

③ 打开供水泵使水流通过文丘里管，待水流稳定后开始实验。缓慢开启阀门 2，观察测压管两管有一定高差后记录测压管的高度差值，并通过体积法测量记录此时通过文丘里管的流量。

④ 缓慢开大阀门 2，重复第③步实验 6～8 次。

⑤ 实验结束后使实验设备恢复原状。

五、实验结果与计算

实验结果与计算列于表 4-5-1。

表 4-5-1　实验结果与计算表

d_1=________ mm；d_2=________ mm；K=________

序号	h_1/cm	h_2/cm	Δh/cm	V/cm^3	Δt/s	Q/(cm^3/s)	Q_0/(cm^3/s)	μ
1								
2								
3								
4								
5								
6								
7								
8								

六、实验分析与讨论

① 绘制 μ 与 Q_0 及 Q_0 与 Δh 的关系曲线。

② 通过实验分析文丘里流量计的流量系数与流量的关系。

③ 实验过程中若将文丘里流量计倾斜放置，各测压管内液面高度差是否会变化？

④ 文丘里流量计的实际流量与理论流量为什么会有差别，这种差别是由哪些因素造成的？

实验六　动量方程实验

一、实验目的

① 通过量测水箱孔口出流对水箱的反作用力，并通过量测管嘴射流对平板的反作用力，来验证恒定流动量方程。

② 掌握用重量法测定流量的方法以及用量测力矩来换算作用力的方法。

③ 加深对能量方程的理解。

二、实验装置简图

动量方程实验装置由带有孔口并安装在可转动支架上的水箱和装在固定水管上的管嘴及可转动的挡板等两个独立部分组成，如图 4-6-1 所示。如果用装置中的水泵循环供水，由于水泵的流量不够大，则水流对水箱的反作用力实验与水流对平板的反作用力实验不能同时进行。

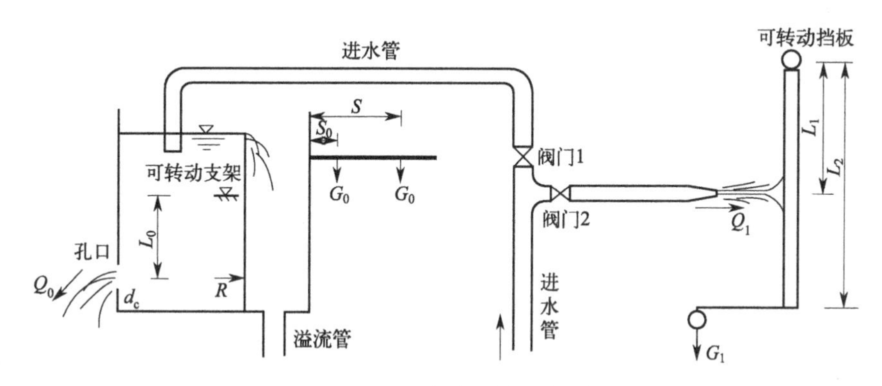

图 4-6-1　动量方程实验装置

三、实验步骤及原理

1. 水流对水箱的反作用力实验

① 用盖子旋紧孔口，打开进水管阀门 1（阀门 2 关闭），让水流入并充满水箱产生较大溢流。

② 用手托扶水箱，拔出水箱在支架上的插销。轻轻松开手，水箱将绕支架逆时针旋转一个角度。

③ 移动平衡砝码，调平水箱，记录下砝码重量 G_0 及力臂 S_0 的读数。

④ 旋开孔口的盖子，水流从孔口流出（注意此时水箱仍应有水微小溢流，否则应开大进水阀门 1，直到有微小溢流为止）。由于水流对箱壁的反作用力，水箱又绕支架逆时针旋转一个角度。

⑤ 再移动平衡砝码，第二次调平水箱，记录下力臂 S 的读数。

⑥ 量测并记录水箱孔口中心至水箱转轴的距离 L_0。

⑦ 用重量法量测并记录孔口流出的流量 Q_0 及孔口水流收缩断面直径 d_c。

⑦ 再开大进水阀，待水箱水位稳定后重复步骤⑤～⑦。

⑨ 关闭进水阀门 1，旋紧水箱孔口盖并用插销固定水箱，进行水流对平板反作用力实验。

2. 水流对平板反作用力实验

① 将进水阀门 2 缓慢打开，水流由管嘴流出射到平板上，平板发生倾斜。

② 在挡板底端拉链上加一砝码 G_1，调节阀门 2，改变射出的水流流量，使平板保持在铅垂位置。

③ 量测并记录管嘴的出流流量 Q_1，量测水流冲击点至挡板转轴的距离 L_1 及砝码作用点至转轴的距离 L_2 和管嘴内径 d。

④ 用另一砝码 G_2 重复步骤②～③。

四、实验数据记录及计算

① 记录水箱仪器常数：d_c(m)，L_0(m)，G_0(kgf 或 N)。计量桶自重 W_0(kgf)。

② 记录平板仪常数：管嘴直径 d_1(m)、L_1(m)、L_2(m)。计量桶自重 W_1(kgf)。

③ 孔口水流对水箱的理论反作用力（N）：

$$R_0=\rho Q_0 v_0$$

式中 ρ——水的密度，1000kg/m^3；

Q_0——孔口水流的流量，m^3/s；

v_0——孔口收缩断面的流速，$v_0=4Q_0/\pi d_c^2$，m/s。

水箱砝码的平衡力矩 M_0(N·m)：

$$M_0=G_0(S-S_0)$$

水流对水箱实测的反作用力 R_0(N)：

$$R'_0=\frac{M_0}{L_0}$$

④ 管嘴水流对平板的理论反作用力 R_1(N)：

$$R_1=\rho Q_1 v_1$$

式中 Q_1——管嘴水流的流量，m^3/s；

v_1——管嘴出口流速，m/s。

平板砝码的平衡力矩：

$$M_1=\text{水流对平板力矩}=G_1 L_2$$

水流对平板实测的反作用力 R'_1(N)：

$$R'_1=\frac{M_1}{L_1}$$

五、实验记录

① 水流对水箱的反作用力实验数据记录如表 4-6-1 所示，t 为测量流量的时间。

表 4-6-1　实验结果与计算表

d_c=________m；L_0=________m；W_0=________kgf；G_0=________kgf=________N

实验次数	S	S_0	$M_0=G_0(s-s_0)$	水桶总重 W	水重 $\Delta W=W-W_0$	t	Q_0	v_0	R_0	R_0'	$(R_0-R_0')/R_0$
	m	m	N·m	kgf	kgf	s	m^3/s	m/s	N	N	%
1											
2											
3											

② 水流对平板的反作用力实验数据记录见表 4-6-2，t 为测量流量的时间。

表 4-6-2　实验结果与计算表

d_1=________m；L_1=________m；L_2=________m；W_1=________kg=________N

实验次数	G_1	$M_1=G_1L_2$	水桶总重 W'	水重 $\Delta W=W-W_1$	t	Q_1	v_1	R_1	R_1'	$(R_1-R_1')/R_1$
	N	N·m	kgf	kgf	s	m^3/s	m/s	N	N	%
1										
2										
3										

六、思考题

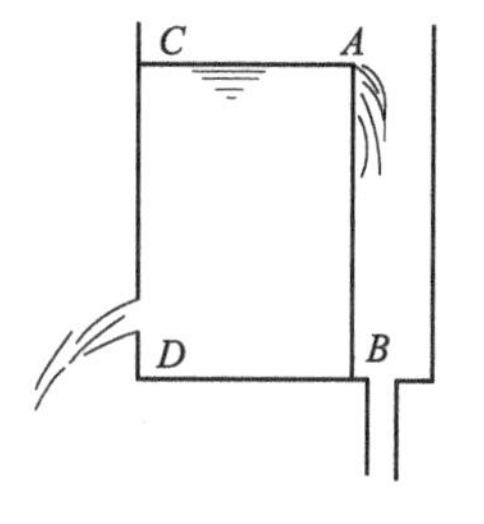

① 画出水箱孔口水流动量方程的控制面，并指出控制面上哪部分的流速可以忽略不计？

② 水箱 AB 壁上的压强分布和 CD 壁上的压强分布是否相同？画出该两壁上的压强分布情况，分析孔口水流对水箱壁的作用力是如何形成的。

实验七　流态演示实验

一、实验目的

① 了解流态实验的设备装置，观察流体的两种流态——层流和紊流。

② 观察层流时的流速分布。

二、实验基本原理

雷诺数（Re）为层流和紊流的判别数，其表达式为：

$$Re=\frac{vd}{\nu}$$

式中　d——圆管内径，m；

v——平均流速，m/s；

ν——流体运动黏滞系数，其值视液体温度而定，m^2/s。

层流时，断面流速呈抛物面形状分布。

三、实验装置

流态演示实验装置如图 4-7-1 所示。

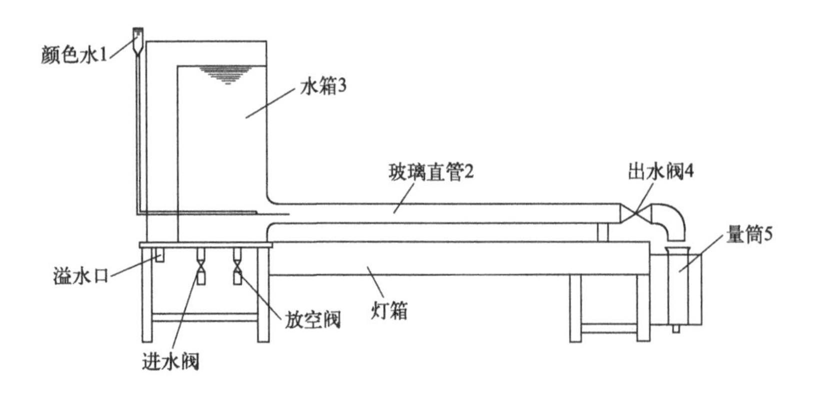

图 4-7-1　流态演示实验装置

四、实验步骤

1. 观察流态

① 开启水箱进水闸门，直至水箱水面稳定（闸门开启度宜尽量小，以减少震动干扰）。

② 微启出水闸门，并将红色或蓝色水闸门开启，则在玻璃直管 2 中可观察到红色水或蓝色水与清水互不相混的层流流态。

③ 逐渐开大出水闸门，则可看到红色水或蓝色水线波动、破碎，直至与清水完全掺混的紊流流态。

2. 观察层流流速分布

先打开红色水或蓝色水阀门流出一团红色水或蓝色水，然后微启出水闸门，可观察到管中心红色水或蓝色水流得较快，而管壁处红色水或蓝色水流得较慢，形成明显的抛物面状。这说明在层流流态下，圆管内的流速呈抛物面形状分布。

五、实验注意事项

① 调节闸门必须缓慢，尤其是将达到临界状态时。
② 调节过程中，闸门只允许往一个方向旋转，中间不得逆转，以免影响流态。
③ 注意避免任何扰动（如碰撞设备等）。
④ 闸门系玻璃制成，易破碎，切勿按压或硬转。

六、实验数据记录与计算

实验数据记录见表 4-7-1。

表 4-7-1 实验结果与计算表

$d=$________cm；$T=$________℃

序号	阀门操作方式	$Q/(m^3/s)$	雷诺数 $Re=vd/\nu=4Q/(\pi d\nu)$	墨水线形状
1	阀门由小开大			
2				
3				
4				
5				
6	阀门由大关小			
7				
8				
9				
10				

七、思考题

① 如果开启玻璃直管 2 进口处的旁通闸门，玻璃直管 2 内的水流为什么不易保持层流？

② 为什么从层流到紊流的上临界流速大于从紊流到层流的下临界流速？实验结果能证明吗？

实验八　沿程阻力系数测定

一、实验目的与要求

① 了解沿程水头损失的概念，掌握测定管道沿程阻力系数的方法，进一步理解能量方程。

② 掌握影响沿程阻力系数的因素。

③ 掌握沿程阻力系数随雷诺数的变化规律。

④ 绘制沿程阻力系数与雷诺数的对数关系曲线。

二、实验原理

本实验所采用的管路是水平放置且等直径的，因此对通过某一等直径管道中的恒定水流，在任意两过水断面上列能量方程，可得：

$$h_{\mathrm{f}}=\left(z_1+\frac{p_1}{\gamma}\right)-\left(z_2+\frac{p_2}{\gamma}\right)$$

同时，沿程水头损失的计算公式为：

$$h_{\mathrm{f}}=\lambda\ \frac{l}{d}\times\frac{v^2}{2g}$$

则沿程水头损失系数 λ 为：

$$\lambda=\frac{\left(z_1+\frac{p_1}{\gamma}\right)-\left(z_2+\frac{p_2}{\gamma}\right)}{\frac{l}{d}\times\frac{v^2}{2g}}=\frac{2gd}{l}\times\frac{h_{\mathrm{f}}}{v^2}$$

沿程阻力系数在层流时只与雷诺数有关，而在紊流时则与雷诺数、管壁粗糙度有关。当实验管路粗糙度保持不变时，可得出该管的沿程阻力系数与雷诺数的关系曲线。

三、实验仪器与装置

沿程阻力系数实验装置为多功能水力实验台，如图 4-8-1 所示。

四、实验方法与步骤

① 熟悉实验装置，记录相关常数，包括管径、管长以及水温、水的黏度等。

② 关闭阀门 3、6、7、8，打开阀门 2、4、5、9、10。

③ 开启水泵，待水流稳定后开始实验。

④ 缓慢转动阀门 2 调节流量，待水流稳定后读取并记录测压管 3、4 的高度差，同时运用体积法测量并记录此时管道中的流量。

⑤ 逐渐开大阀门 2 增加流量，重复第③步实验 6～8 次，记录有关数据。

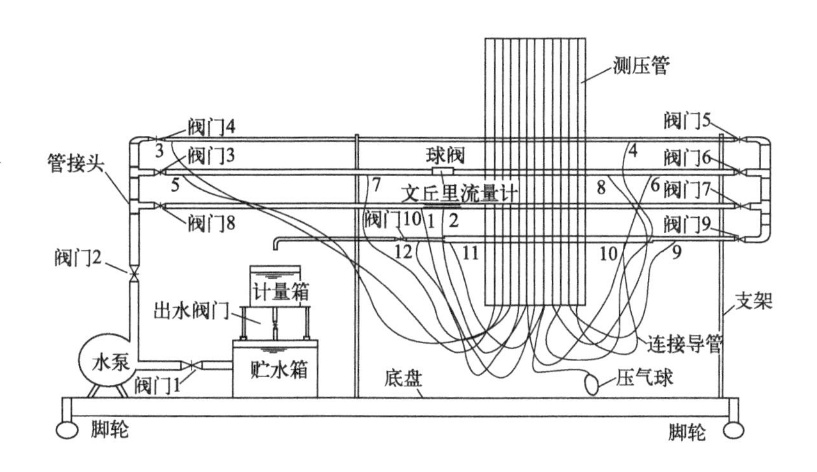

图 4-8-1 多功能水力实验台

五、实验结果与计算

实验结果与计算列于表 4-8-1。

表 4-8-1 实验结果与计算表

d=________ mm；L=________ m

序号	h_3/cm	h_4/cm	Δh/cm	V/cm^3	t/s	Q/(cm^3/s)	v/(cm/s)	λ	Re
1									
2									
3									
4									
5									
6									
7									
8									

六、思考题

① 图 4-8-2 中绘制沿程阻力系数与雷诺数的关系曲线，沿程阻力系数随 Re 的变化曲线可分为几个区？每个区有什么特点？

② 测量实验管段的测压管水头之差为什么是沿程水头损失，如果实验管道倾斜安装，测压管的读数差是否还是沿程水头损失？

③ 影响沿程阻力系数的因素有哪些？

④ 当流量、实验管段长度相同时，为什么管径越小，两断面的测压管读数差越大？其变化规律如何？

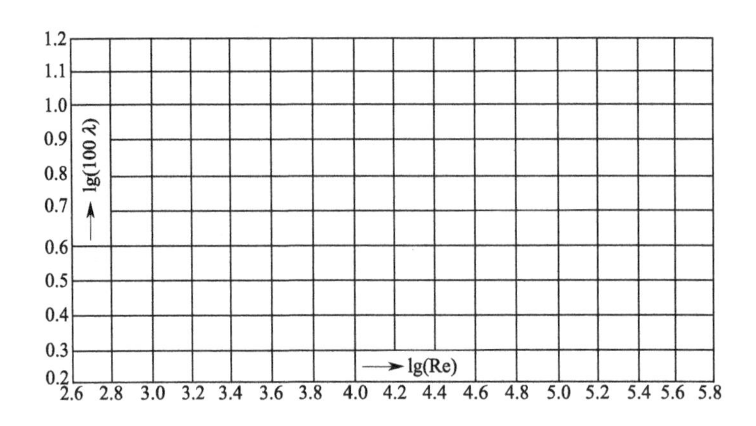

图 4-8-2 λ 与 Re 关系曲线图

实验九　水击演示实验

一、实验目的

观察有压管道中的水击现象，增强对水击特性的感性认识。

二、实验基本原理

在有压管道中流动的液体，由于某种外界因素（如闸门突然关闭或水泵突然停转），流速突然变化，因动量的改变而引起压力突然改变（增压和减压交替进行），这种现象称为水击。由于增压和减压交替进行时，液体对管壁或闸门的作用犹如锤击，故此现象也称水锤。

水击产生的增压可能达到管中正常压力的几十倍甚至几百倍，而且增压和减压的频率很高，严重时会使管道破裂。实验的水击演示装置，因进口压力很低，管道很短，故由水击而产生的增压不是很高，但能明显观察到水击现象。

三、实验装置

水击演示装置是由储水箱、引水管、快速开关阀门和测压管组成的。当水箱充满水后，打开快速阀门，并使其突然关闭，即可从测压管中观察到水击现象。

四、实验步骤

① 对储水箱充水，待箱内溢流后，打开快速阀门，这时可以观察到流体能量转换（即水箱中水位未变，但由于引水管中有了流速，各测压管水位普遍降低）和能量损失[测压管水头（水压）沿流向愈来愈低]现象。

② 关闭快速阀门，这时可以观察到测压管中增压和减压交替进行，直至完全衰减，这就是水击现象。

③ 实验结束，关闭进水闸门，使仪器恢复原状。

五、思考题

① 水击现象的物理本质是什么？

② 为什么间接水击压力比直接水击压力小？

③ 为什么要尽量避免发生直接水击？怎样减小水击压力？

实验十　水面曲线实验

一、实验目的

① 观察平坡、倒坡、临界坡、陡坡和缓坡的水流衔接现象。

② 观察明渠恒定非均匀流在棱柱体渠道中的 12 种水面曲线。

二、实验原理

水面曲线共有 12 种形式，如图 4-10-1 所示，分别发生在五种不同底坡上。

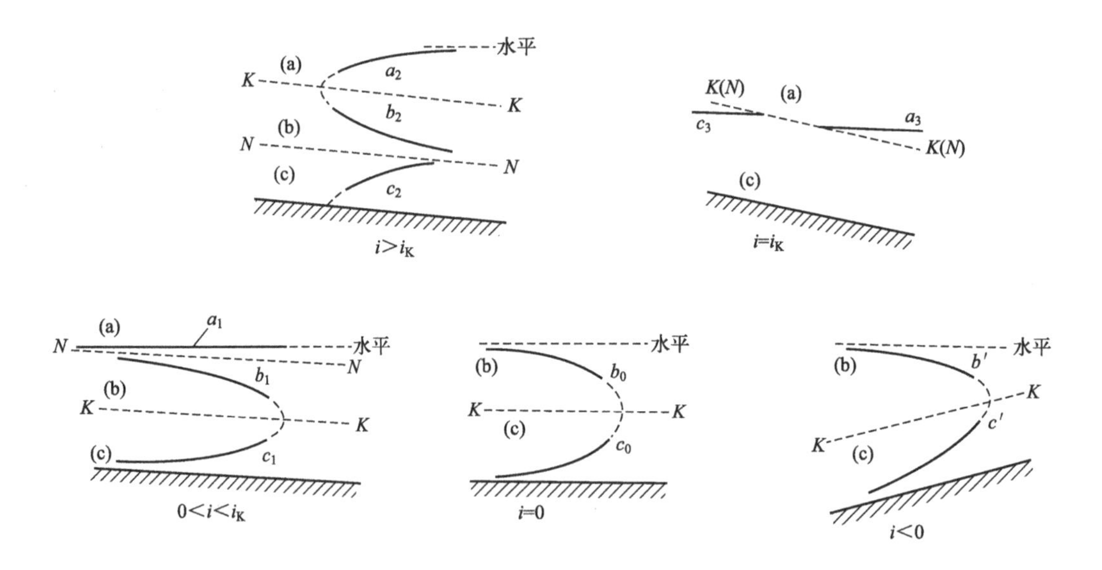

图 4-10-1　五种不同底坡

N-N—正常水面线；K-K—临界水深水面线；a，b，c—不同流态的水面线成型；

下标 0—水面要增加或减少临界水深；下标 1，下标 3—壅水曲线；下标 2—降水曲线

实验时，必须首先确定底坡形式。其中需定量测定的，也是最关键的，是平坡和临界底坡。临界底坡确定后，保持流量不变，改变渠槽底坡，就可形成陡坡（$i>i_K$），临界底坡（$i=i_K$），缓坡（$0<i<i_K$），平坡（$i=0$）和逆坡（$i<0$），分别在不同坡度下调节闸板开度，则可得到不同形式的水面曲线。

平坡可由水准泡或升降标尺值指示。临界底坡可根据下列各式测算：

$$h_K=\sqrt[3]{\frac{\alpha Q^2}{gB_K^2}}$$

$$\chi_K=B_K+2h_K$$

$$R_K=\frac{B_K h_K}{B_K+2h_K}$$

$$C_K=\frac{1}{n}R_K^{\frac{1}{6}}$$

$$i_K=\frac{g\chi_K}{\alpha C_K^2 B_K}$$

式中　h_K——明渠临界流时的水深，m；

Q——流量，m^3；

g——重力加速度，m/s^2；

χ_K——明渠临界流时的湿周，m；

α——动量修正系数；

C_K——明渠临界流时的谢才系数，$m^{\frac{1}{2}}/s$；

B_K——明渠临界流时的槽宽，m；

R_K——明渠临界流时的水力半径，m；

n——明渠壁的粗糙系数。

三、实验装置

水面曲线实验装置见图 4-10-2。

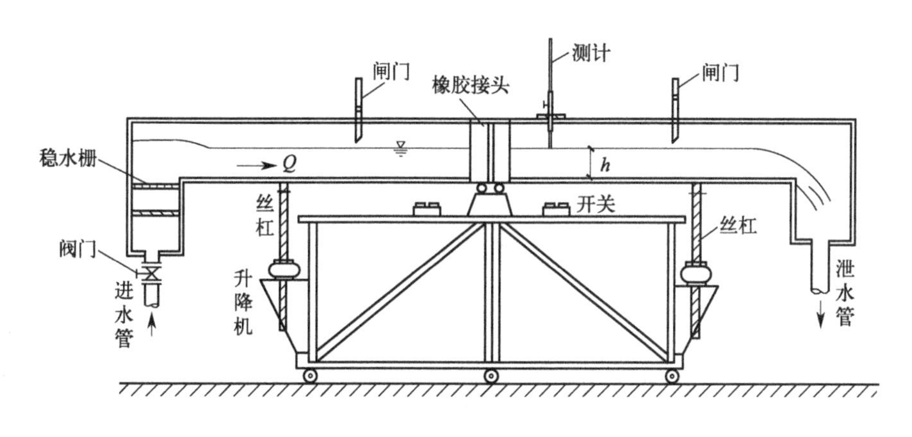

图 4-10-2　变坡水槽示意图

四、实验步骤

① 启动水泵，流量调到最大，测定流量 Q，计算 i_K 值和 ΔZ_C 值（$\Delta Z_C=i_K L_0$）。ΔZ_C 为升降杆的标尺值，L_0 为轴承与升降机上支点间的水平距离。

② 调节底坡，使 $i=0$，调控上闸门开度，使之形成如图 4-10-1 中的 b_0 和 c_0 形水面线。

③ 用类似的方法，调节底坡和相应的上、下闸门开度，使之形成如图 4-10-1 所示的其余 10 种水面曲线，并分别观察（为使一个底坡上同时呈现三种水面线，要求缓坡宜缓些，陡坡宜陡些）。

五、思考题

① 下列情况中，哪些现象可能发生，哪些不可能发生？

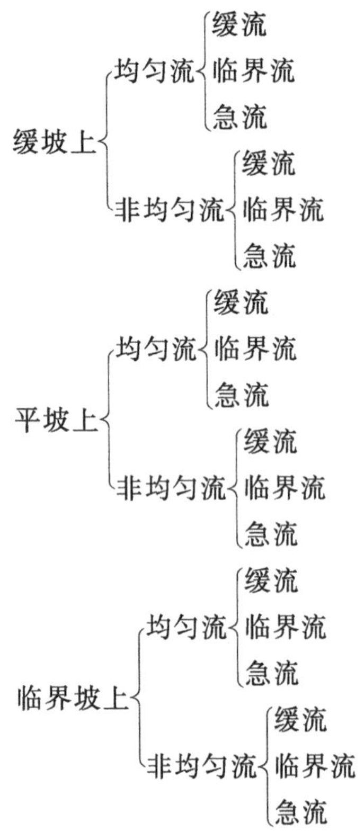

② 在实验中，使长水槽中形成闸孔泄流后发生水跃，如保持流量不变而改变水槽底坡，思考底坡应如何改变可使水跃分别成为临界式水跃、淹没式水跃和远驱式水跃？

实验十一 流速分布图绘制实验

一、实验目的与要求

① 加深对毕托管的构造与测点流速原理的理解与掌握。

② 掌握明渠或实用断面堰断面流速分布的测定方法。

③ 利用实验数据绘制明渠或实用断面堰的断面流速分布图。

二、实验原理

毕托管测点流速原理见第四章实验三。利用毕托管测量明渠断面上各点的点流速，并绘制断面流速分布图。

三、实验仪器与装置

实验仪器与装置如图 4-11-1 所示，主要实验设备包括供水箱、水泵、管道、回水系统、毕托管、压差计等。

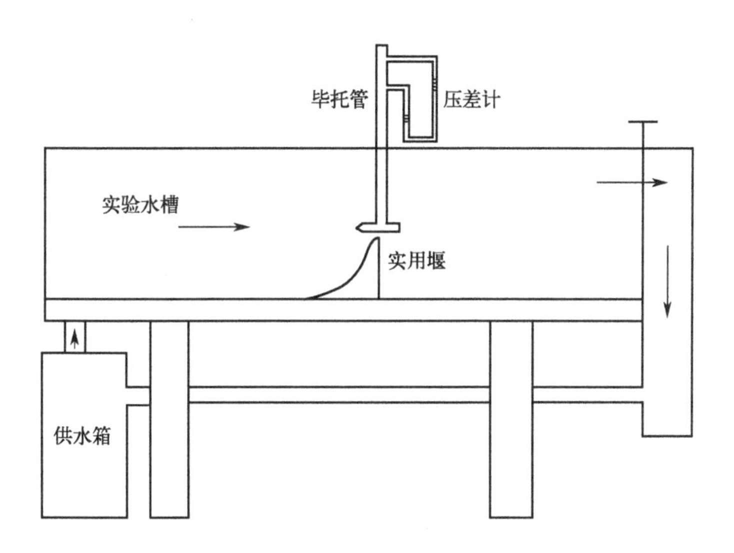

图 4-11-1 测量流速分布实验装置

四、实验方法与步骤

① 安装毕托管于溢流实用堰顶或明渠流的任意一断面，熟悉实验装置的组成构件及各部分的功能与作用。

② 打开水泵抽水，待水流稳定后用抽气法或虹吸法将毕托管和压差计中的空气排净，并检验空气是否排完，检验方法见第三章实验三。

③ 将毕托管置于溢流实用堰所测量的断面上，并正对来流方向，读取并记录压差

计的测压管读数，求出测压管读数高差。

④ 改变毕托管的高度，重复第③步操作 6～8 次，读取并记录各次实验的压差计的测压管两管高度差的读数，直至毕托管接近水面为止。

⑤ 将毕托管安装在明渠流所测量的某一断面上，读取并记录压差计的测压管读数，求出测压管读数高差。从断面底部开始依次改变毕托管的高度，重复实验 6～8 次，读取并记录各次实验的压差计的测压管两管高度差的读数，直至毕托管接近水面为止。

⑥ 实验结束后使实验设备恢复原状。

五、实验结果与计算

实验结果记录分别见表 4-11-1 和表 4-11-2。

表 4-11-1　实用断面堰流速分布测量实验结果与计算

实验次序	压差计高差/cm	测点距水面高度/cm	流速/(cm/s)
1			
2			
3			
4			
5			
6			
7			
8			

表 4-11-2　明渠流流速分布测量实验结果与计算

实验次序	压差计高差/cm	测点距水面高度/cm	流速/(cm/s)
1			
2			
3			
4			
5			
6			
7			
8			

六、思考题

① 以流速为横坐标，毕托管测点距水面的高度为纵坐标，绘制所测明渠流断面或实用断面堰断面垂线流速与水深的关系，即流速分布图。

② 分析溢流实用堰顶与明渠流断面的流速分布。

第五章
水处理生物学实验

实验一　显微镜的使用及几种微生物个体形态的观察

一、实验目的

① 掌握光学显微镜的结构、原理，学习显微镜的操作方法和保养。
② 利用显微镜观察草履虫、眼虫和放线菌等微生物的个体形态。

二、显微镜的结构、光学原理

1. 显微镜的结构

显微镜分机械装置和光学系统两部分。机械装置包括镜筒、转换器、载物台、镜臂、镜座和调节器。光学系统包括目镜、物镜、聚光器、反光镜和滤光片。显微镜结构如图 5-1-1 所示。

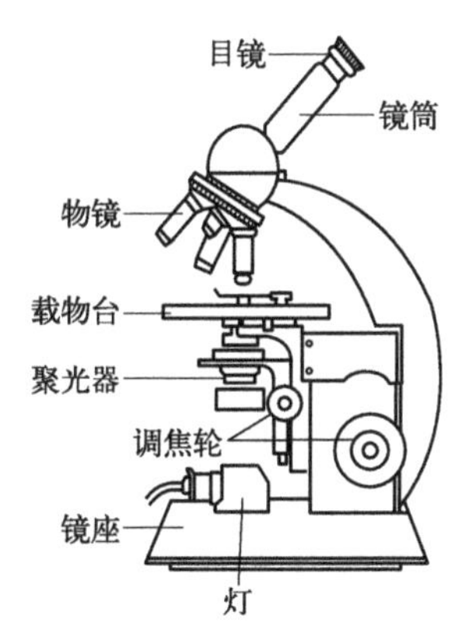

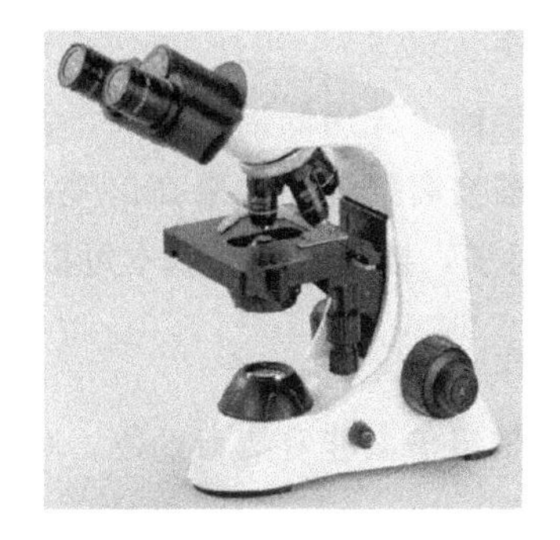

图 5-1-1　显微镜结构

2. 光学原理

显微镜通过聚光器、反光镜等将光线集成光锥照射到玻片标本上，再通过物镜、目镜的放大作用使观察者看到放大后的成像。显微镜的分辨率是由物镜的数值孔径所决定的，而目镜只是起放大作用。对于物镜不能分辨出的结构，目镜的倍数再大，也仍然不能分辨出，因此，显微镜的性能主要依赖于物镜的性能。物镜的性能由数值孔径 N. A.（Numerical Aperture）决定，其意为玻片和物镜之间的折射率乘以光线投射到物镜上的最大夹角的一半的正弦。光线投射到物镜的角度越大，显微镜的效能越大，该角度的大小决定于物镜的直径和焦距。显微镜的性能还依赖于物镜的分辨率，分辨率与数值孔径成正比，与波长成反比。

三、实验仪器设备及材料

显微镜（XSP-3C），标本盒及标本（一套），二甲苯，擦镜纸，香柏油。

四、实验步骤与操作技术

1. 低倍镜的操作

① 置显微镜于固定的桌面上，插上电源并打开电源开关。

② 旋动转换器，将低倍镜移到镜筒正下方，和镜筒对直。

③ 用眼对准目镜仔细观察，使视野亮度均匀。

④ 将标本片放在载物台上，使观察的目的物置于圆孔的正中央。

⑤ 将粗调节器向下旋转，同时眼睛注视物镜，以防物镜和载玻片相碰。当物镜的尖端距载玻片约 0.5cm 时停止旋转。

⑥ 左眼通过目镜观察，同时将粗调节器向上旋转，如果见到目的物，但不十分清楚，可用细调节器调节，直至目的物清晰为止。

⑦ 如果粗调节器旋得太快，超过焦点，必须从第⑤步重调，不应在正视目镜的情况下调粗调节器，以防物镜与载玻片碰撞。

⑧ 观察时两眼同时睁开。单筒显微镜应用左眼观察，以便绘图。

2. 高倍镜操作

① 使用高倍镜前，先用低倍镜观察，发现目的物后将它移至视野正中央。

② 旋动转换器换高倍镜，如果高倍镜触及载玻片立即停止旋动，重新用低倍镜调准焦距。如果调对了，换高倍镜时基本可以看到目的物，然后用细调节器调节清晰。

3. 油镜的操作

① 如果用高倍镜仍未能看清目的物，可用油镜。先用低倍镜和高倍镜观察标本片，将目的物移到视野正中。

② 在载玻片上滴一滴香柏油，将油镜移至正中，使油镜头浸在油中，刚好贴近载玻片。用细调节器微微向上调即可。

③ 用油镜观察后，用擦镜纸将镜头上的油擦净，另用擦镜纸蘸少许二甲苯擦镜头，最后用干净的擦镜纸擦干。

五、实验结果

将所观察到的微生物绘制成图。

六、思考题

① 为什么显微镜的性能主要由物镜性能决定？
② 显微镜成像的基本原理是什么？

附：显微镜使用注意事项

① 发现异常立刻报告，设备不正常时禁止使用。
② 手和样品表面都必须保持干净、干燥，禁止沾水和污物。
③ 禁止触摸和擦拭镜头玻璃。

实验二　微生物的细胞计数实验

一、实验目的

① 了解血球计数板的结构、计数原理。

② 掌握显微镜下对微生物浓度和数量的观测方法。

二、实验原理与计算方法

测定微生物细胞数量的方法很多，通常采用的有显微直接计数法和平板计数法。显微直接计数法适用于各种含单细胞菌体的纯培养悬浮液，如有杂菌或杂质，常不易分辨。菌体较大的酵母菌或霉菌孢子一般采用显微直接计数法中的血球计数板计数法。

血球计数板由一块比普通载玻片厚的特制玻片制成，如图 5-2-1 所示。

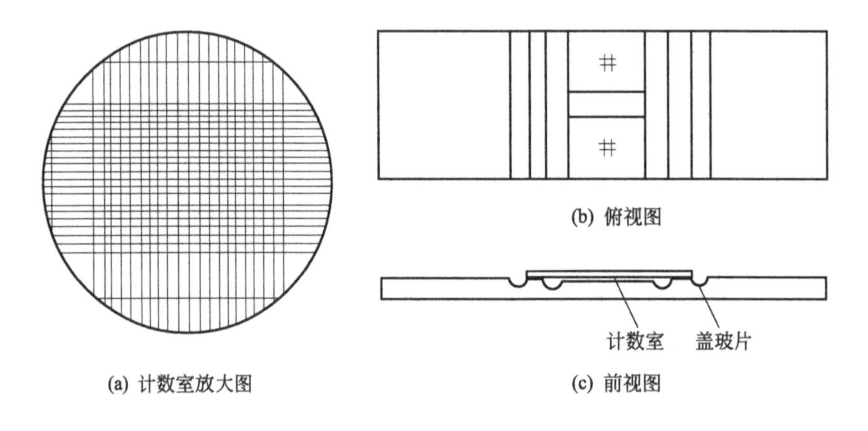

图 5-2-1　血球计数板的结构示意

玻片中央刻有四条槽，中央两条槽之间的平面比其他平面略低，该平面中央有一小槽，槽两边的平面上各刻有 9 个大方格，其中位于中央的一个大方格为计数室，它的长和宽各为 1mm，深度为 0.1mm，其体积为 $0.1mm^3$。计数室有两种规格：一种是 16×25 的计数板，把大方格分成 16 中格，每一中格分成 25 小格，共 400 小格；另一种规格是 25×16 的计数板，把一大方格分成 25 中格，每一中格分成 16 小格，总共也是 400 小格。计算方法如下。

16×25 的计数板上细胞浓度（个/mL）的计算公式为：

$$细胞浓度=\frac{100小格内的细胞数/100}{100}\times400\times10000\times稀释倍数$$

25×16 的计数板上细胞浓度（个/mL）的计算公式为：

$$细胞浓度=\frac{80小格内的细胞数/80}{80}\times400\times10000\times稀释倍数$$

三、仪器、试剂及材料

1. 仪器

显微镜 1 台，烧杯（50mL）1 个，血球计数板 1 套，滴管 1 个，移液管 1 支。

2. 试剂及材料

酵母菌液或其他微生物样品，吸水纸，擦镜纸，滤纸。

四、操作步骤

① 稀释样品。为了便于计数，将样品适当稀释。

② 取干净的血球计数板，用厚盖玻片盖住中央的计数室，用移液管吸取少许充分摇匀的待测菌液滴于盖玻片的边缘，菌液则自行渗入计数室，静置 5～10min 即可计数。

③ 将血球计数板置于载物台上，用低倍镜找到小方格网（即计数区）后换高倍镜观察计数。需不断地上、下旋动细调节器，以便看到计数室内不同深度的菌体。

④ 若采用 16×25 规格的计数板，数四个角（左上、右上、左下、右下）的四中格（即 100 小格）的酵母菌数；若采用 25×16 规格的计数板，除了取四个角上四中格外，还取正中的一个中格（即 80 小格），对位于中格线上的酵母菌只计中格的上方及左方线上的酵母菌，或只计下方及右方线上的酵母菌。

⑤ 每个样品重复计数 3 次，取平均值，再按公式计算每毫升菌液中所含的酵母菌数。

⑥ 测试完毕，取下盖玻片，用水清洗血球计数板，注意勿用硬物洗刷和抹擦计数板，以免破坏网格刻度。

五、实验结果

算出酵母菌悬浊液的浓度。

六、思考题

① 为什么用两种不同规格的计数板测量同一样品时，其结果一样？

② 根据实验体会，说明用血球计数板的误差主要来自哪些方面？如何减少误差？

实验三　细菌的革兰染色

一、实验目的

① 加深对微生物的染色原理的理解。
② 掌握革兰染色的基本操作技术。

二、实验基本原理

微生物的机体多是无色透明的，在显微镜下，由于光源是自然光，使微生物个体与其背景反差小，不易看清微生物的形态和结构，若增加其反差，微生物的形态就看得清楚。通常使用染料将菌体染上颜色以增加反差，便于观察。

微生物细胞是由蛋白质、核酸等两性电解质及其他化合物组成，所以微生物细胞表现出两性电解质的性质。两性电解质兼有碱性基团和酸性基团，在酸性溶液中离解出碱性基团，电解质呈碱性、带正电，在碱性溶液中离解出酸性基团，电解质呈酸性、带负电。经测定，细菌等电点在 pH 值为 2～5，故细菌在中性、碱性或偏酸性的溶液中，细菌的等电点均低于上述溶液的 pH 值，所以细菌带负电荷，容易与带正电荷的碱性染料结合，故用碱性染料染色的为多，常用的碱性染料有亚甲蓝、甲基紫、结晶紫等。根据微生物体内各组织结构与染料结合力的不同，可用几种染料分别染微生物的不同组织结构以便观察。

革兰染色是 1884 年由丹麦细菌学家 C. Gram 创造的，它将一大类细菌染上紫色，而另一类染上红色，以此将两大类细菌分开，作为分类鉴定重要的一步。革兰染色主要和细菌的等电点及细胞壁的结构和成分有关。

三、仪器、试剂及材料

1. 仪器

显微镜 1 台；载玻片 1 片；接种环 1 支；酒精灯 1 盏。

2. 试剂及材料

草酸铵结晶紫染液；番红染液；95%乙醇；擦镜纸；革氏碘液；滤纸。

四、细菌的革兰染色步骤

① 固定。取大肠杆菌和枯草杆菌分别做涂片、干燥。无菌操作及固定过程如图 5-3-1 所示。

② 初染。用草酸铵结晶紫染液染 1～2min，水洗，晾干。

③ 媒染。加革氏碘液媒染 1～2min，水洗，晾干。

④ 脱色。斜置载玻片于烧杯之上，滴加 95%乙醇脱色，至流出的乙醇不见紫色即

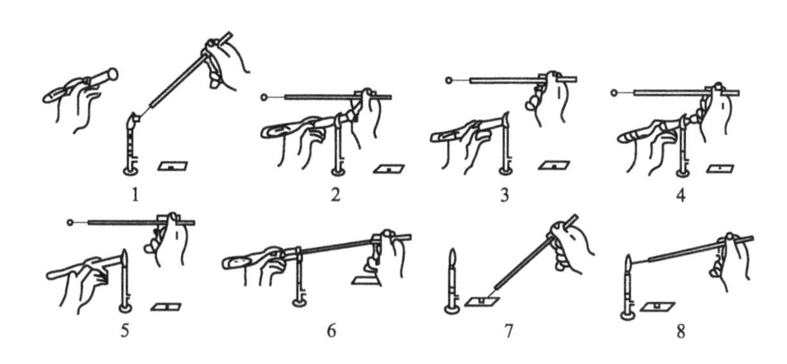

图 5-3-1 无菌操作及固定过程

可，随即水洗，晾干（为了节约乙醇，可将乙醇滴在涂片上静止 30～45s 水洗）。

⑤ 复染。用番红染液复染 2～3min，水洗。

⑥ 用吸水纸吸掉水滴，待标本片干后置于显微镜下，用低倍镜观察，发现目的物后用高倍镜观察。注意细菌细胞的颜色。

五、数据处理、实验报告

分别记录染色后的大肠杆菌和枯草杆菌的颜色，并判断它们的革兰染色结果。

六、图案+ 思考题

① 固定时做涂片、干燥需注意的事项有哪些？

② 微生物固定后是死的还是活的？

附：革兰（Gram）染液的配制方法

1. 草酸铵结晶紫液

溶液 A 和溶液 B 混合后静置 24h 过滤使用。

溶液 A：结晶紫（crystal）2g，95%（体积分数）乙醇 20mL。

溶液 B：草酸铵（ammonium oxalate）0.8g，蒸馏水 80mL。

2. 革兰碘液

配制时，先将碘化钾溶于少量蒸馏水中，再将碘溶解在碘化钾溶液中，然后加入其余的水即成。

碘 1g，碘化钾 2g，蒸馏水 300mL。

3. 番红溶液

番红（safranine O，番红花 O，藏红 O）2.5g，95%（体积分数）乙醇 100mL。

取 20mL 番红乙醇溶液与 80mL 蒸馏水混匀成番红稀释液。

实验四　培养基的制备及灭菌实验

一、实验目的

① 掌握培养基的制备方法和高压蒸汽灭菌技术。

② 掌握无菌操作。

二、仪器、试剂及材料

1. 仪器

培养皿10套；电子天平1台；试管10支；烧杯（1000mL）2个；铁架台1台；锥形瓶2个；漏斗1个；铁锅（3L左右）1个；橡皮管1条；高压蒸汽灭菌锅（见图5-4-1）。

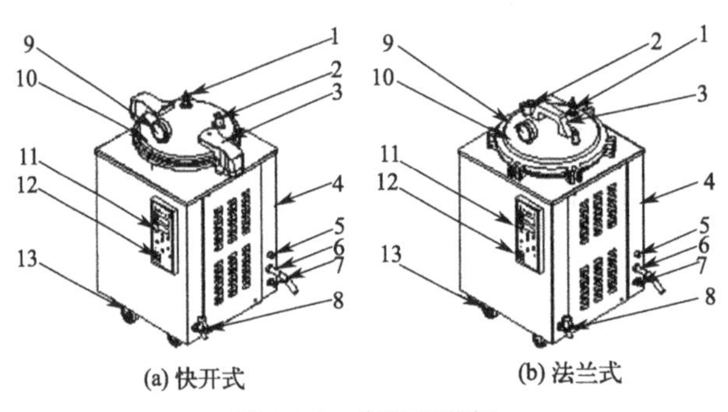

图5-4-1　高压灭菌锅

1—安全阀；2—放气阀；3—手柄（内含自锁装置）；4—箱体；5—保险丝座；6—电源线；7—自动排汽口；8—排水阀；9—压力表；10—承压筒体（内含储物桶）；11—操作面板；12—电源开关；13—胶木轮组；

2. 试剂及材料

10%HCl；精密pH试纸（6.8～8.4）；10%NaOH；蒸馏水；牛肉膏；采集土样；蛋白胨；纱布；氯化钠（NaCl）；棉花；琼脂；牛皮纸（报纸）。

三、培养基配方及灭菌条件

① 肉膏蛋白胨琼脂培养基配方：牛肉膏5g，蛋白胨10g，氯化钠5g，琼脂20g，蒸馏水1000mL，pH值为7.2。

② 灭菌条件：121℃，20min。

四、实验步骤

1. 本实验用培养基的制备

① 取一个1000mL的烧杯，装500mL蒸馏水。

② 在电子天平上依次称取配方中的各成分，放入水中溶解，用10% NaOH 调整 pH 值至7.2，倒出500mL的液体培养基，分装在15个50mL的锥形瓶中，分别塞上棉塞，包扎好待灭菌。

③ 在剩余500mL液体培养基中加入10g琼脂后加热烧杯，待琼脂完全融化后停止加热，补足蒸发损失的水量，本实验省略过滤。

④ 将培养基分装于30支试管中，其余的全部倒入若干个250mL的锥形瓶中，分别塞上棉塞，包扎好待灭菌。培养基的分装如图5-4-2所示。

2. 灭菌的操作过程

① 加水：立式锅直接加水至锅内底部隔板以下1/3处。

② 装锅：把需灭菌的器物放入锅内，关严锅盖，打开排气阀。

③ 点火：启动开关。打开排气阀门，待锅内水沸腾后，蒸汽将锅内冷空气驱净，温度计指针指向100℃时，关闭排气阀。注意：灭菌器是靠蒸汽的温度而不是单纯靠压力来达到灭菌效果的，混有空气的蒸汽与纯蒸汽相比，在相同压力下，前者温度低很多，因此必须在压力上升之前将灭菌器内的冷空气排空。

④ 升压、升温：当压力达到1.05kgf/cm^2（约0.103MPa）即灭菌开始，这时调整火力大小使温度维持在121℃。经过15～30min后关闭开关，停止加热。

⑤ 降压：等待灭菌锅自然降压，当指针回到0时，打开排气阀。

⑥ 揭开锅盖，取出器物，排掉锅内剩水。趁热将试管斜放在1cm高的木条上，静置冷却形成斜面，如图5-4-3所示。

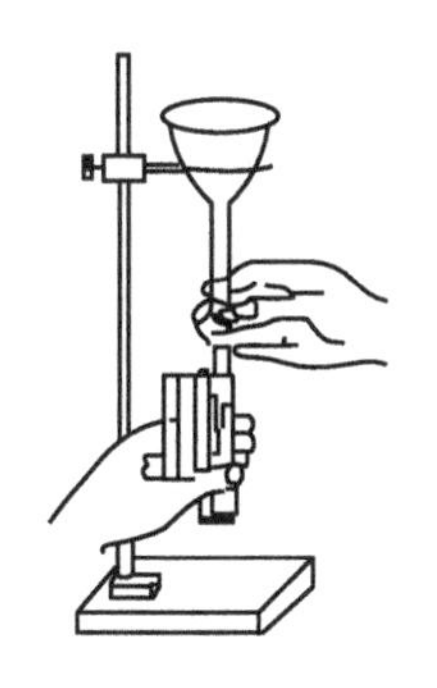

图5-4-2　培养基的分装

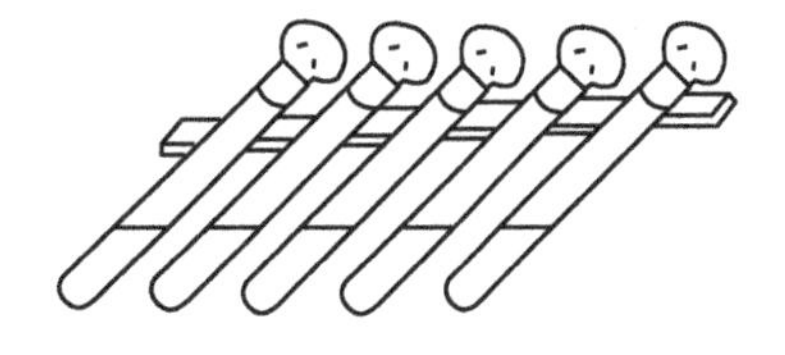

图5-4-3　置放成斜面的试管

⑦ 待培养基冷却后，置于37℃恒温箱内培养24h，无菌滋生则放入冰箱或阴凉处待用。

五、实验结果

每人灭菌一份固体培养基和一份液体培养基，做好一个试管斜面，依据包装、灭菌效果评定成绩。

六、思考题

① 分装培养基和包扎盛有培养基的不同容器时的注意事项是什么？

② 为什么湿热比干热灭菌优越？

附：

1．灭菌温度和时间设置

① 一般培养基：15～20min，121℃，0.103MPa。

② 含糖培养基：20～30min，112～115℃，0.056～0.072MPa。

③ 玻璃器皿：15～20min，121℃，0.103MPa。

2．灭菌锅使用安全警告

① 严禁超压使用。如果超压使用将有可能发生爆炸事故。

② 灭菌器内蒸汽未排放干净严禁开启器盖。灭菌器内蒸汽未放尽时切勿开启器盖，以防发生蒸汽灼伤事故。

③ 使用过程中操作人员切勿离开操作现场。为防止意外事故的发生，灭菌器应由专人操作。灭菌时操作人员不得离开现场，并随时留意压力表示值及灭菌器工作状态，如有异常，应立即切断电源，打开放汽阀排放蒸汽。请专业技术人员进行检修，故障排除后方可重新工作。

④ 装卸灭菌物时应先切断电源。为防止触电事故，灭菌器操作人员在装卸被灭菌物时应先切断电源。

⑤ 切勿用皮肤直接接触灭菌器金属部位，谨防烫伤。灭菌器在工作过程中，会产生115℃以上的高温，使用时应避免皮肤直接接触灭菌器的金属部位，防止烫伤。

实验五 细菌的纯种分离培养、接种及保存技术

一、实验目的

① 从给排水环境（水体、活性污泥、土壤等）中分离、培养微生物，掌握一些常用的分离和纯化微生物的方法。

② 学会细菌的纯种分离培养、接种及保存技术，加强无菌操作技能。

二、实验器材

1. 试剂

已灭菌的牛肉膏蛋白胨培养基（商业上也称为营养琼脂，成分为牛肉膏 3g、蛋白胨 10g、NaCl 5g、琼脂 15～20g、蒸馏水 1000mL。pH 值为 7.2～7.4），污水/湖水/土壤/活性污泥 1 瓶等。

2. 材料

接种环、酒精灯、无菌培养皿（直径 90 mm）、无菌吸管、无菌锥形瓶、无菌试管、无菌水等。

3. 仪器

恒温培养箱、超净工作台、电阻炉或微波炉、分析天平等。

三、实验步骤

1. 细菌平板划线分离技术

① 取样。用无菌锥形瓶到现场取一定量的污水/湖水/土壤/活性污泥，迅速带回实验室。

② 制作平板培养基。在无菌环境中将已灭菌的融化牛肉膏蛋白胨培养基倒入空培养皿内，加盖，水平转动培养皿，使培养基均匀平铺培养皿内，冷却凝固即成所需的平板培养基。

③ 划线。先将接种环灼烧灭菌，待其冷却，用接种环挑取一环水样。左手拿培养皿，中指、无名指和小指托住皿底，拇指和食指夹住皿盖，将培养皿稍倾斜，左手拇指和食指将皿盖掀半开，右手将接种环伸入培养皿内，在平板上轻轻划线，防止戳破培养基平板，可作扇形线、平行线，或其他连续划线。平板划线方式如图 5-5-1 所示。划线后，盖好培养皿盖子。接种环用过后再灼烧灭菌。

④ 培养。将培养皿倒置于 37℃恒温培养箱内培养 24～48h 后观察结果。

2. 细菌斜面接种及保存技术

斜面接种是将微生物从平板培养基（或者斜面培养基）上接种到另一个新鲜的斜面

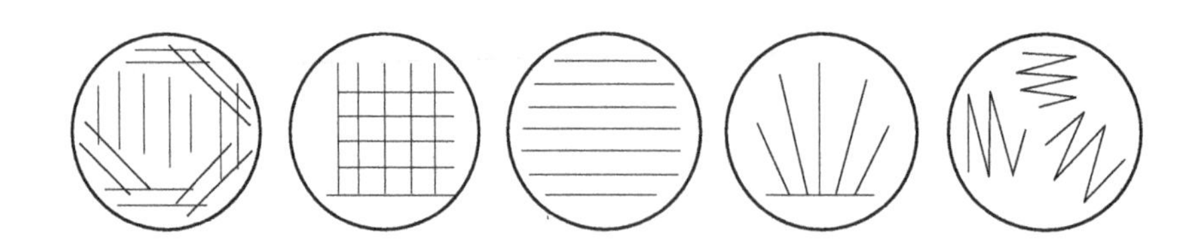

图 5-5-1　平板划线方式

培养基上的方法。斜面培养基可用小试管（15mm×150mm）制备，每管约装 3～5mL（1/4～1/3 试管高度），其操作步骤如下。

① 接种前擦净操作台，将所需物品整齐有序地放在桌子上。试管贴上标签，注明菌号、接种日期、接种人、组别。

② 点燃酒精灯，左手拿待接种的斜面培养基试管，斜面朝上，管口近于水平状态。右手先将棉塞或者硅胶塞旋松，以便接种时拔出。

③ 右手拿接种环，在火焰上将针或环等金属丝部分烧红灭菌，环上凡是在接种时可能进入试管的部分都应在火上灼烧，在酒精灯周边冷却。

④ 在火焰旁，右手拔掉棉塞或硅胶塞。以火焰微烧试管口一周，灼烧时应不断地转动管口，使试管口上可能沾染的少量菌或带菌尘被烧去。

⑤ 将烧过的接种环伸入菌种管内，先用环接触没有长菌的培养基部分，使其冷却，以免烫死被接种的菌种。然后轻轻挑取少许菌种，抽出接种环并迅速将接种环伸进另一装有新鲜的无菌的斜面培养基的试管，在培养基上轻轻划线（由底部向顶端划线），划线时环要平放，切勿用力，应避免划破培养基表面。

⑥ 接种完后，将接种环取出，试管过火后塞牢棉塞或硅胶塞，将试管放在试管架上。接种环在放回原处前应在火焰上彻底灭菌。

⑦ 将试管放至 37℃恒温培养箱内培养 24～48h 后观察结果。

⑧ 将符合要求的斜面培养试管放入 4℃冰箱中冷藏保存，此法可保存 3 个月左右。

四、实验结果

每人从水样中分离培养、接种保存一份纯种细菌，并拍照整理实验过程及结果。

五、思考题

① 接种前后为什么要灼烧接种环？

② 如何确定平板上某个单菌落是纯培养物？请写出实验的主要步骤。

③ 怎样保证分离到纯种细菌？要注意哪些无菌步骤？

实验六　生活饮用水细菌菌落总数的测定

一、实验目的

① 熟练掌握平板菌落计数的操作步骤与方法。

② 了解水质与细菌菌落总数之间的相关性。

二、实验原理

水中细菌菌落总数可作为判定被检水样中有机物和细菌污染程度的标志。细菌数量越多，则水体被污染得越严重。在水质卫生学检验中，细菌菌落总数（Colony Form Unit，CFU）是指 1mL 水样在牛肉膏蛋白胨琼脂培养基中经 37℃、24h 培养后生长出的细菌菌落总数。《生活饮用水卫生标准》（GB 5749—2022）规定：1mL 生活饮用水中细菌菌落总数不得超过 100 个（CFU）。

三、实验器材

1. 试剂

牛肉膏蛋白胨培养基、自来水水样、无菌水等。

2. 材料

酒精灯、培养皿、量筒、锥形瓶、烧杯、试管、移液管、pH 试纸、棉塞或硅胶塞、牛皮纸或灭菌袋等。

3. 仪器

高压蒸汽灭菌锅、恒温培养箱、电阻炉或微波炉、分析天平等。

四、实验步骤

1. 水样的采集与处理

先将自来水水龙头用火焰灼烧 3 min 灭菌，再放开水龙头水流 5min 后，以灭菌锥形瓶接取水样，以待分析。

2. 倾倒平板

由于自来水的细菌总数通常不会超过 100 个/mL，故可直接（不用稀释）采用浇注平板法进行计数。以无菌操作方法，用无菌移液管吸取 1mL 充分混匀的水样注入无菌培养皿中，倾注入约 15mL 已融化并冷却至 50℃左右的牛肉膏蛋白胨培养基，迅速平放于桌上旋摇培养皿，使水样与培养基充分混匀，冷凝后成固体平板。每个水样重复 3 个培养皿，同时另用培养皿只倾注培养基作为空白对照。

3. 培养

将盖好盖子的培养皿，倒置于37℃恒温培养箱内培养24h。

4. 计数

用肉眼直接观察或者用放大镜观察，统计平板上的细菌菌落总数。计数时应选取菌落数在30～300每皿之间的稀释倍数进行计数，若其中一个平板上有较大片状菌落生长时，则不宜采用，而应以无片状菌落生长的平板作为该饮用水的计数平板；若片状菌落约为平板的一半，而另一半平板上菌落数分布很均匀，则可按半个平板上的菌落计数，然后乘以2作为整个平板的菌落数。

5. 结果记录报告

统计菌落数目，算出3个平板上生长的菌落总数的平均值，即为1mL水样中的细菌总数，结果以“CFU/mL”为单位。菌落数在100以内时，按实有数据报告；大于100时，采用两位有效数字，在两位有效数字后面的位数，以四舍五入方法计算。为了缩短数字后面的零数，可用10的指数来表示。在报告菌落数为“无法计数”时，应注明水样的稀释倍数。

五、实验结果

每小组对自来水水样进行浇注平板法细菌菌落计数，拍照整理实验过程及结果，测出并报告饮用水水样的细菌菌落总数记录在表5-6-1中。

表5-6-1 生活饮用水细菌菌落总数计数结果

平板	1	2	3
菌落数/(CFU/mL)			
平均菌落数/(CFU/mL)			

____________（某处某时）饮用水细菌菌落总数为：____________ CFU/mL。（要有计算过程）

六、思考题

① 测定饮用水中细菌菌落总数有什么实际意义？

② 根据我国现行饮用水水质标准，讨论这次的检验结果。

③ 平板菌落计数法与显微镜直接计数法相比，各有何优缺点？

实验七　多管发酵法测定总大肠菌群数

一、实验目的

① 学习并掌握水中总大肠菌群数的检测方法。
② 了解总大肠菌群数量指标在环境领域的重要性。

二、实验原理

水体中的病原微生物常因数量较少而难以检出，即使检出结果为阴性，也不能保证无病原微生物存在。同时，水体中病原微生物的检出过程也很复杂。所以，在实际工作中常用检查水体中有无“指示菌”存在及其数量多少来判定水质是否被污染，这在水的卫生学检测方面有着较为重要的意义。一般将大肠杆菌、粪链球菌、产气荚膜杆菌、铜绿假单胞菌、金黄色葡萄球菌等作为粪便污染指示菌，其中以大肠菌群最常使用。这主要是由于大肠菌群是人类肠道中的正常寄生菌，数量最大，对人较为安全，在环境中的存活时间与致病菌相近，而且检验方法较为简便。水中大肠菌群的多少可以反映水体被粪便污染的程度，并间接地表明肠道致病菌存在的可能性。

多管发酵法是根据大肠菌群能发酵乳糖产酸产气的特征，检测水样中大肠菌群的方法。首先取一定量的水样于乳糖蛋白胨培养液中进行初发酵实验，再进行平板分离（确定性实验）和复发酵实验鉴定。根据各稀释度发酵的管数查最大可能数（Most Probable Number，MPN）表，求得每升水样的大肠菌群数。此法适用于各种水样，操作复杂，需要时间长，是我国普遍采用的大肠菌群、大肠杆菌等的检测方法。

三、实验器材

1. 试剂

牛肉膏蛋白胨琼脂培养基、乳糖蛋白胨培养基[1]、3 倍浓缩乳糖蛋白胨培养基、伊红-亚甲蓝琼脂培养基[2]、自来水水样或者其他环境水样等。

2. 材料

酒精灯、培养皿、量筒、锥形瓶、烧杯、镊子、移液管、pH 试纸、接种环、试管（ϕ18mm×180mm，6 支或 7 支）、大试管（150mL，2 支）、杜氏小管（倒置小套管）、试管架、棉塞或硅胶塞、牛皮纸或灭菌袋、夹钳等。

---

[1] 乳糖蛋白胨培养基的配方为：牛肉膏 3g、蛋白胨 10g、乳糖 5g、氯化钠 5g、1.6%溴甲酚紫乙醇溶液 1mL、蒸馏水 1000mL、pH 值为 7.2～7.4。

[2] 伊红-亚甲蓝琼脂培养基（也称伊红-亚甲蓝琼脂培养基）的配方为：蛋白胨 10g、磷酸二氢钾 2g、乳糖 10g、伊红水溶液（20g/L）20mL、亚甲蓝水溶液（5g/L）13mL、琼脂 15～20g、蒸馏水 1000mL、pH 值为 7.0～7.2。将蛋白胨、磷酸二氢钾、乳糖、琼脂定量混匀后分装于锥形瓶中，高温高压灭菌后，冷却至 55℃左右时加入伊红和亚甲蓝水溶液，混匀后倒入平板。

3. 仪器

高压蒸汽灭菌锅、恒温培养箱、电阻炉或微波炉、分析天平、显微镜等。

四、实验步骤

多管发酵法测定水中的大肠菌群包括初发酵实验、平板分离确定性实验和复发酵实验三个部分。

1. 初步发酵实验

在 2 支各装有 50mL 三倍浓缩乳糖培养液的大发酵管中，以无菌操作各加入 100mL 水样。在 10 支各装有 5mL 三倍浓缩乳糖培养液的发酵管中，以无菌操作各加入 10mL 水样，混匀后置于 37℃恒温箱中培养 24h，观察其产酸产气的情况，其测定结果如图 5-7-1 所示。

图 5-7-1　多管发酵法测定大肠杆菌的结果

若培养基红色没有变为黄色，小导管没有气体，即不产酸不产气，为阴性反应，表明无大肠菌群存在。若培养基浑浊，颜色由红色变为黄色，小导管有气体，既产酸又产气，为阳性反应，表明有大肠菌群存在。若培养基由红色变为黄色，说明产酸但不产气，仍为阳性反应，表明有大肠菌群存在，此结果可判为阳性，但可视为可疑结果，需进一步做下面两部分实验，才能确定是否是大肠菌群。若小导管有气体，培养基红色不变，也不浑浊，则是操作技术上有问题，应重做检验。

2. 确定性实验

用平板划线分离，将经培养 24h 或 48h 后产酸（培养基呈黄色）并产气，或只产酸不产气的发酵管取出，以无菌操作，用接种环挑取一环发酵液于伊红-亚甲蓝琼脂平板培养基上划线分离，置于 37℃恒温箱中培养 24h。挑选符合以下三种特征的菌落进行涂片、革兰染色和镜检：

① 深紫黑色，具有金属光泽的菌落；

② 紫黑色，不带有或略带有金属光泽的菌落；

③ 淡紫红色，中心色较深的菌落。

3. 复发酵实验

选择具有上述特征的菌落，经涂片染色镜检后，若为革兰阴性无芽孢菌，则用接种环挑取菌落的一部分转接含乳糖蛋白胨培养液试管，经 37℃恒温箱中培养 24h 后观察实验结果。若出现产酸产气，即证实存在大肠菌群。

根据证实有大肠菌群存在的阳性管（瓶）数，直接查检索表（见本实验附录），即得每升水中的大肠菌群数。如果被测水样（或其他样品）中大肠菌群的数量较多时，则水样必须稀释以后才能检测，其余步骤同自来水检测。

五、实验结果

用多管发酵法测定一份自来水或者其他（水样）样品中的总大肠菌群数，作记录，并拍照整理实验过程及结果。将各水样的初发酵实验结果记录在表 5-7-1 中，并根据初发酵实验的阳性管数查 MPN 检数表（表 5-7-2），即得 1L 水样中的总大肠菌群数。

表 5-7-1　大肠菌群数结果

初发酵出现阳性管数		复发酵出现阳性管数	
10mL 水量/管	100mL 水量/管	10mL 水量/管	100mL 水量/管

根据初/复发酵阳性管数目计算 1 L 水样中大肠菌群数：____________ 。
(要有计算过程)

六、思考题

① 何为总大肠菌群，主要包括哪些菌属？
② 在何种情况下，用三倍浓度的乳糖蛋白胨培养基？为什么？
③ 测定水中总大肠菌群数有什么实际意义？
④ 为什么选用大肠菌群作为水的卫生指标？

附：

一、三倍浓缩乳糖蛋白胨培养液（供初发酵实验用）

1. 配方

蛋白胨 30g、牛肉膏 9g、乳糖 15g、氯化钠 15g、1.6%溴甲酚紫乙醇溶液 3mL、蒸馏水 1000mL、pH 值为 7.2～7.4。

2. 制备

按配方分别称取蛋白胨、牛肉膏、乳糖及氯化钠加热溶解于 1000mL 蒸馏水，调整 pH 值为 7.2～7.4。加入 1.6%溴甲酚紫乙醇溶液 3mL，充分混匀后分装于 10 个试管中，每管 5mL。再分装于两个大试管中，每管装 50mL，然后在每管内倒放装满培养基的小倒管。塞好棉塞或者硅胶塞、包装后灭菌，置于高压灭菌锅内，121℃高温高压灭菌 20min，取出置于阴凉处备用。

二、水样的采集与保藏

采集水样的器皿必须提前经过灭菌处理。

1. 自来水水样的采集

先冲洗水龙头，用酒精灯灼烧龙头，放水5～10min，在酒精灯旁打开水样瓶盖（或棉花塞），取所需的水量后盖上瓶盖（或棉塞），迅速送回实验室。

经氯处理的水中含有余氯，会减少水中细菌的数目，采样瓶在灭菌前加入硫代硫酸钠，以起到取样时消除氯的作用。硫代硫酸钠的用量视采样瓶的大小而定。若是500mL的采样瓶，加入1.5%的硫代硫酸钠溶液1.5mL可消除余氯量为2mg/L的450mL水样中的全部氯量。

2. 水样的处置

水样采集后，迅速送回实验室立即检验，若来不及检验则放在4℃冰箱内保存。若缺乏低温保存条件，应在报告中注明水样采集与检验间隔的时间。较清洁的水可在12h以内检验，污水要在6h以内结束检验。

三、大肠菌群检数表（MPN法）

表5-7-2为大肠菌群检数表。

表5-7-2　大肠菌群检数表　　单位：个/L

10mL水量的阳性管数	100mL水量中的阳性管数			10mL水量的阳性管数	100mL水量中的阳性管数		
	0	1	2		0	1	2
0	<3	4	11	6	22	36	92
1	3	8	18	7	27	43	120
2	7	13	27	8	31	51	161
3	11	18	38	9	36	60	230
4	14	24	52	10	40	69	>230
5	18	30	70				

注：水样总量300mL（2份100mL，10份10mL）。

第六章
水文学与水文地质学实验

实验　常见三大类岩石的综合鉴定实验

一、实验目的

① 复习矿物、三大类岩石的鉴定方法。
② 对三大类岩石的基本分类特点进行综合比较和总结。
③ 在区别三大类岩石的矿物组成、结构、构造特点的基础上肉眼鉴定。

二、实验的准备工作

全面复习“矿物及岩石”相关内容。

三、岩石的综合肉眼鉴定

1. 三大类岩石间的转化关系

不同类型的岩石在自然界并非孤立存在的，而是在一定条件下相互依存，并不断地进行转化。这种由原岩转变成新岩的过程，不是也不可能是简单的重复，新生成的岩石不仅在成分上，而且在结构、构造上与原岩均有极大的差异。

2. 各类常见岩石的主要特征

常见的三大类岩石以其固有的特点相互区别，如表 6-1 所示。

表 6-1　三大类岩石的产状、结构、构造间的区别

特点	火成岩	沉积岩	变质岩
矿物成分	均为原生矿物，成分复杂，常见的有石英、长石、角闪石、辉石、橄榄石、黑云母等矿物成分	除石英、长石、白云母等原生矿物外，次生矿物占相当数量，如方解石、白云石、高岭石、海绿石等	除具有原岩的矿物成分外，尚有典型的变质矿物，如绢云母、石榴子石等

续表

特点	火成岩	沉积岩	变质岩
结构	以粒状结晶、斑状结构为其特征	以碎屑、泥质及生物碎屑、化学结构为其特征	以变晶、变余、压碎结构为其特征
构造	具流纹、气孔、杏仁、块状构造	多具层理构造,有些含生物化石	具片理、片麻理、块状等构造
产状	多以侵入体出现,少数为喷发岩,呈不规则状	有规律的层状	随原岩产状而定
分布	花岗岩、玄武岩分布最广	黏土岩分布最广,其次是砂岩、石灰岩	区域变质岩分布最广,次为接触变质岩和动力变质岩

3. 岩石综合肉眼鉴定步骤

肉眼对岩石进行分类和鉴定，除了在野外要充分考虑其产状特征外，在室内对岩石标本的观察时，最关键的是要抓住它的结构、构造、矿物组成等特征。具体步骤如下。

① 观察岩石的构造。因为岩石的外表就可反映它的成因类型：如具气孔、杏仁、流纹构造形态时一般属于火成岩中的喷出岩类；具层理构造以及层面构造时是沉积岩类；具板状、千枚状、片状或片麻状构造时则属于变质岩类。应当指出，火成岩和变质岩构造中，都有“块状构造”。如火成岩中的石英斑岩标本，变质岩中的石英岩标本，表面上很难区分。这时，应结合岩石的结构特征和矿物成分的观察进行分析：石英斑岩具有火成岩的似斑状结构，其斑晶与石基矿物间结晶联结，石英斑岩中的石英斑晶具有一定的结晶外形，呈棱柱状或粒状；经过重结晶变质作用形成的石英岩，则往往呈致密状，肉眼分辨不出石英颗粒，且石质坚硬而脆。

② 对岩石结构的深入观察，可对岩石进行进一步的分类。如火成岩中深成侵入岩类多呈全晶质、显晶质、等粒结构；而浅成侵入岩类常呈斑状结晶结构。沉积岩中根据组成物质颗粒的大小、成分、联结方式可区分出碎屑岩、黏土岩、生物化学岩类（如砾岩、砂岩、页岩、石灰岩等）。

③ 在进行岩石的矿物组成和化学成分分析时，对岩石的分类和定名也是不可缺少的，特别是与火成岩的定名关系尤为密切。如斑岩和玢岩，同属火成岩的浅成岩类，其主要区别在于矿物成分。斑岩中的斑晶矿物主要是正长石和石英，玢岩中的斑晶矿物主要是斜长石和暗色矿物（如角闪石、辉石等）。沉积岩中的次生矿物如方解石、白云石、高岭石石膏、褐铁矿等不可能存在于新鲜的火成岩中。而绢云母、绿泥石、滑石、石棉、石榴子石等为变质岩所特有。因此，根据某些变质矿物成分的分析，就可初步判定岩石的类别。

④ 在岩石的定名方面，如果由多种矿物组分组成，则以含量最多的矿物与岩石的基本名称紧密相连，其他较次要的矿物，按含量多少依次向左排列，如“角闪斜长片麻岩”，说明其矿物成分是以斜长石为主，并有相当数量的角闪石，其他火成岩、沉积岩的多元定名含义也是如此。

⑤ 最后应注意的是在肉眼鉴定岩石标本时，常有许多矿物成分难于辨认，如具隐晶质结构或玻璃质结构的火成岩，泥质或化学结构的沉积岩以及部分变质岩，由结晶细微或非结晶的物质成分组成，一般只能根据颜色的深浅、坚硬性、密度的大小和“盐酸

反应”进行初步判断。火成岩中深色成分为主的，常为基性岩类；浅色成分为主的，常为酸性岩类。沉积岩中较为坚硬的多为硅质胶结或硅质成分的岩石，密度大的多为含铁、锰质较多的岩石，有“盐酸反应”的一定是碳酸盐类岩石等。

四、实验方法

由学生参照本书和教材中有关各类岩石的特征描述，自行对教学大纲中要求的全部岩石标本进行综合观察。选定外观相似，但成因不同的岩石标本（如花岗岩与片麻岩、石英砂岩与石英岩、砾岩与斑岩等）进行深入的分析和对比。

如有条件可将岩石磨片（如花岗岩、玄武岩、片麻岩、片岩、鲕粒灰岩等）在偏光显微镜下观察，便能更清楚地鉴别岩石的结构及矿物成分。

五、实验报告与要求

在课前复习、课内系统观察的基础上，对数块未记名岩矿标本进行肉眼鉴定实验（按表 6-2 格式填写）。表中对于矿物，主要特征描述包括：颜色、化学成分、硬度、解理、光泽、透明度、与稀盐酸的反应等；对于岩石，则主要描述颜色、矿物组成、结构、构造等特征。

表 6-2　三大类岩石的综合肉眼鉴定报告　　　年　月　日

标本号	主要鉴定特征	岩石类别	矿物名称

第七章
泵与泵站实验

实验一　水泵构造认识实验

一、实验目的

① 了解水泵的品种。

② 认识水泵的结构。

③ 了解水泵的各种类型。

二、实验认识

叶片式水泵是依靠泵中叶轮的高速旋转把动力系统的机械能转换为被抽送液体的动能和压能。根据叶轮旋转时叶片与液体相互作用所产生的力的不同，叶片式泵可以分为离心泵、轴流泵、混流泵等。

1. 离心泵

由物理学可知，作圆周运动的物体受到离心力的作用，如果向心力不足或失去向心力，物体由于惯性就会沿圆周的切线方向飞出，形成所谓的离心运动，离心泵就是利用这种惯性离心运动而进行工作的。

图 7-1-1 所示为给水排水工程中常用的单级单吸式离心泵的基本构造。水泵包括叶轮 1、蜗形泵壳 2 和带动叶轮旋转的泵轴 3。蜗形泵壳的吸水口与水泵的吸水管 4 相连，出水口与水泵的压水管 7 相连，具有弯曲形叶片的叶轮安装在固定不动的泵壳内，叶轮的进口与水泵吸水管道连通。在开始抽水前，泵内和吸水管中先灌满水。当动力机通过泵轴带动叶轮高速旋转时，叶轮中的水随着一起高速旋转，逐渐向叶轮外缘流去，被甩出叶轮进入泵壳，再经扩散锥管流入水泵的压水管，由压水管道输入到管网中去。此

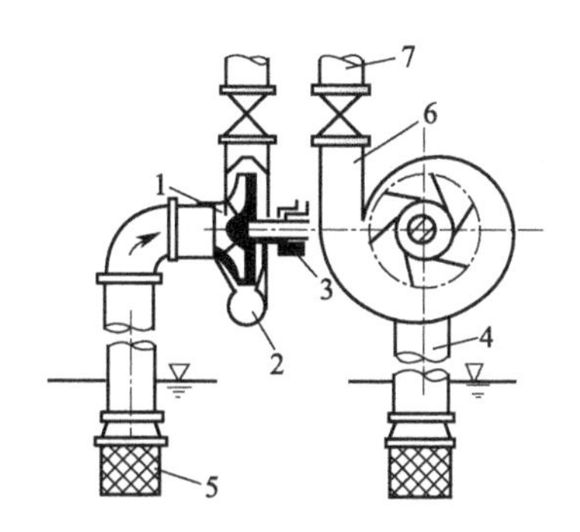

图 7-1-1　单级单吸式离心泵的基本构造

1—叶轮；2—泵壳；3—泵轴；4—吸水管；5—底阀；6—扩散锥管；7—压水管

时，叶轮中心处由于水被甩出而形成真空状态。吸水池水面作用着大气压强，吸水管中的水在压差的作用下，沿吸水管源源不断地流入叶轮。叶轮连续旋转，水被不断地甩出和吸入，就形成了离心泵的连续输水。

单级双吸式离心泵即一个叶轮、双面吸水，如图 7-1-2 所示。多级单吸离心泵即多个叶轮、单面吸水，如图 7-1-3 所示。

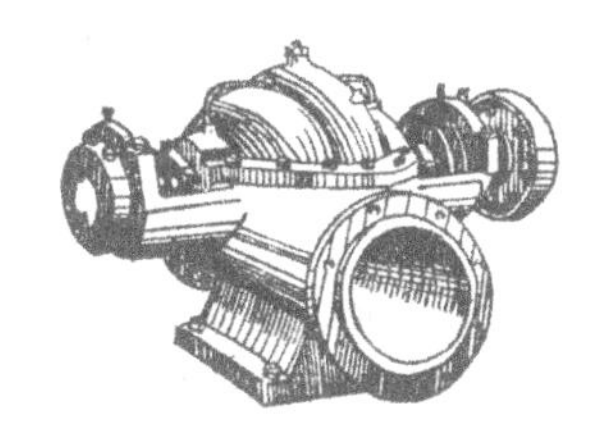

图 7-1-2　单级双吸式离心泵的构造

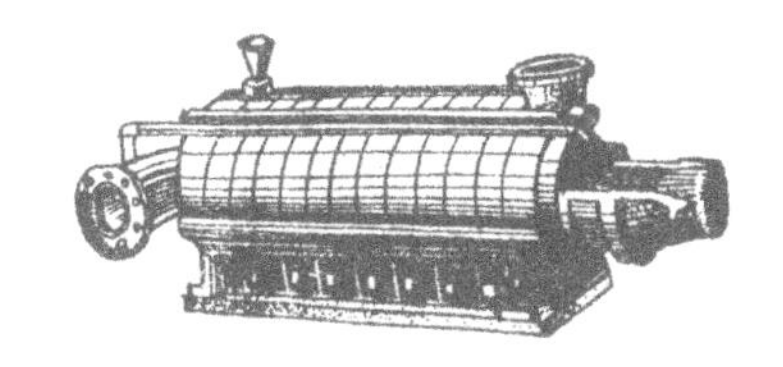

图 7-1-3　多级单吸式离心泵的构造

离心泵由许多零件组成，下面以单级单吸卧式离心泵（如图 7-1-4 所示）为例，来讨论各主要零件的作用、材料和组成。

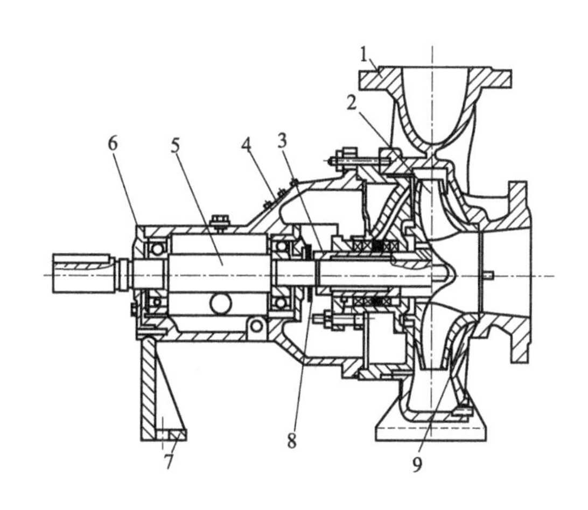

图 7-1-4　单级单吸离心泵

1—泵体；2—叶轮；3—轴套；4—轴承体；5—泵轴；6—轴承端盖；7—支架；8—挡水阀；9—减漏环

(1) 叶轮

叶轮又称为工作轮或转轮，是转换能量的部件。它的几何形状、尺寸对水泵的性能有着决定性的影响，具体参数通过水力计算来确定。选择叶轮材料时，除考虑离心力作用下的机械强度外，还要考虑材料的耐磨和耐腐蚀性能。目前多数叶轮用铸铁、铸钢或青铜制成。

叶轮按结构分为单吸式和双吸式两种。单吸式叶轮如图 7-1-5 所示，它单侧吸水，叶轮前后盖板不对称。双吸式叶轮如图 7-1-6 所示，为两侧吸水，叶轮盖板对称。

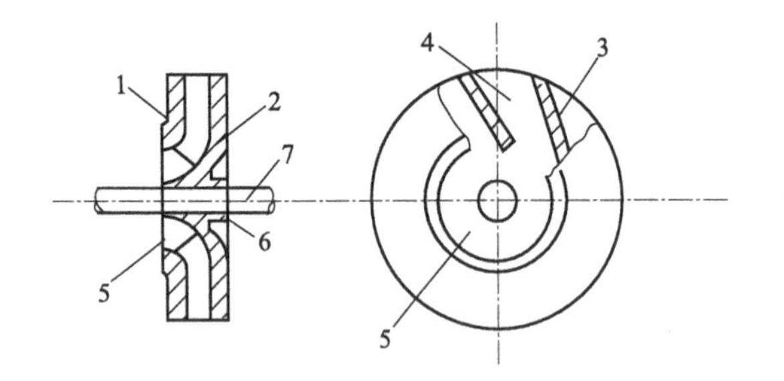

图 7-1-5　单吸式叶轮

1—前盖板；2—后盖板；3—叶片；4—叶槽；5—吸水口；6—轮毂；7—泵轴

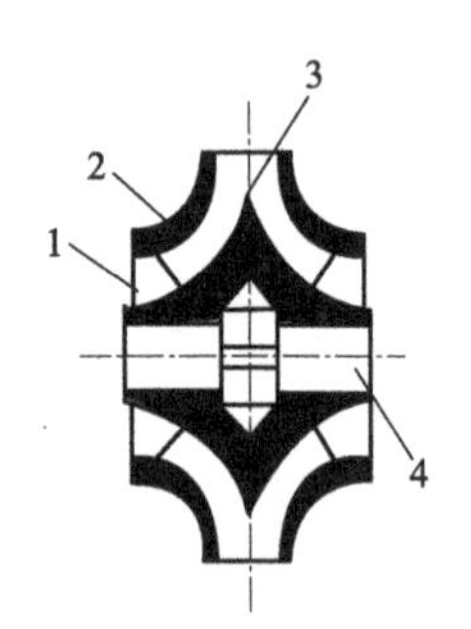

图 7-1-6　双吸式叶轮

1—吸水口；2—盖板；3—叶片；4—轴孔

叶轮按其盖板的情况分为封闭式、敞开式和半开式三种。

叶片式水泵类型很多，构造形式各不相同，为便于使用各种叶片泵，现将给水排水工程中常用的叶片式水泵简介如下。

① IS 系列离心泵。IS 系列离心泵属于单级单吸式离心泵，该泵是根据国际标准 ISO 2858 设计的新系列产品。它的特点是适用范围广，流量范围在 6.3～400m^3/h，扬程在 5～125m 范围内；标准化程度高，性能和尺寸符合国际规定的标准；泵的效率达到国际水平。IS 系列离心泵一般用于输送温度不超过 80℃的清水及物理化学性质类似水的液体。

② S(Sh) 系列双吸离心泵。Sh 系列双吸离心泵是给水排水工程中最常用的一种水泵，其剖面结构如图 7-1-7 所示。Sh 系列双吸离心泵在城镇给水、工矿企业的循环用水、农田排灌、排水等方面应用十分广泛。Sh 系列双吸离心泵流量为 90～20000m^3/h，扬程为 10～100m。

③ S 系列与 Sh 系列双吸离心泵的维修与布置。S(SL) 系列水泵的吸入口与压出口均在泵轴中心线的下方，检修时只要把泵盖接合面的螺母松开，即可揭开泵盖，可将全部零件拆下，不必移动电动机和管路。因此，该系列水泵维修非常方便。水泵的正常转向是从动力机方向看水泵为逆时针方向旋转。从水泵进口方向看机组，动力机布置在右侧。在进行泵站机组布置时，也可以根据需要，将动力机布置在左侧。但在订购水泵时，应向水泵厂家注明。

④ D(DA) 系列多级式离心泵。图 7-1-8 所示为分段多级离心泵的外形。这种系列的水泵相当于在一根轴上同时安装几个叶轮串联工作。轴上叶轮的个数就代表泵的级数。

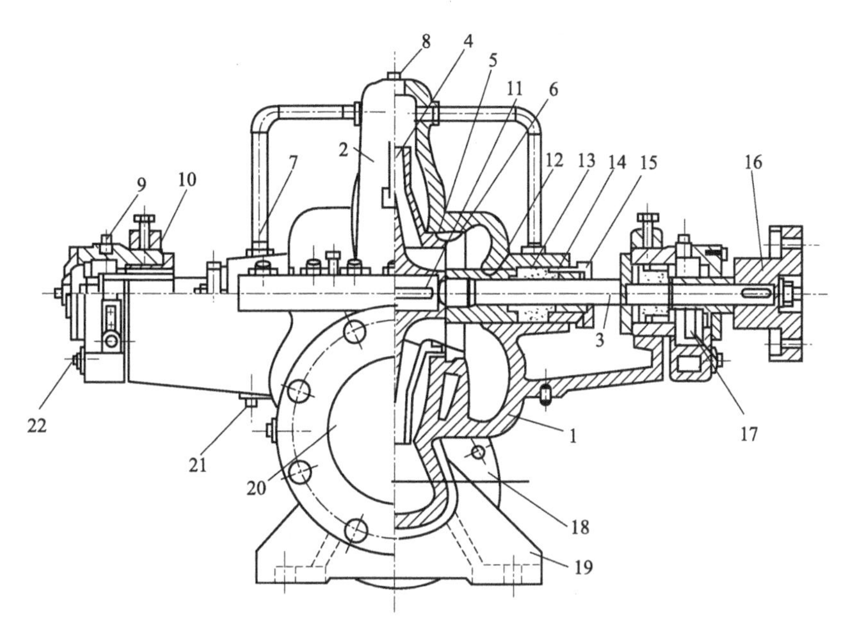

图 7-1-7　Sh系列双吸卧式离心泵剖面结构

1—泵体；2—泵盖；3—泵轴；4—叶轮；5—叶轮上减漏环；6—泵壳减漏环；7—水封管；8—充水孔；9—油孔；10—双列球承轴；11—键；12—填料套；13—填料环；14—填料；15—压盖；16—联轴器；17—圆螺母；18—压水管法兰；19—泵座；20—吸水管；21—泄水孔；22—放油孔

图 7-1-8　分段多级离心泵的外形

多级水泵工作时，液体由吸水管吸入，由前一级叶轮压出进入后一级叶轮，每经过一个叶轮，液体就得到一次能量。所以水泵的总扬程是随叶轮级数的增加而增加的。水泵的泵体是分段式的，由一个前段（进水段）、一个后段（出水段）和数个中段（叶轮部分）所组成，各段用螺栓连接成一个整体。泵的吸水口位于前段上，出水口在后段上。水从一个叶轮流入另一个叶轮，中间经过导流器。导流器的构造如图 7-1-9(a) 所示，它是一个铸有导叶的圆环，安装时用螺母固定在泵壳上。水流通过导流器时，犹如水流流经一个不动的水轮机的导叶一样，因此，这种带导流器的多级泵通常称为导叶式离心泵（又称透平式离心泵）。图 7-1-9(b) 表示泵壳中水流运动的情况。

（2）泵轴

泵轴的作用是用来支承并带动叶轮旋转。要求泵轴端直且具有足够的强度、刚度，以免泵运行中由于轴的弯曲而引起叶轮摆动导致叶轮与泵壳相磨而损坏。泵轴一般由碳素钢或不锈钢制成。

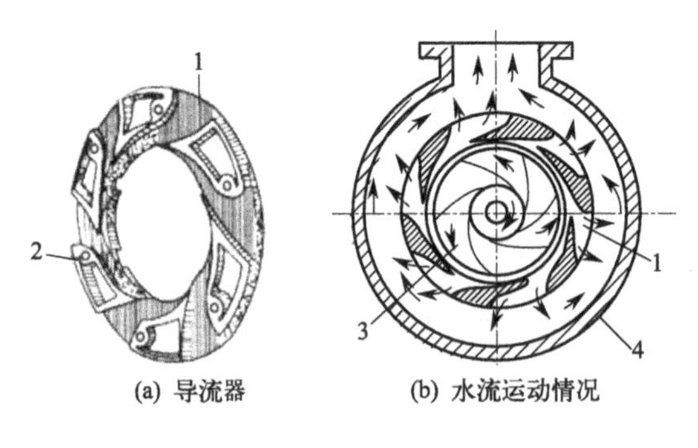

图 7-1-9　导叶式离心泵

1—流槽；2—固定螺栓孔；3—水泵叶轮；4—泵壳

2. 混流泵

混流泵是介于离心泵和轴流泵之间的一种泵，它是靠叶轮旋转而使水产生的离心力和叶片对水产生的推力的双重作用而工作的。

混流泵按其结构形式可分为蜗壳式和导叶式两种。蜗壳式混流泵有卧式和立式两种。目前生产和使用比较广泛的是卧式，立式多用于大型泵。蜗壳式混流泵的结构与单级单吸离心泵相似。导叶式混流泵的外形和结构与轴流泵相近，也分卧式和立式两种。

(1) 蜗壳式混流泵

蜗壳式混流泵的外形如图 7-1-10 所示。

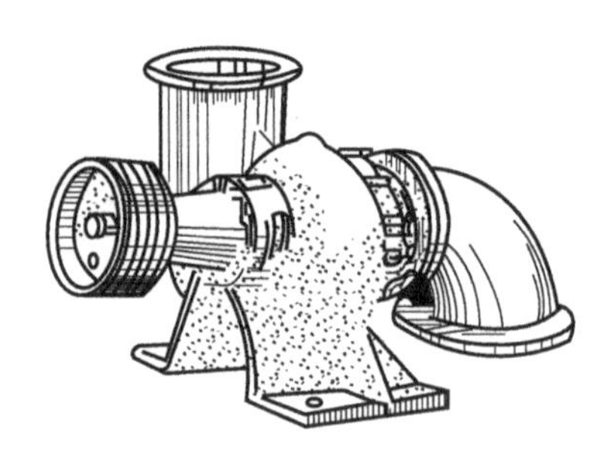

图 7-1-10　蜗壳式混流泵的外形

(2) 导叶式混流泵

导叶式混流泵的剖面结构如图 7-1-11 所示。

3. 轴流泵

轴流泵是利用叶轮在水中旋转时产生的推力将水提升的，这种泵由于水流进入叶轮和流出导叶都是沿轴向的，故称轴流泵。

轴流泵按泵轴的安装方式分为立式、卧式和斜式三种，它们的结构基本相同。目前使用较多的是立式轴流泵。主要零部件有喇叭管、叶轮、导叶体、出水弯管、轴和轴承、填料函等。

立式轴流泵的外形如图 7-1-12 所示。

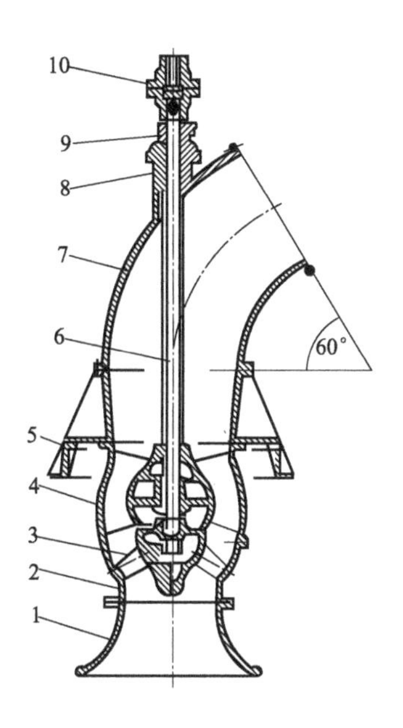

图 7-1-11　导叶式混流泵的剖面结构

1—喇叭口；2—动叶外圈；3—叶轮；4—导叶体；5—底座；6—泵轴；7—出水弯管；8—橡胶轴承；9—填料；10—刚性联轴器

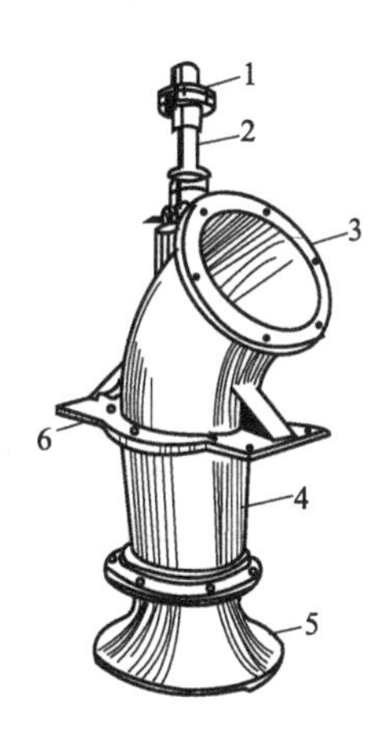

图 7-1-12　立式轴流泵的外形

1—联轴器；2—泵轴；3—出水弯管；4—导叶体；5—喇叭口；6—水泵支座

三、思考题

① 在离心泵、轴流泵、混流泵中水流进出叶轮的方向有何区别?

② 叶片泵有哪几个主要零部件? 它们的作用怎样?

实验二　离心泵特性曲线测定

一、实验目的

① 熟悉离心泵的操作与结构。

② 掌握离心泵的三条特性曲线，即（H-Q）曲线、（N-Q）曲线、（η-Q）曲线的确定方法。

二、实验装置简图

本实验所用的离心泵性能曲线测试装置如图 7-2-1 所示。

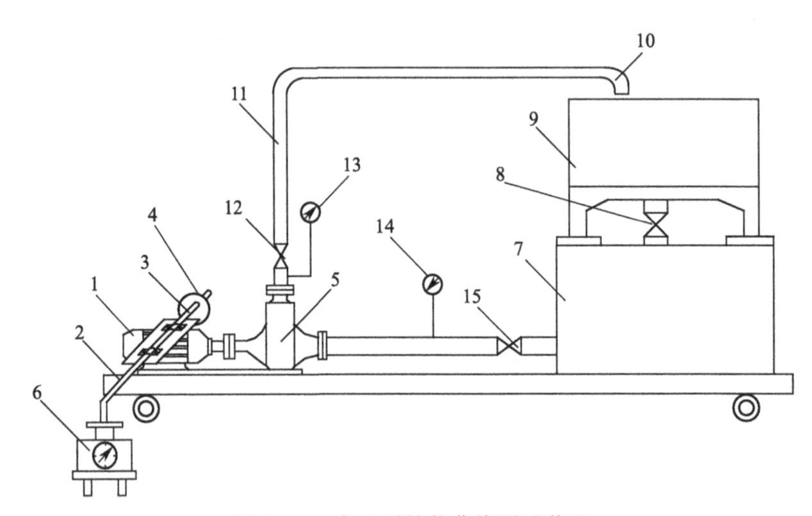

图 7-2-1　离心泵性能曲线测试装置

1—电机；2—测功臂；3—平衡臂；4—砝码；5—水泵；6—天平；7—贮水箱；8—放空阀；9—计量箱；10—切换斗；11—压水管；12—调节阀；13—压力表；14—真空表；15—水泵进水阀

三、实验原理

离心泵特性曲线的测定，可以使水泵在一定的转速下进口阀全开和出口阀调节控制流量的情况下进行。通过记录压力表读数、真空表读数、天平读数、水温以及量测液体体积换算流量等的示值，进行整理计算（图 7-2-2）。

1. 扬程与流量曲线（H-Q）

流量 Q 的计算采用体积法，即：

$$Q=\frac{V}{t\times 1000} \tag{7-2-1}$$

式中　Q——离心泵流量，m^3/s；

V——计量时间流入计量箱内水的体积，L；

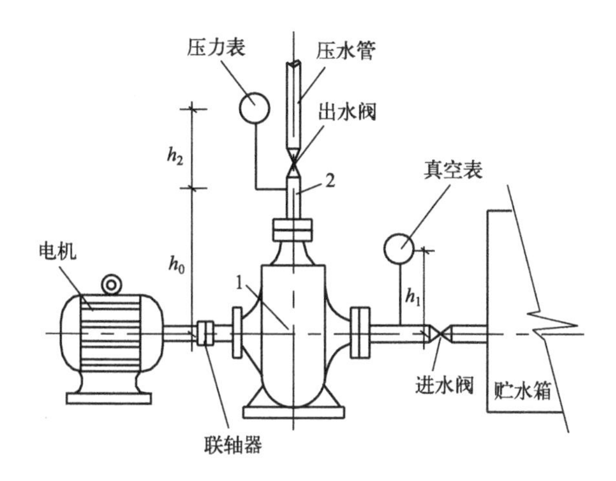

图 7-2-2　离心泵特性曲线测定示意

t——计量时间，s。

扬程 H 的计算：采用离心泵进出口上的压力表与真空表进行测量。

对图 7-2-2 中 1、2 两截面列能量方程：

$$z_1+\frac{p_1}{\gamma}+\frac{u_1^2}{2g}+H=z_2+\frac{p_2}{\gamma}+\frac{u_2^2}{2g}+\sum h_{w(1,2)}$$

式中　p_1，p_2——泵进、出口的压强，MPa；

u_1，u_2——泵进、出口的流速，m/s；

z_1，z_2——真空表、压力表的安装高度，m；

g——重力加速度，取 9.8m/s^2；

γ——水的容重，$\gamma=\rho g$，ρ 为水的密度，$\rho=1000\text{kg/m}^3$。

由于两测点之间管路较短，其阻力损失 $\sum h_{w(1.2)}$ 可以忽略不计。而且两测点处的管径一致，即流速 $u_1=u_2$，因此：

$$H=(z_2-z_1)+\frac{p_2}{\gamma}-\frac{p_1}{\gamma} \tag{7-2-2}$$

式中

$$\frac{p_2}{\gamma}=\frac{p_d}{\gamma}+h_2+\frac{p_a}{\gamma} \tag{7-2-3}$$

$$\frac{p_1}{\gamma}=\frac{p_a}{\gamma}-\frac{p_v}{\gamma}+h_1 \tag{7-2-4}$$

h_1 一般不计，因真空计中不一定充满水，为准确起见，h_1 应尽可能地短。

式中　H——离心泵的扬程，m；

p_d——出口测点压力表示值，MPa；

p_a——大气压强，MPa；

p_v——进口测点真空表示值，MPa；

h_0——离心泵距测点的高度，m；

h_1——真空表距测点的高度，m；

h_2——压力表距测点高度，m，见图 7-2-2。

将式(7-2-3)、式(7-2-4) 代入式(7-2-2)，并注意 $Z_2-Z_1=h_0$；

$$H=h_0+h_2-h_1+102(p_d+p_v) \tag{7-2-5}$$

2. 功率与流量曲线（N-Q）

功率采用马达天平方法进行测量。

图 7-2-3 是电机测功原理示意，它是在交流电动机外壳（定子）的两端加装轴承 4 使定子电机 1 能自由转动，在外壳水平径向上设有测功臂 2 和平衡臂 5，平衡臂上的砝码 3 起调节电机在不带负荷时的平衡状态的作用。平衡时，天平 6 读数为零，当定子电机 1 线圈通入电流时，定子与转子之间便产生了一个感应力矩 M，该力矩使定子和转子按不同方向各自旋转，反向转矩的大小与正向转矩相同，当定子静止不动时，二力矩相等，即砝码的质量（天平读数值）乘以测功臂 2 长就是正向转矩 M，该力矩与转子旋转角速度的乘积等于电机的输出功率。

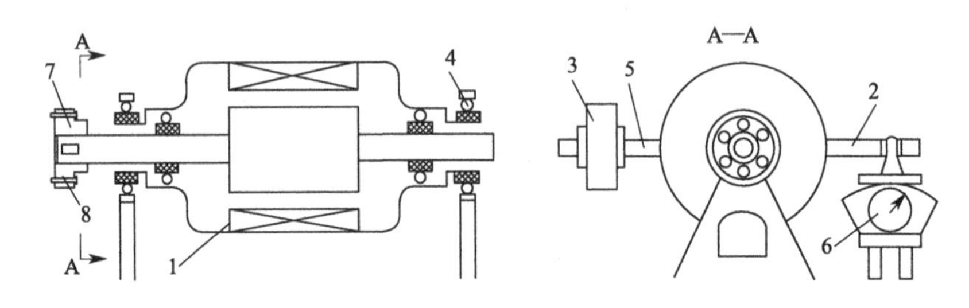

图 7-2-3　电机测功原理示意

1—电机；2—测功臂；3—砝码；4—轴承；5—平衡臂；6—天平；7—联轴器；8—插销

转子的旋转角速度可通过用转速表测量转子的转速求得：

$$N=M\omega \tag{7-2-6}$$

$$M=mgL$$

$$\omega=\frac{2\pi n}{60}$$

式中　N——电机输出功率，W；

M——定子与转子间的感应力矩，N/m；

ω——转子旋转角速度，rad/s；

m——砝码的质量（天平读数），kg；

g——重力加速度，取 9.8m/s^2；

L——距离（测功臂长），m；

n——电机转速，r/min。

3. 效率与流量曲线（η-Q）

离心泵的效率是原有效功率 N_e 与轴功率 N 之比。即：

$$\eta=\frac{N_e}{N}=\frac{\rho gQH}{N} \tag{7-2-7}$$

式中　η——离心泵的效率，%；

ρ——水的密度，$\rho=1000\text{kg/m}^3$。

改变不同的 Q（从 $Q=0$ 开始，共测出多个点），测算出相应的 H、N、η 值，然后求出各种不同 Q 情况下的对应 H、N、η 的数据，绘制出 H-Q 曲线、N-Q 曲线和 η-Q 曲线。

四、实验方法和步骤

① 水箱充水，全开出口阀，关闭出水管阀门。

② 将测功臂上的紧锁装置松开，调节砝码在平衡状态，使力臂杆不接触天平，即天平读数为零。然后把砝码上的左右螺母拧死。

③ 转动出水口，令其指向回流水箱。

④ 打开计量水箱放空阀门，待水放空后，关闭此阀。

⑤ 用手盘动电机与水泵的联轴器，使其转动自如。

⑥ 启动电机，稍开启出口阀门，使压力表上升某一刻度。

⑦ 稳定后，转动出水口使其指向计量水箱，配合秒表计时，换算出计量时间内流入计量水箱中水的体积。

⑧ 记录压力表和真空表读数值、转速表数值、天平读数值。

⑨ 再开大出口阀门，重复步骤⑦、⑧的过程，共测 10 组。

⑩ 关闭阀门、停泵。

⑪ 整理数据，绘制 H-Q、N-Q、η-Q 曲线。

五、数据整理

将实验数据记录于“实验记录与计算表”中，见表 7-2-1，并绘制水泵的特性曲线于图 7-2-4 或坐标纸中。

表 7-2-1　实验记录与计算表

$L=$______（m）；　$h_2=$______（m）；　$n=$______（r/min）

编号	压力表 P/MPa	真空表 P_V/MPa	天平数 m/kg	体积 V/I	扬程 H/m	时间 t/s	流量 $Q/(\text{m}^3/\text{s})$	功率 N/W	效率 η/%
1									
2									
3									
4									
5									
6									
7									
8									
9									
10									

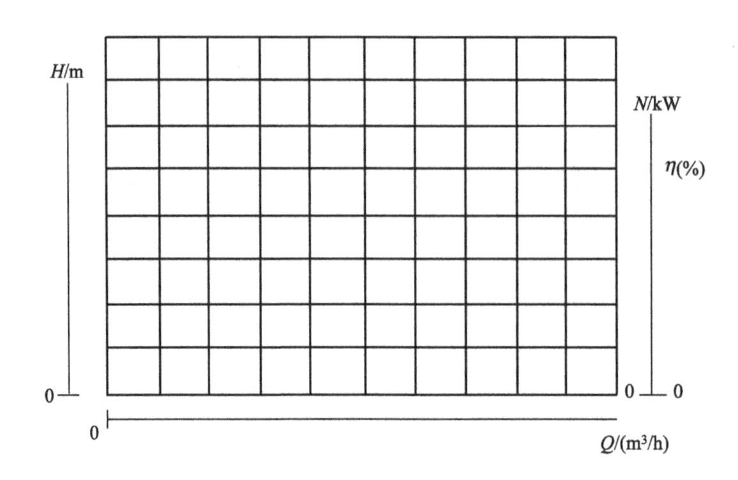

图 7-2-4 H-Q、N-Q、η-Q 曲线

六、思考题

① 试分析实验数据，看一看，随着泵出口流量调节阀开度的增大，泵入口真空表读数是减少还是增加，泵出口压强表读数是减少还是增加？为什么？

② 本实验中，为了得到较好的实验结果，实验流量范围下限应小到零，上限应尽量地大，为什么？

实验三　离心泵装置实操实验

一、实验目的

① 了解离心泵的结构与特性，熟悉离心泵的使用。

② 掌握离心泵特性曲线的测定方法。

③ 了解电动调节阀的工作原理和使用方法。

二、基本原理

离心泵的特性曲线是选择和使用离心泵的重要依据之一。特性曲线是在恒定转速下泵的扬程 H、轴功率 N 及效率 η 与泵的流量 Q 之间的关系曲线，它是流体在泵内流动规律的宏观表现形式。泵内部流体的流动情况复杂，不能用理论方法推导出泵的特性关系曲线，只能依靠实验测定。

1. 扬程 H 的测定与计算

取离心泵进口真空表和出口压力表处为1、2两截面，列机械能衡算方程：

$$z_1+\frac{p_1}{\rho g}+\frac{{u_1}^2}{2g}+H=z_2+\frac{p_2}{\rho g}+\frac{{u_2}^2}{2g}+\sum h_f \tag{7-3-1}$$

由于两截面间的管长较短，通常可忽略阻力项 $\sum h_f$，速度的平方差也很小，故可忽略，则有：

$$\begin{aligned} H &=(z_2-z_1)+\frac{p_2-p_1}{\rho g} \\ &=H_0+H_1(\text{表值})+H_2 \end{aligned} \tag{7-3-2}$$

式中　H_0——泵出口和进口间的位差，$H_0=z_2-z_1$，m；

ρ——流体密度，kg/m^3；

g——重力加速度 m/s^2；

p_1，p_2——分别为泵进、出口的真空度和表压，Pa；

H_1，H_2——分别为泵进、出口的真空度和表压对应的压头，m；

u_1，u_2——分别为泵进、出口的流速，m/s；

z_1，z_2——分别为真空表、压力表的安装高度，m。

由式(7-3-2) 可知，只要直接读出真空表和压力表上的数值及两表的安装高度差，就可计算出泵的扬程。

2. 轴功率 N（W）的测量与计算

$$N=N_{电}\,k \tag{7-3-3}$$

式中　$N_{电}$——电功率表的示值；k——电机传动效率，取 $k=0.95$。

3. 效率 η 的计算

泵的效率 η 是泵的有效功率 N_e 与轴功率 N 的比值。有效功率 N_e 是单位时间内流体经过泵时所获得的实际功，轴功率 N 是单位时间内泵轴从电机得到的功，两者的差异反映了水力损失、容积损失和机械损失的大小。

泵的有效功率 N_e 可用式(7-3-4) 计算：

$$N_e = HQ\rho g \tag{7-3-4}$$

故泵效率为：

$$\eta = \frac{HQ\rho g}{N} \times 100\% \tag{7-3-5}$$

4. 转速改变时的换算

泵的特性曲线是在一定转速下的实验测定所得。但是，实际上感应电动机在转矩改变时，其转速会有变化，这样随着流量 Q 的变化，多个实验点的转速 n 将有所差异，因此在绘制特性曲线之前，必须将实测数据换算为某一定转速 n'下（可取离心泵的额定转速）的数据。换算关系如下。

流量：

$$Q' = Q\frac{n'}{n} \tag{7-3-6}$$

扬程：

$$H' = H\left(\frac{n'}{n}\right)^2 \tag{7-3-7}$$

轴功率：

$$N' = N\left(\frac{n'}{n}\right)^3 \tag{7-3-8}$$

效率：

$$\eta' = \frac{Q'H'\rho g}{N'} = \frac{QH\rho g}{N} = \eta \tag{7-3-9}$$

三、实验装置与流程

离心泵特性曲线测定实验装置示意见图 7-3-1。

四、实验步骤及注意事项

1. 实验步骤

① 清洗水箱，并加装实验用水。给离心泵灌水，排出泵内气体。

② 检查电源和信号线是否与控制柜连接正确，检查各阀门开度和仪表自检情况，试开状态下检查电机和离心泵是否正常运转。

③ 实验时，逐渐打开调节阀以增大流量，待各仪表读数显示稳定后，读取相应数据（离心泵特性实验部分，主要获取实验参数为：流量 Q、泵进口压力 p_1、泵出口压力 p_2、电机功率 $N_{电}$、泵转速 n，及流体温度 t 和两测压点间的高度差 H_0）。

④ 测取 10 组左右数据后，可以停泵，同时记录下设备的相关数据（如离心泵型号，额定流量、扬程和功率等）。

2. 注意事项

① 一般每次实验前，均需对泵进行灌泵操作，以防止离心泵气缚。同时注意定期

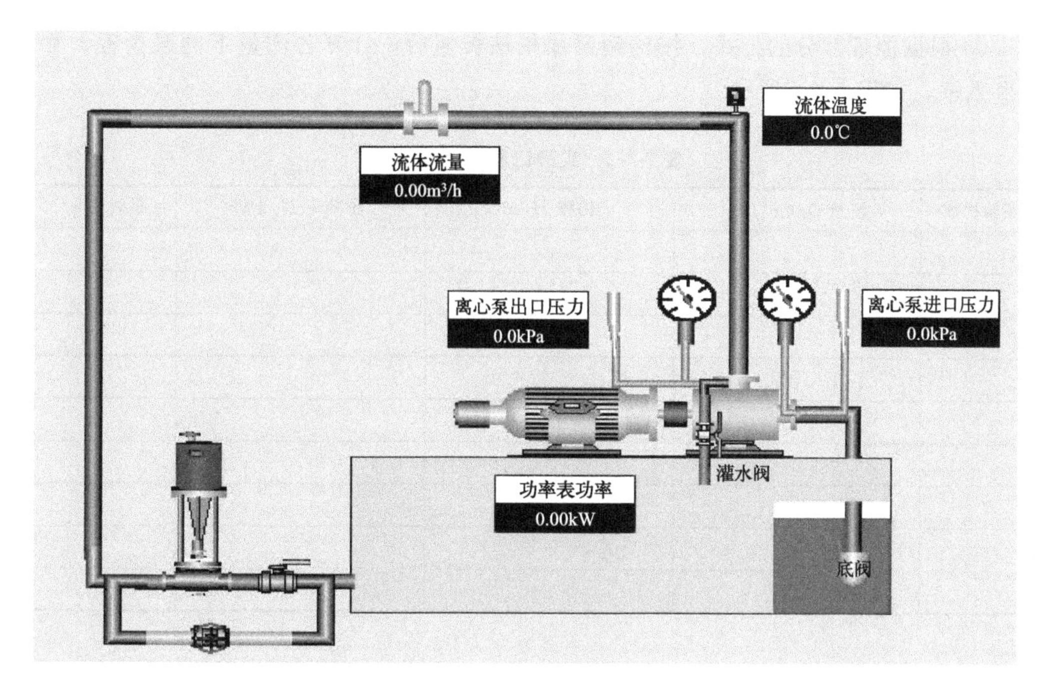

图 7-3-1　离心泵特性曲线测定实验装置示意

对泵进行保养，防止叶轮被固体颗粒损坏。

② 泵运转过程中，切勿触碰泵主轴部分，因其高速转动，可能会缠绕并伤害身体接触部位。

五、数据处理

① 记录实验原始数据，如表 7-3-1 所示。

表 7-3-1　实验记录

实验日期：______　实验人员：______　学号：______　装置号：______

离心泵型号=______，额定流量=______，额定扬程=______，额定功率=______。

泵进出口测压点高度差 H_0=______，流体温度 t=______。

实验次数	流量 $Q/(m^3/h)$	泵进口压力 p_1/kPa	泵出口压力 p_2/kPa	电机功率 $N_电$/kW	泵转速 n/(r/min)

② 根据原理部分的公式，按比例定律校核转速后，计算各流量下的泵扬程、轴功率和效率，如表 7-3-2 所示。

表 7-3-2　实验记录及计算结果

实验次数	流量 $Q/(m^3/h)$	扬程 H/m	轴功率 N/kW	泵效率 $\eta/\%$

六、实验报告

① 分别绘制一定转速下的 H-Q、N-Q、η-Q 曲线。

② 分析实验结果，判断泵最为适宜的工作范围。

七、思考题

① 从所测实验数据分析，离心泵在启动时为什么要关闭出口阀门？

② 动离心泵之前为什么要引水灌泵？如果灌泵后依然启动不起来，你认为可能的原因是什么？

③ 为什么用泵的出口阀门调节流量？这种方法有什么优缺点？是否还有其他方法调节流量？

④ 启动后，出口阀如果不开，压力表读数是否会逐渐上升？为什么？

⑤ 工作的离心泵，在其进口管路上安装阀门是否合理？为什么？

⑥ 分析，用清水泵输送密度为 $1200kg/m^3$ 的液体，在相同流量下你认为泵的压力是否有变化？轴功率是否有变化？

第八章
水分析化学实验

实验一　HCl溶液的配制与标定

一、实验目的

掌握容量分析仪器的用法和滴定操作技术，并学会滴定终点的判断。

二、主要容量分析仪器和试剂

① 25mL或50mL酸式滴定管1支。

② 25mL移液管1支。

③ 1mL、5mL、10mL吸量管各1支。

④ 250mL容量瓶2个。

⑤ 无水碳酸钠Na_2CO_3。

⑥ 固体NaOH。

⑦ 指示剂——0.1%甲基橙水溶液：称取0.1g甲基橙溶于100mL蒸馏水中。

⑧ 无CO_2蒸馏水：用于制备标准溶液及稀释用的蒸馏水或去离子水，临用前煮沸15min，冷却至室温。pH值应大于6.0，电导率小于2μS/cm。

三、实验步骤

1. 无水碳酸钠的称量

首先将Na_2CO_3在干燥箱中180℃下烘2h，于干燥器中冷却至室温。用差减法准确称取约1g三份（记录W_1、W_2、W_3准确质量，精确到0.0001g），分别放入250mL锥形瓶中，待用。

2. HCl操作溶液的配制与标定——HCl标准储备溶液的配制

(1) 配制浓度约为1mol/L的HCl溶液

计算配制50mL 1mol/L HCl溶液所需浓HCl的体积$V_{HCl浓}$（mL），然后用吸量管吸取$V_{HCl浓}$（mL）浓HCl放入250mL容量瓶中，用蒸馏水稀释至刻度，摇匀，贴上标签，待标定。

(2) 标定

向上述3份盛Na_2CO_3的250mL锥形瓶中，分别加入20mL无CO_2蒸馏水溶解后，加1～2滴甲基橙指示剂，用HCl操作溶液滴定至溶液由橙黄色变为淡橙红色为终点。记录消耗HCl溶液的体积V_{HCl}（mL），根据Na_2CO_3基准物质的质量，计算HCl溶液的物质的量浓度C_{HCl}（mol/L）：

$$C_{HCl}=\frac{\frac{W}{53}}{V_{HCl}}\times 1000$$

式中 C_{HCl}——HCl标准储备溶液的物质的量浓度，mol/L；

V_{HCl}——滴定时消耗HCl操作溶液的体积，mL；

W——基准物质Na_2CO_3的质量，g，共3份，分别为W_1、W_2、W_3；

53——基准物质Na_2CO_3的摩尔质量（$1/2Na_2CO_3$），g/mol。

3. 0.1000mol/L HCl溶液的配制

根据上述所得HCl标准储备溶液的物质的量浓度，计算配制250mL 0.1000mol/L HCl溶液所需的量$V_{HCl,储备}$（mL），用吸量管准确吸取$V_{HCl,储备}$（mL）放入250mL容量瓶中，用无CO_2蒸馏水稀释至刻度。

四、实验结果记录

实验结果记录于表8-1-1。

表8-1-1 HCl溶液标定结果记录

项目	1	2	3
Na_2CO_3质量/g			
HCl溶液滴定终点读数/mL			
初始读数/mL			
HCl溶液用量/mL			
HCl标准溶液的量浓度/(mol/L)			
平均量浓度/(mol/L)			
绝对偏差			
平均偏差			
相对平均偏差			

实验二　水中碱度的测定

水的碱度是指水中所含能够接受质子的物质的总量。

一、实验目的

掌握水中碱度测定的方法，进一步掌握滴定终点的判断。

二、原理

采用连续滴定法测定水中碱度。首先以酚酞为指示剂，用盐酸标准溶液滴定至溶液由红色变为无色，用量为 P（mL）；接着以甲基橙为指示剂，继续用同浓度盐酸溶液滴定至溶液由橘黄色变为橘红色，用量为 M（mL）。如果 $P>M$，则有 OH^- 碱度和 CO_3^{2-} 碱度；$P<M$ 时，则有 CO_3^{2-} 碱度和 HCO_3^- 碱度；$P=M$ 时，则只有 CO_3^{2-} 碱度；如 $P>0$，$M=0$，则只有 OH^- 碱度；$P=0$，$M>0$，则只有 HCO_3^- 碱度。根据盐酸标准溶液的浓度和用量（P 与 M），求出水中的碱度。

三、仪器与试剂

① 25mL 酸式滴定管 1 支。

② 250mL 锥形瓶 1 个。

③ 100mL 移液管 1 支。

④ 无 CO_2 蒸馏水：用于制备标准溶液及稀释用的蒸馏水或去离子水，临用前煮沸 15min，冷却至室温。pH 值应大于 6.0，电导率小于 2μS/cm。

⑤ 碳酸钠标准溶液（$\frac{1}{2}Na_2CO_3$ 物质的量浓度＝0.0250mol/L）：称取 1.3249g（于 250℃烘干 4h）的无水碳酸钠（Na_2CO_3），溶于少量无 CO_2 蒸馏水中，移入 1000mL 容量瓶中，用水稀释至标线，摇匀。贮于聚乙烯瓶中，保存时间不要超过一周。

⑥ 盐酸标准溶液（0.0250mol/L）：用分度吸管吸取 2.0mL 浓盐酸（$\rho=1.19g/mL$），并用蒸馏水稀释至 1000mL，此溶液浓度约为 0.025mol/L。其准确浓度按下法标定。

用分度吸量管吸取 25.00mL Na_2CO_3 标准溶液于 250mL 锥形瓶中，加无 CO_2 蒸馏水稀释至约 100mL，加入 3 滴甲基橙指示液，用盐酸标准溶液滴定至由橘黄色刚好变成橘红色，记录盐酸标准溶液用量。按式(8-2-1) 计算其准确浓度：

$$C=\frac{25.00\times 0.0250}{V} \tag{8-2-1}$$

式中　C——盐酸标准溶液浓度，mol/L；

V——盐酸标准溶液用量，mL。

⑦ 酚酞指示剂：称取 0.1g 酚酞溶于 90mL 乙醇中，加水稀释至 100mL。

⑧ 甲基橙指示剂：配制方法见第八章实验一。

四、实验步骤

① 用移液管吸取两份水样和无 CO_2 蒸馏水各 100mL，分别放入 250mL 锥形瓶中，加入 4 滴酚酞指示剂，摇晃使其混合均匀。

② 若溶液呈红色，用盐酸标准溶液（0.0250mol/L）滴定至刚好无色（可与无 CO_2 蒸馏水的锥形瓶比较），记录用量（P）。若加酚酞指示剂后溶液无色，则不需用盐酸溶液滴定。

③ 再于每瓶中加入甲基橙指示剂 3 滴，摇晃使其混合均匀。

④ 若水样变为橘黄色，继续用盐酸标准溶液（0.0250mol/L）滴定至刚刚变为橘红色为止（与无 CO_2 的蒸馏水的颜色比较），记录用量（M）。如果加甲基橙指示剂后溶液为橘红色，则不需用盐酸标准溶液滴定。

五、实验结果记录

实验结果记录于表 8-2-1。

表 8-2-1　实验结果记录

<table>
<tr><td colspan="2">锥形瓶编号</td><td>1</td><td>2</td></tr>
<tr><td rowspan="4">酚酞指示剂</td><td>滴定管终读数/mL</td><td></td><td></td></tr>
<tr><td>滴定管始读数/mL</td><td></td><td></td></tr>
<tr><td>P/mL</td><td></td><td></td></tr>
<tr><td>平均值</td><td colspan="2"></td></tr>
<tr><td rowspan="4">甲基橙指示剂</td><td>滴定管终读数/mL</td><td></td><td></td></tr>
<tr><td>滴定管始读数/mL</td><td></td><td></td></tr>
<tr><td>M/mL</td><td></td><td></td></tr>
<tr><td>平均值</td><td colspan="2"></td></tr>
</table>

六、计算

$$总碱度(以\ CaO\ 计,mg/L)=\frac{C(P+M)\times 28.04}{V}\times 1000$$

$$总碱度(以\ CaCO_3\ 计,mg/L)=\frac{C(P+M)\times 50.05}{V}\times 1000$$

式中　C——盐酸标准溶液的物质的量浓度，mol/L；

P——酚酞为指示剂滴定终点时消耗盐酸标准溶液的量，mL；

M——甲基橙为指示剂滴定终点时消耗盐酸标准溶液的量，mL；

V——水样体积，mL；

28.04——氧化钙（$\frac{1}{2}CaO$）的摩尔质量，g/mol；

50.05——碳酸钙（$\frac{1}{2}CaCO_3$）的摩尔质量，g/mol。

实验三 水中硬度的测定（络合滴定法）

水的硬度是指水中 Ca^{2+}、Mg^{2+} 浓度的总量，是水质的重要指标之一。

一、实验目的

① 掌握EDTA标准溶液的配制和标定方法。

② 掌握水中硬度的测定原理与方法。

二、原理

在pH值为10的 $NH_3 \cdot H_2O$-NH_4Cl 缓冲溶液中，铬黑T与水中 Ca^{2+}、Mg^{2+} 形成紫红色络合物，然后用EDTA标准溶液滴定至终点时，置换出铬黑T，使溶液呈现亮蓝色。根据EDTA标准溶液的浓度和用量便可求出水样中的总硬度。

在pH值>12时，Mg^{2+} 以 $Mg(OH)_2$ 沉淀被掩蔽，加钙指示剂，用EDTA标准溶液滴定至溶液由红色变为蓝色，即为终点。根据EDTA标准溶液的浓度和用量求出水样中 Ca^{2+} 的含量。

三、仪器和试剂

① 酸式滴定管（50mL）。

② 10mmol/L EDTA标准溶液：称取3.725g EDTA二钠（Na_2-EDTA·$2H_2O$），溶于水后倾入1000mL容量瓶中，用水稀释至刻度。

③ 铬黑T指示剂：称取0.5g铬黑T与100g NaCl充分研细混匀，盛放在棕色瓶中，塞紧。

④ 缓冲溶液（pH值≈10）：称取16.9g NH_4Cl 溶于143mL浓氨水中，加Mg-EDTA盐全部溶液[1]，用水稀释至250mL。

⑤ 10 mmol/L钙标准溶液：准确称取0.500g分析纯碳酸钙（预先在105～110℃下干燥2h）放入500mL烧杯中，用少量水润湿。逐滴加入4mol/L盐酸至 $CaCO_3$ 完全溶解。加100mL水，煮沸数分钟（除去 CO_2）后，冷却至室温，加入数滴甲基红指示液[2]，逐滴加入3mol/L氨水直至溶液变为橙色，转移至500mL容量瓶中，用蒸馏水定容至刻度。此溶液1.00mL中含有1.00mg $CaCO_3$，即含有0.4008mg Ca。

⑥ 酸性铬蓝K与萘酚绿B［质量比为1∶(2～2.5)］混合的指示剂为KB指示剂，将KB指示剂与NaCl按1∶50比例混合研细混匀。

---

[1] Mg-EDTA盐全部溶液的配制：称取0.78g硫酸镁（$MgSO_4 \cdot 7H_2O$）和1.179g EDTA二钠（Na_2-EDTA·$2H_2O$）溶于500mL水中，加2mL配好 NH_4Cl 的氨水溶液和0.2g左右铬黑T指示剂干粉。此时溶液应显紫红色（如果呈现蓝色，应再加少量的 $MgSO_4$ 使溶液变为紫红色）。用10mmol/L EDTA标准溶液滴定至溶液恰好变为蓝色为止（切勿过量）。

[2] 0.1g甲基红溶于100mL 60%乙醇中。

⑦ 20%三乙醇胺。

⑧ 2% Na_2S溶液。

⑨ 4mol/L HCl 溶液。

⑩ 10%盐酸羟胺溶液：现用现配。

⑪ 2mol/L NaOH 溶液：将 8g NaOH 溶于 100mL 新煮沸放冷的水中，盛放在聚乙烯瓶中。

四、实验内容

1. EDTA 的标定

分别吸取 3 份 25.00mL 浓度为 10mmol/L 的钙标准溶液于 250mL 锥形瓶中，加入 20mL pH 值≈10 的缓冲溶液和 0.2g KB 指示剂，用 EDTA 标准溶液滴定溶液由紫红变为蓝绿色，即为终点，记录用量。按式(8-3-1) 计算 EDTA 标准溶液的物质的量浓度(mmol/L)。

$$C_{EDTA}=\frac{C_1V_1}{V} \tag{8-3-1}$$

式中 C_{EDTA}——EDTA 标准溶液的物质的量浓度，mmol/L；

V——消耗 EDTA 标准溶液的体积，mL；

C_1——钙标准溶液的物质的量浓度，mmol/L；

V_1——钙标准溶液的体积，mL。

2. 水样的测定

(1) 总硬度的测定

① 吸取 50mL 自来水水样 3 份，分别放入 250mL 锥形瓶中，加 1～2 滴 HCl 溶液酸化，煮沸数分钟以除去 CO_2，冷却至室温，并用 NaOH 或 HCl 调至中性。

② 加 5 滴盐酸羟胺溶液。

③ 加 1mL 三乙醇胺溶液，掩蔽 Fe^{3+}、Al^{3+} 等的干扰。

④ 加 5mL 缓冲溶液和 1mL Na_2S 溶液（掩蔽 Cu^{2+}、Zn^{2+} 等重金属离子）。

⑤ 加 0.2g（约 1 小勺）铬黑 T 指示剂，溶液呈明显的紫红色。

⑥ 立即用 10mmol/L EDTA 标准溶液滴定至蓝色，即为终点（滴定时充分摇动，使反应完全），记录用量（$V_{EDTA(1)}$）。由式(8-3-2)、式(8-3-3) 计算总硬度：

$$总硬度(mmol/L)=\frac{C_{EDTA}V_{EDTA(1)}}{V_0} \tag{8-3-2}$$

$$总硬度(以 CaCO_3 计,mg/L)=\frac{C_{EDTA}V_{EDTA(1)}}{V_0}\times 100.1 \tag{8-3-3}$$

式中 C_{EDTA}——EDTA 标准溶液的量浓度，mmol/L；

$V_{EDTA(1)}$——消耗 EDTA 标准溶液的体积，mL；

V_0——水样的体积，mL；

100.1——碳酸钙的摩尔质量（以 $CaCO_3$ 计），g/mol。

(2) 钙硬度的测定

① 吸取 50mL 自来水水样 3 份，分别放入锥形瓶中，以下步骤同总硬度测定步骤①～③。

② 加 1mL 2mol/L 的 NaOH 溶液（此时水样的 pH 值为 12～13）。加 0.2g（约 1 小勺）钙指示剂（水样呈明显的紫红色）。立即用 EDTA 标准溶液滴定至蓝色，即为终点。记录用量（$V_{EDTA(2)}$）。由式(8-3-4) 计算钙硬度（以 Ca 计，mg/L）：

$$钙硬度=\frac{C_{EDTA}V_{EDTA(2)}}{V_0}\times 40.08 \tag{8-3-4}$$

式中 V_0——水样的体积，mL；

40.08——钙原子（Ca）的摩尔质量，g/mol。

3. 实验结果记录

实验结果记录于表 8-3-1 中。

表 8-3-1 实验结果记录

水样编号	1	2	3
$V_{EDTA(1)}$/mL			
平均值			
总硬度/(mmol/L)			
总硬度(以 $CaCO_3$ 计)/(mg/L)			
$V_{EDTA(2)}$/mL			
平均值			
钙硬度(以 Ca 计)/(mg/L)			

实验四　水中 Cl^- 的测定（沉淀滴定法）

一、实验目的

① 掌握 $AgNO_3$ 溶液的标定方法。

② 掌握莫尔法测定水中 Cl^- 的原理和方法。

二、原理

在中性或弱碱性溶液中（pH 值为 6.5～10.5），以铬酸钾（K_2CrO_4）为指示剂，用硝酸银（$AgNO_3$）标准溶液直接滴定水中 Cl^- 时，由于氯化银（AgCl）的溶解度（8.72×10^{-8}mol/L）小于铬酸银（Ag_2CrO_4）的溶解度（3.94×10^{-7}mol/L），根据分步沉淀的原理，在滴定过程中，首先析出 AgCl 沉淀，到达化学计量后，稍过量的 Ag^+ 与 CrO_4^{2-} 生成 Ag_2CrO_4 砖红色沉淀，指示达到滴定终点，沉淀滴定反应为：

$$Ag^+ + Cl^- \rightleftharpoons AgCl\downarrow\text{（白色）}$$

$$2Ag^+ + CrO_4^{2-} \rightleftharpoons Ag_2CrO_4\downarrow\text{（砖红色）}$$

到达滴定终点时，$AgNO_3$ 的实际用量比理论用量稍多点，因此需要以蒸馏水做空白实验扣除。根据 $AgNO_3$ 标准溶液的物质的量浓度和用量计算水样中 Cl^- 的含量。

三、仪器和试剂

① 50mL 移液管 1 支；25mL 酸式滴定管 1 支；250mL 锥形瓶 4 个。

② 氯化钠（NaCl）标准溶液（$C_{NaCl}=0.1000$mol/L）：将少量 NaCl 固体放入坩埚中，于 500～600℃下灼烧 40～50min。冷却后准确称取 2.9226g，用少量蒸馏水溶解，倾入 500mL 容量瓶中，并稀释至刻度。

③ $AgNO_3$ 标准溶液（$C_{AgNO_3}\approx0.1000$mol/L）：称取 16.987g $AgNO_3$，溶于蒸馏水并稀释至 1000mL，转入棕色试剂瓶中暗处保存。

④ 5% K_2CrO_4 溶液（指示剂）：称取 5g K_2CrO_4 溶于少量水中，用上述 $AgNO_3$ 溶液滴至有红色沉淀生成，混匀。静置 12h，过滤，滤液移入 100mL 容量瓶中，用蒸馏水稀释至刻度。

⑤ 0.05mol/L 硫酸溶液（以 $\frac{1}{2}H_2SO_4$ 的物质的量浓度计），浓度为 0.05mol/L。

⑥ 0.005mol/L NaOH 溶液：将 0.2g NaOH 用蒸馏水溶解并稀释至 100mL。

⑦ 酚酞指示剂：称取 0.5g 酚酞溶于 50mL 的 95%乙醇溶液中，加入 50mL 蒸馏水，再滴加 0.05mol/L 的 NaOH 溶液至呈微红色。

四、实验内容

1. $AgNO_3$ 溶液的标定

吸取3份25mL 0.1000mol/L的NaCl溶液，同时吸取25mL蒸馏水作空白实验，分别放入250mL锥形瓶中，各加25mL蒸馏水和1mL K_2CrO_4 指示剂，在不断摇动下用 $AgNO_3$ 溶液滴定至淡橘红色，即为终点。记录 $AgNO_3$ 溶液用量（V_{1-1}，V_{1-2}，V_{1-3}，V_0），根据NaCl标准溶液的物质的量浓度和 $AgNO_3$ 溶液的体积，计算 $AgNO_3$ 溶液的准确浓度。

2. 水样测定

吸取50mL水样3份和50mL蒸馏水（作空白实验）分别放入锥形瓶中；加入1mL K_2CrO_4 溶液，在剧烈摇动下用 $AgNO_3$ 标准溶液滴定至刚刚出现淡橘红色，即为终点。记录 $AgNO_3$ 标准溶液用量（V_{2-1}、V_{2-2}、V_{2-3} 和 V_0）。

由式(8-4-1)计算氯化物浓度（以 Cl^- 计，mg/L）：

$$\text{氯化物浓度}=\frac{(V_2-V_0)C\times 35.453\times 1000}{V_{\text{水}}} \tag{8-4-1}$$

式中　V_2——水样消耗 $AgNO_3$ 标准溶液的体积，mL；

C——$AgNO_3$ 标准溶液的物质的量浓度，mol/L；

V_0——蒸馏水消耗 $AgNO_3$ 标准溶液的体积，mL；

$V_{\text{水}}$——水样的体积，mL；

35.453——Cl^- 的摩尔质量，g/mol。

3. 实验记录

实验结果记录于表8-4-1中。

表8-4-1　实验结果记录

实验编号		1	2	3	4
$AgNO_3$ 溶液标定		V_{1-1}	V_{1-2}	V_{1-3}	V_0
	滴定终读数/mL				
	滴定始读数/mL				
	V_{AgNO_3}/mL				
水样测定		V_{2-1}	V_{2-2}	V_{2-3}	V_0
	滴定终读数/mL				
	滴定始读数/mL				
	V_{AgNO_3}/mL				

五、注意事项

① 如果水样的pH值在6.5～10.5范围时，可直接滴定；超出此范围的水样应以

酚酞作指示剂，用浓度为0.05mol/L的H_2SO_4溶液或NaOH溶液调节至pH约为8.0。

② 水样中有机物含量高或色度大，可采取如下措施。

取150mL水样，放入250mL锥形瓶中，加2mL氢氧化铝［$Al(OH)_3$］悬浮液[1]，振荡过滤，弃去最初滤液20mL。如仍不能消除干扰，可采取下法。

取适量水样放入坩埚中，调pH值至8～9，水浴上蒸干，马弗炉中600℃灼烧1h，取出冷却。加10mL水溶解，移入250mL锥形瓶中，调pH值至7左右，稀释至50mL。

③ 如果水样中含有硫化物、亚硫酸盐或硫代硫酸盐，用NaOH溶液调节至中性或弱碱性，加入1mL 30%的H_2O_2，摇匀。1min后加热到70～80℃，除去过量的H_2O_2。

④ 如果水样的高锰酸盐指数大于15mg/L（以O_2计），则加入少量的高锰酸钾（$KMnO_4$），蒸沸，再加数滴乙醇，除去过量的$KMnO_4$，然后过滤取样。

---

[1] 氢氧化铝悬浮液的配制：称取125g硫酸铝钾［$KAl(SO_4)_2 \cdot 12H_2O$］溶于1L蒸馏水中。60℃下徐徐加入55mL浓氨水。静置1h后，倾去上层清液，用蒸馏水反复洗涤沉淀物，直至洗出的水无Cl^-为止。然后加蒸馏水至悬浮液体积为1L。使用前振荡摇匀。

实验五　水中溶解氧的测定

溶于水中的氧称为溶解氧，用 DO 表示，单位为 mg/L。DO 是水质综合指标之一。

一、实验目的

① 学会水中 DO 的固定方法；
② 掌握碘量法测定水中 DO 的原理与方法。

二、原理

水样中加入 $MnSO_4$ 和 NaOH，水中的 O_2 将 Mn^{2+} 氧化成水合氧化锰［$MnO(OH)_2$］棕色沉淀，将水中全部溶解氧固定起来；在酸性条件下，$MnO(OH)_2$ 与 KI 作用，释放出等化学计量的 I_2；然后，以淀粉为指示剂，用 $Na_2S_2O_3$ 标准溶液滴定至蓝色消失，指示终点到达。根据 $Na_2S_2O_3$ 标准溶液的消耗量，计算水中 DO 的含量。其主要反应如下：

$$Mn^{2+} + 2OH^- \rightleftharpoons Mn(OH)_2 \downarrow（白色）$$

$$Mn(OH)_2 + 1/2O_2 \rightleftharpoons MnO(OH)_2 \downarrow（棕色）$$

$$MnO(OH)_2 + 2I^- + 4H^+ \rightleftharpoons Mn^{2+} + I_2 + 3H_2O$$

$$I_2 + 2S_2O_3^{2-} \rightleftharpoons 2I^- + S_4O_6^{2-}$$

计算公式为：

$$DO(mgO_2/L) = \frac{CV \times 8 \times 1000}{V_水}$$

式中　DO——水中溶解氧，以 O_2 计，mg/L；
C——$Na_2S_2O_3$ 标准溶液的浓度，mol/L；
V——$Na_2S_2O_3$ 标准溶液的消耗量，mL；
8——氧（$\frac{1}{2}O$）的摩尔质量，g/moL；
$V_水$——水样的体积，mL。

三、仪器与试剂

① 250～300mL 溶解氧瓶。

② $MnSO_4$ 溶液：溶解 480g $MnSO_4 \cdot 4H_2O$ 或 400g $MnSO_4 \cdot 2H_2O$ 于蒸馏水中，过滤并稀释至 1L。

③ 碱性 KI 溶液：溶解 500g NaOH 于 300～400mL 水中，冷却；另溶解 150g KI 于 200mL 蒸馏水中；合并两溶液，混匀，用蒸馏水稀释至 1L。如有沉淀，则放置过夜后，倾出上清液，贮于棕色瓶中，用橡皮塞塞紧，避光保存。此溶液酸化后，遇淀粉应不呈蓝色。

④ 1%（m/V）淀粉溶液：称取 1.0g 可溶性淀粉以少量蒸馏水调成糊状，加入煮沸的蒸馏水至 100mL，混匀。为防腐，冷却后可加入 0.1g 水杨酸或 0.4g $ZnCl_2$。

⑤ 重铬酸钾标准溶液（以 1/6 $K_2Cr_2O_7$ 计，物质的量浓度为 0.0250mol/L）：称取 1.2258g 优级纯重铬酸钾（预先在 120℃下烘 2h，干燥器中冷却后称重），用少量水溶解，转入 1000mL 容量瓶中，稀释至刻度。

⑥ $Na_2S_2O_3$ 溶液：称取 6.25g 的 $Na_2S_2O_3 \cdot 5H_2O$ 溶于煮沸放冷的水中，加 0.2g Na_2CO_3，用蒸馏水稀释至 1000mL，贮于棕色瓶中。此溶液约为 0.025mol/L。

标定：吸取 10.00mL 0.0250mol/L $K_2Cr_2O_7$ 标准溶液放入碘量瓶中，加入 50mL 水和 1g KI，5mL（1+5）硫酸溶液（1 体积浓硫酸+5 体积水），放置 5min 后，用待标定的 $Na_2S_2O_3$ 标准储备溶液滴定至淡黄色，加入 1mL 1%淀粉，继续滴定至蓝色刚好变为亮绿色（Cr^{3+} 的颜色）为止。记录用量（$V_{1\text{-}1}$、$V_{1\text{-}2}$、$V_{1\text{-}3}$），取其平均值为 V_1。

硫代硫酸钠的浓度为：

$$C_{Na_2S_2O_3}=\frac{C_{K_2Cr_2O_7}\times 10.0}{V_1}$$

式中 $C_{Na_2S_2O_3}$——$Na_2S_2O_3$ 标准溶液的物质的浓度，mol/L；

$C_{K_2Cr_2O_7}$——$K_2Cr_2O_7$ 标准溶液的物质的浓度，以$\frac{1}{6}K_2Cr_2O_7$ 计，mol/L；

V_1——$Na_2S_2O_3$ 标准溶液用量，mL；

10.0——吸取 $K_2Cr_2O_7$ 标准溶液的体积，mL。

四、实验内容

1. 溶解氧的固定

(1) 水样采集

用水样冲洗溶解氧瓶后，沿瓶壁直接注入水样或用虹吸法将细玻璃管插入溶解氧瓶底部，注入水样，溢流出瓶容积的 1/3～1/2，迅速盖上瓶塞。取样时绝对不能使采集的水样与空气接触，且瓶口不能留有空气泡。否则另行取样。

(2) 溶解氧的固定

① 取样后，立即用吸量管加入 1mL $MnSO_4$ 溶液。加注时，应将移液管插入溶解氧瓶的液面下。切勿将吸量管中的空气注入瓶中。

② 按上法，加入 2mL 碱性 KI 溶液。

③ 盖紧瓶塞（注意：瓶中绝不可留有气泡！），颠倒混合 3 次，静置。待生成的棕色沉淀降至瓶一半深度时，再次颠倒混合均匀。

2. 溶解氧的测定

(1) 沉淀

将溶解氧瓶再次静置，使沉淀降至瓶内一半。

(2) 析出碘

轻轻打开瓶塞，立即用移液管插入液面下加入 2.0mL（1+5）硫酸，小心盖好瓶塞。颠倒混合均匀，至沉淀物全部溶解为止。放置暗处 5min。

(3) 滴定

吸取 25.00mL 上述水样 2 份，放入 250mL 锥形瓶中，用 $Na_2S_2O_3$ 标准溶液滴定至溶液呈淡黄色，加入 1mL 淀粉指示剂，继续滴定至蓝色刚刚变为无色，即为终点。记录用量。

(4) 计算

溶解氧（DO）的浓度（以 O_2 计，mg/L）的浓度为：

$$DO=\frac{C_{Na_2S_2O_3}V_{Na_2S_2O_3}\times 8\times 1000}{V_{水}}$$

式中 $C_{Na_2S_2O_3}$——$Na_2S_2O_3$ 标准溶液的物质的量浓度，以 $Na_2S_2O_3$ 计，mol/L；

$V_{Na_2S_2O_3}$——$Na_2S_2O_3$ 标准溶液的用量，mL；

8——氧（$\frac{1}{2}O$）的摩尔质量，g/mol；

$V_{水}$——水样的体积，mL。

3. 实验结果记录

实验结果记录于表 8-5-1。

表 8-5-1 实验结果记录

水样编号		1	2
滴定	滴定管终读数/mL		
	滴定管始读数/mL		
$Na_2S_2O_3$ 标液用量/mL			

实验六　水中高锰酸盐指数的测定

高锰酸盐指数是水中有机物污染的综合指标之一。

一、实验目的

① 学会高锰酸钾 $KMnO_4$ 标准溶液的配制与标定。

② 掌握清洁水中高锰酸盐指数的测定原理和方法。

二、原理

在酸性条件下，高锰酸钾（$KMnO_4$）将水样中的某些有机物及还原性的物质氧化，剩余的 $KMnO_4$ 用过量的草酸钠（$Na_2C_2O_4$）还原，再以 $KMnO_4$ 标准溶液回滴剩余的 $Na_2C_2O_4$，根据加入过量 $KMnO_4$ 和 $Na_2C_2O_4$ 标准溶液的量及最后 $KMnO_4$ 标准溶液的用量，计算高锰酸盐指数，以 mg/L（以 O_2 计）表示。

三、仪器与试剂

① 50mL 酸式滴定管 1 支；250mL 锥形瓶一支。

② $KMnO_4$ 溶液（以$\frac{1}{5}KMnO_4$ 计，浓度约为 0.1mol/L)：称取 3.2g $KMnO_4$ 溶于 1.2L 蒸馏水中，煮沸，使体积减小至 1L 左右。放置过夜，用 G3 号玻璃砂芯漏斗过滤后，滤液贮于棕色瓶中，避光保存。

③ 高锰酸钾溶液（以$\frac{1}{5}KMnO_4$ 计，浓度约为 0.01mol/L)：吸取 100mL 0.1mol/L $KMnO_4$ 溶液于 1000mL 容量瓶中，用水稀释至刻度，混匀，贮于棕色瓶中，避光保存。此溶液约为 0.01mol/L，使用当天应标定其准确浓度。

④ $Na_2C_2O_4$ 标准溶液（以$\frac{1}{2}Na_2C_2O_4$ 计，浓度为 0.1000mol/L)：称取 6.705g 在 105～110℃烘干并冷却的 $Na_2C_2O_4$ 溶于水，移入 1000mL 容量瓶中，用水稀释至刻度。

⑤ $Na_2C_2O_4$ 标准溶液（以$\frac{1}{2}Na_2C_2O_4$ 计，0.0100 mol/L)：吸取 10.00mL 上述草酸钠溶液，移入 100mL 容量瓶中，用水稀释至刻度。

⑥ (1+3) 硫酸（1 体积浓硫酸+3 体积水）。

四、实验内容

1. $KMnO_4$ 溶液的标定

将 50mL 蒸馏水和 5mL（1+3）H_2SO_4 依次加入 250mL 锥形瓶中，然后用移液管加 10.00mL 0.0100mol/L 的 $Na_2C_2O_4$ 标准溶液，加热至 70～85℃，用 0.01mol/L 的

$KMnO_4$ 溶液滴定至溶液由无色至刚刚出浅红色为滴定终点。记录 0.01mol/L $KMnO_4$ 溶液的用量。共做 3 份，并计算 $KMnO_4$ 标准溶液的准确浓度。

2. 水样测定

① 取样：清洁透明水样取样 100mL；浑浊水取 10～25mL，加蒸馏水稀释至 100mL。将水样放入 250mL 锥形瓶中，共 3 份。

② 加入 5mL (1+3)H_2SO_4，用滴定管准确加入 10mL 0.01mol/L $KMnO_4$ 溶液，记录用量 V_1，并投入几粒玻璃珠，加热至沸腾，从此时准确煮沸 10min。若溶液红色消失，说明水中有机物含量太多，则另取较少量水样用蒸馏水稀释 2～5 倍（至总体积 100mL）。再按步骤①、②重做。

③ 煮沸 10min 后趁热用吸量管准确加入 10.00mL 0.0100mol/L $Na_2C_2O_4$ 溶液，记录用量 V_2，摇动均匀，立即用 0.01mol/L $KMnO_4$ 溶液滴定至显微红色。记录消耗 $KMnO_4$ 溶液的量，记录用量 V_1'。

3. 计算

高锰酸盐指数（以 O_2 计，mg/L）为：

$$\text{高锰酸盐指数}=\frac{[c_1(V_1+V_1')-c_2V_2]\times 8\times 1000}{V_{\text{水}}}$$

式中　c_1——$KMnO_4$ 标准溶液浓度，以 1/5 $KMnO_4$ 计，mol/L；

V_1——开始加入 $KMnO_4$ 标准溶液的量，mL；

V_1'——最后滴定 $KMnO_4$ 标准溶液的用量，mL；

c_2——$Na_2C_2O_4$ 标准溶液的浓度，以 1/2 $Na_2C_2O_4$ 计，0.0100mol/L；

V_2——加入 $Na_2C_2O_4$ 标准溶液的量，mL；

8——氧（$\frac{1}{2}$O）的摩尔质量，g/mol；

$V_{\text{水}}$——水样的体积，mL。

4. 实验记录

实验结果记录于表 8-6-1。

表 8-6-1　实验结果记录

实验编号	1	2	3
$KMnO_4$ 标定	$V_{1\text{-}1}$	$V_{1\text{-}2}$	$V_{1\text{-}3}$
滴定管终读数/mL			
滴定管始读数/mL			
$KMnO_4$ 用量/mL			
加入 $Na_2C_2O_4$ 的量/mL			
$KMnO_4$ 准确浓度/(mol/L)			

续表

水样测定	V'_{1-1}	V'_{1-2}	V'_{1-3}
滴定管终读数/mL			
滴定管始读数/mL			
滴定 $KMnO_4$ 的用量/mL			
加入 $KMnO_4$ 的量 V_1/mL			
加入 $Na_2C_2O_4$ 的量/mL			
高锰酸盐指数(以 O_2 计)/(mg/L)			

实验七　水中化学需氧量的测定（密封法）

一、实验目的

① 学会硫酸亚铁铵 [$(NH_4)_2Fe(SO_4)_2$] 标准溶液的标定方法。

② 掌握密封法测定水中化学需氧量的原理和方法。

二、密封法测定COD的原理

化学需氧量（Chemical Oxygen Demand，COD）是水体中有机物污染的综合指标之一，为在一定条件下，水中能被重铬酸钾（$K_2Cr_2O_7$）氧化的有机物质的总量，以mg/L（以 O_2 计）表示。

水样在强酸性条件下，过量的 $K_2Cr_2O_7$ 标准溶液与水中有机物等还原性物质反应后，以试亚铁灵为指示剂，用 $(NH_4)_2Fe(SO_4)_2$ 标准溶液回滴剩余的 $K_2Cr_2O_7$，时，溶液由浅蓝色变为红色指示滴定终点，根据 $(NH_4)_2Fe(SO_4)_2$ 标准溶液的用量求出化学需氧量（COD，以 O_2 计，mg/L）。反应式如下（C表示水中有机物等还原性物质）：

$$\underset{(过量)}{2Cr_2O_7^{2-}} + \underset{(有机物)}{3C} + 16H^+ \rightleftharpoons 4Cr^{3+} + 3CO_2 + 8H_2O$$

$$6Fe^{2+} + \underset{(剩余)}{Cr_2O_7^{2-}} + 14H^+ \rightleftharpoons 6Fe^{3+} + 2Cr^{3+} + 7H_2O$$

到达计量点时　$$\underset{蓝色}{Fe(C_{12}H_8N_2)_3^{3+}} \longrightarrow \underset{红色}{Fe(C_{12}H_8N_2)_3^{2+}}$$

由于 $K_2Cr_2O_7$ 溶液呈橙黄色，还原产物 Cr^{3+} 呈绿色，所以用 $(NH_4)_2Fe(SO_4)_2$ 溶液返滴定过程中，溶液的颜色变化是逐渐由橙黄色→蓝绿色→蓝色，滴定终点时立即由蓝色变为红色。

同时取无有机物的蒸馏水做空白实验。

COD（以 O_2 计，mg/L）的计算公式为：

$$COD = \frac{(V_0 - V_1)C \times 8 \times 1000}{V_水}$$

式中　V_0——空白实验消耗 $(NH_4)_2Fe(SO_4)_2$ 标准溶液的量，mL；

V_1——滴定水样时消耗 $(NH_4)_2Fe(SO_4)_2$ 标准溶液的量，mL；

C——$(NH_4)_2Fe(SO_4)_2$ 标准溶液的浓度，mol/L；

8——氧（$\frac{1}{2}O$）的摩尔质量，g/mol；

$V_水$——水样的量，mL。

应该指出，在滴定过程中，所用 $K_2Cr_2O_7$ 标准溶液的浓度是（$\frac{1}{6}K_2Cr_2O_7$ = 0.02500mol/L）[1]。

[1] 配制方法：称取预先在120℃烘干2h的基准或优级纯重铬酸钾12.258g溶于水中，移入1000mL容量瓶，稀释至标线，摇匀。

三、仪器与试剂

① 5mL 微量滴定管 1 支；5mL 和 10mL 吸量管各 1 支。

② 消化液：称取 12.25g 分析纯 $K_2Cr_2O_7$ 溶于 500mL 水中，加 33.3g $HgSO_4$ 和 167mL 浓硫酸。待冷却至室温后，稀释至 1000mL。此溶液 $K_2Cr_2O_7$ 的物质的量浓度（以 $1/6K_2Cr_2O_7$ 计）为 0.2500mol/L。

③ 催化剂溶液：称取 8.8g 分析纯 Ag_2SO_4 溶于 1L 浓硫酸中。

④ $(NH_4)_2Fe(SO_4)_2$ 标准溶液 [$(NH_4)_2Fe(SO_4)_2 \cdot 6H_2O$=0.10mol/L]，其配制方法为：称取 39.22g $(NH_4)_2Fe(SO_4)_2$ 溶于水中，加 20mL 浓硫酸，待冷却后，用蒸馏水稀释至 1L。使用之前标定。

⑤ 试亚铁灵指示剂：称取 1.485g 邻菲啰啉，0.695g 硫酸亚铁（$FeSO_4 \cdot 7H_2O$）溶于水中，稀释至 100mL，贮于棕色瓶中。

四、测定步骤

① 准确吸取水样 2.50mL。放入 50mL 具塞磨口比色管中，加消化液 2.50mL 和催化剂溶液 3.50mL，盖上塞并旋紧。

② 用聚四氟乙烯（PTFE）生料带将管口缠上两圈密封好，然后置于固定支架上。

③ 送入恒温箱中，恒温（150±1)℃，消化 2h。视水中有机物种类可缩短消化时间。

④ 取出冷却至室温。可用 $(NH_4)_2Fe(SO_4)_2$ 标准溶液回滴法或吸收光谱法测定 COD 值。

⑤ 回滴法：向消化后溶液中加入无有机物蒸馏水 30mL，加 2 滴试亚铁灵指示剂，然后用微量滴定管以 0.1000 mol/L $(NH_4)_2Fe(SO_4)_2$ 标准溶液回滴至浅蓝色立即变为棕红色，指示终点到达。记录用量（V_1）。

⑥ 同时做空白实验，即吸取无有机物蒸馏水 2.50mL，按上述步骤消化并滴定至终点。记录用量（V_0）。

计算 COD 公式同回流法。

如果水样中 COD 值<50mg/L（以 O_2 计)，则取水样 5.0mL，消化液 2.50mL（消化液中 $K_2Cr_2O_7$ 标准溶液浓度为 0.025mol/L（$\frac{1}{6}K_2Cr_2O_7$)。用 0.0100mol/L $(NH_4)_2Fe(SO_4)_2$ 溶液回滴至终点。

五、密封法测定 COD 的优点

① 密封法测定 COD 的最大特点是用实验室常见的具塞磨口比色管消化，摒弃了繁琐的回流程序和装置。

② 实用紧凑，经济可靠，占空间小，可批量分析样品（一次可分析 40 个样品）。

③ 方法简单、准确可靠。方法的准确度和精密度可与回流法相媲美，其最低检出

限为 5.0mg/L（以 O_2 计）左右。

④ 密封法测定 COD，除可用 $(NH_4)_2Fe(SO_4)_2$ 回滴法外，还可采用吸收光谱法，即密封消化后的水样可在 430nm 或 348nm 处测定，其测定方法有两种。

方法一，直接测定 Cr（Ⅵ）的减少值：即以密封消化后的无有机物蒸馏水为空白，测定水样中 Cr（Ⅵ）的吸光度值，其吸收强度随水样中 COD 值的增加而减少。

方法二，间接测定 Cr^{3+} 的增加值：即以密封消化后的实际水样为“空白”调零，以实验空白为“拟测定样”，测定剩余 Cr（Ⅵ）的吸光度差值，此差值实际上就是水样中有机物等还原性物质被氧化后产生的 Cr^{3+} 的量。其吸光度值随着水样中 COD 值的增加而增加。

六、注意事项

① 水样中如有 Cl^- 产生干扰时，理论上 Cl^- 的需氧量为 0.11288g/g（O_2/Cl^-），可加入 $HgSO_4$ 与 Cl^- 生成可溶性络合物，消除干扰。一般 $HgSO_4$ 与 Cl^- 的质量比为 14，可获得满意结果。

② 水样中如含有亚硝酸盐氮（NO_2^--N），也会产生 COD 值。理论上 NO_2^--N 的需氧量为 1.14mg/mg（O_2/NO_2^--N）。如果水样中含有较多的 NO_2^--N，则先在 $K_2Cr_2O_7$ 溶液中加入氨基磺酸，一般每毫克 NO_2^--N 加入 10mg 氨基磺酸即可消除干扰。

实验八 水中色度的测定

水中色度是水质指标之一。规定含 Pt 1mg/L 和 Co 0.5mg/L 水中所具有的颜色为1度，作为标准色度单位。

一、实验目的

了解目视比色法的原理和基本操作。

二、仪器和试剂

① 50mL 具塞比色管，其刻线高度要一致。

② 铂钴标准溶液：称取 1.2456g 氯铂酸钾（K_2PtCl_6，相当于 500mg Pt）和 1.000g 氯化钴（$Co\text{-}Cl_2 \cdot 6H_2O$，相当于 250mg Co）溶于 100mL 水中，加 100mL 浓盐酸，用水定容至 l000mL。此溶液色度为 500 度（0.5 度/mL）。

三、测定步骤

1. 标准色列的配制

吸取铂钴标准溶液 0.00、0.50mL、1.00mL、1.50mL、2.00mL、2.50mL、3.00mL、3.50mL、4.00mL、4.50mL、5.00mL、6.00mL、7.00mL、8.50mL 和 10.00mL，分别放入 50mL 具塞比色管中，用蒸馏水稀释至刻度，混匀。把对应的色度记录在实验报告中。

2. 水样的测定

① 将水样（注明 pH 值）放入同规格比色管中至 50mL 刻度。如水样色度较大，可酌情少取水样，用蒸馏水稀释至 50mL。

② 将水样与标准色列进行目视比较。比色时选择光亮处。各比色管底均应衬托白瓷板或白纸，从管口向下垂直观察。记录与水样色度相同的铂钴标准色列的色度 A。

3. 计算色度（度）

$$色度=\frac{A\times 50}{V}$$

式中 A——水样的色度，度；

V——原水样的体积 mL；

50——水样最终稀释体积，mL。

4. 实验报告记录

实验结果记录于表 8-8-1。

表 8-8-1　实验结果记录

标准溶液/mL	0	0.50	1.00	1.50	2.00	2.50	3.00	3.50
铂钴标准溶液色度/度								
水样色度/度								
标准溶液/mL	4.00	4.50	5.00	5.50	6.00	7.00	8.50	10.00
铂钴标准溶液色度/度								
水样色度/度								

四、注意事项

① 如水样色度恰在两标准色列之间，则取两者中间数值，如果水样色度＞100 度时，则将水样稀释一定倍数后再进行比色。

② 如果水样较浑浊，虽经预处理而得不到透明水样时，则用“表色”报告。

③ 如实验室无 K_2PtCl_6，可用 $K_2Cr_2O_7$ 代替。称取 0.0437g $K_2Cr_2O_7$ 和 1.000g $CoSO_4 \cdot 7H_2O$，溶于少量水中，加 0.50mL 浓硫酸，用水稀至 500mL，此溶液色度为 500 度，不宜久存。

实验九　水中浊度的测定（吸收光谱法）

水中的浊度是天然水和饮用水的一项重要水质指标，规定含硫酸肼（$NH_2NH_2 \cdot H_2SO_4$）1.25mg/L 和六次甲基四胺［$(CH_2)_6N_4$］12.5mg/L 的水形成的福尔马肼混悬液所产生的浊度为 1 度（散射浊度单位 NTU，福尔马肼浊度单位 FTU）。

一、实验目的

① 掌握吸收光谱法测定水中浊度的方法和原理。

② 学会标准曲线的绘制。

二、仪器与试剂

① 分光光度计。

② 50mL 比色管。

③ 无浊度水：将蒸馏水通过 0.2μm 滤膜过滤，收集于用滤过水淋洗 2～3 次的烧瓶中。

④ 硫酸肼溶液（浊度标准溶液）：准确称取 1.000g 硫酸肼，用少量无浊度水溶解于 100mL 容量瓶中，并稀释至刻度（0.01g/mL）。

⑤ 六次甲基四胺溶液（浊度标准溶液）：准确称取 10.00g 六次甲基四胺，用无浊度水溶于 100mL 容量瓶中，并稀释至刻度（0.10g/mL）。

⑥ 福尔马肼聚合物标准溶液（浊度标准溶液）：准确吸取 5.00mL 硫酸肼溶液和 5.00mL 六次甲基四胺溶液于 100mL 容量瓶中，混匀。在（25±3)℃下反应 24h，用无浊度水稀释至刻度，混匀（其中硫酸肼为 500mg/L；六次甲基四胺为 5000mg/L）。该储备溶液的浊度为 400 度（0.4 度/mL），浊度可保持 15 个月。

三、实验内容

1. 标准曲线的绘制

准确吸取 0.00、0.50mL、1.25mL、2.50mL、5.00mL、10.00mL 和 12.50mL 浊度标准溶液（0.4NTU/mL），分别放入 50mL 比色管中，用无浊度水稀释至刻度，混匀。该系列标准溶液的浊度分别为 0NTU、4NTU、10NTU、20NTU、40NTU、80NTU 和 100NTU。用 3cm 比色皿，在 680nm 处测定吸光度值，并做记录。绘制标准曲线。

2. 水样的测定

吸取 50.00mL 水样，放入 50mL 比色管中（如水样中浊度＞100NTU，可少取水样，用无浊度水稀释至 50mL，混匀）。按绘制标准曲线步骤测定吸光度值，由标准曲线上查出水样对应的浊度（NTU）。

浊度计算公式为：

$$浊度=\frac{A}{V}\times 50$$

式中　A——已稀释水样浊度，NTU；

V——原水样体积，mL；

50——水样最终稀释体积，mL。

3. 数据处理

① 实验数据记录于表8-9-1中。

表8-9-1　浊度标准溶液测定的吸光度值记录

标准溶液/mL	0	0.50	1.25	2.50	5.00	10.00	12.50
浊度/NTU	0	4	4	10	20	40	80
吸光度							
水样吸光度							

② 以水中浊度为横坐标，对应的吸光度为纵坐标，绘制标准曲线。由测得水样吸光度值，在标准曲线上查出对应的浊度。

4. 写实验报告

实验报告记录浊度的精度要求见表8-9-2。

表8-9-2　测定浊度的精度要求　　单位：NTU

浊度范围	报告记录至浊度值
1～10	1
10～100	5
100～400	10
400～1000	50
>1000	100

实验十　吸收光谱的绘制

以不同波长的光依次射入被测溶液，并测出相应的吸光度；以波长为横坐标，对应的吸光度为纵坐标作图，所得的曲线称为吸收光谱曲线或吸收光谱。吸收光谱是研究物质的性质和含量的理论基础，也是吸收光谱法的重要实验条件。

一、实验目的

① 初步熟悉754型紫外分光光度计的使用方法；

② 熟悉测绘吸收光谱的一般方法。

二、基本原理

利用吸收光谱法对某种物质进行定性或定量测定时，需要进行一系列条件实验，包括显色化合物的吸收光谱曲线（简称吸收光谱）的绘制、选择合适的测定波长、显色剂浓度和溶液pH值的选择及显色化合物影响等。此外，还要研究显色化合物符合郎伯-比尔定律的浓度范围、干扰离子的影响及其排除的方法等。

本实验利用分光光度计能连续变换波长的性能，测定邻二氯菲-Fe^{2+}的吸收光谱，并选择合适的测定波长。

在pH值为3～9的溶液中，Fe^{2+}与邻二氮菲（phen）生成稳定的橙红色络合物[$\lambda_{max}=508nm$，$\varepsilon=1.1\times10^4 L/(mol \cdot cm)$，$\lg\beta_3=21.3$（20℃）]：

$$Fe^{2+} + 3phen \longrightarrow Fe(phen)_3^{2+} \text{ 橙红色}$$

Fe^{3+}与邻二氯菲生成1∶3的淡蓝色络合物（$\lg\beta_3=14.1$），故显色前应先用盐酸羟胺将Fe^{3+}还原为Fe^{2+}，其反应为：

$$2Fe^{3+} + 2NH_2OH \cdot HCl \longrightarrow 2Fe^{2+} + N_2\uparrow + 2H_2O + 4H^+ + 2Cl^-$$。

三、仪器与试剂

1. 仪器

① 754型紫外可见分光光度计1台。

② 50mL具塞磨口比色管1支。

③ 1mL、2mL、5mL吸量管各1支。

④ 吸耳球。

2. 试剂

① 铁标准溶液（Ⅰ）($Fe^{2+}=100\mu g/mL$)：准确称取0.7022g分析纯硫酸亚铁铵[$(NH_4)_2Fe(SO_4)_2 \cdot 6H_2O$]，放入烧杯中，加入20mL（1+1）HCl（1体积浓盐酸+1体积水），溶解后移入1000mL容量瓶中，用去离子水稀释至刻度，混匀。此溶液中

铁含量为100μg/mL，Fe^{2+}的物质的量浓度为1.79×10^{-3}mol/L。

② 0.15%(*m*/*V*) 邻二氮菲水溶液（新鲜配制）。

③ 10%(*m*/*V*) 盐酸羧胺（$NH_2OH \cdot HCl$）水溶液（新鲜配制）。

④ 缓冲溶液（pH值为4.6）：将68g乙酸钠溶于约500mL蒸馏水中，加入29mL冰乙酸稀释至1L。

四、实验内容

① 吸取1.00mL铁标准溶液（Ⅰ）（Fe^{2+}浓度为1.79×10^{-3}mol/L），同时取1.00mL去离子水（空白实验），分别放入50mL比色管中，加入1.0mL 10% $NH_2OH \cdot HCl$溶液，混匀。放置2min后，加入2.0mL 0.15%邻二氯菲溶液和5.0mL缓冲溶液，用水稀释至刻度，混匀。

② 在754型紫外可见分光光度计上，将邻二氯菲-Fe（Ⅱ）溶液和空白溶液分别盛于1cm比色皿中，安放于仪器中比色皿架上。按仪器使用方法操作，从420～560nm，每隔10nm测定一次。每次用空白溶液调零，测定邻二氨菲-Fe（Ⅱ）溶液的吸光度值。

③ 在吸收峰510nm附近，再每隔2nm测定一点。记录不同波长处的吸光度值。

五、数据处理

1. 实验记录

实验结果记录于表8-10-1。

表8-10-1　实验结果记录

波长λ/nm	420	430	440	450	460	470	480	490	500	510	520	530
吸光度*A*												
波长λ/nm	540	550	560	502	504	506	508	510	512	514	516	518
吸光度*A*												

2. 绘图

以波长为横坐标，对应的吸光度为纵坐标，将测得值逐个描绘在坐标纸上，并连成光滑曲线，即得吸收光谱。从曲线上查得溶液的最大吸收波长λ_{max}，即为测量铁的测量波长（又称工作波长）。

六、注意事项

① 本实验旨在让学生学习分光光度法测定水中微量物质时的最基本操作条件、原理和方法以及754型紫外可见分光光度计的使用。因此，要仔细阅读仪器说明书，了解仪器的构造和各个旋钮的功能；使用时要遵守操作规程和听从老师的指导。

② 在每次测定前，应首先做比色皿配对性实验。方法是：将同样厚度的4个比色

皿分别编号，都装空白溶液，在 508nm 处测定各比色皿的吸光度（或透光率），结果应相同。若有显著差异，应将比色皿重新洗涤后再装空白溶液测定，直到吸光度（或透光率）一致。

若经多次洗涤后，仍有显著差异，则用下法校正。

方法一：以吸光度最小的比色皿为 0，测定其余 3 个比色皿的吸光度值作为校正值。

方法二：测定水样或溶液时，以吸光度为零的比色皿作空白，用其他各皿装溶液，测各吸光度值，减去所用比色皿的校正值。

溶液吸光度测量值的校正示例见表 8-10-2。

表 8-10-2　溶液吸光度测量值的校正示例

比色皿编号	空白溶液校正值	显色溶液测得值	校正后测得值
1	0.0	0.0	空白
2	0.0044	0.2041	0.200
3	0.0088	0.4089	0.400
4	0.0223	0.6234	0.601

③ 拿取比色皿时，只能用手指捏住毛玻璃的两面，手指不得接触其透光面。盛好溶液（至比色皿高度的 4/5 处）后，先用滤纸轻轻吸去外部的水（或溶液），再用擦镜纸轻轻擦拭透光面，直至洁净透明。另外，还应注意比色皿内不得黏附小气泡，否则会影响透光率。

④ 测量之前，比色皿需用被测溶液荡洗 2～3 次，然后再盛溶液。比色皿用毕后，应立即取出，用自来水及蒸馏水洗净、倒放晾干。

⑤ 仪器不测定时，应打开暗箱盖（对 754 型紫外可见分光光度计），以保护光电管。

⑥ 绘制吸收光谱时应选择恰当的坐标比例，曲线应光滑。

实验十一　水中 pH 值的测定

一、目的

① 通过实验加深理解 pH 计测定溶液 pH 值的原理。

② 掌握 pH 计测定溶液 pH 值的方法。

二、原理

电位法测定溶液的 pH 值，是以玻璃电极为指示电极（—），饱和甘汞电极为参比电极（+），组成原电池。25℃时，溶液的 pH 值变化 1 个单位时，电对的电极电位改变 59.0mV。实际测量中，选用 pH 值与水样 pH 值接近的标准缓冲溶液校正 pH 计（又叫定位），并保持溶液温度恒定，以减少由于液接电位、不对称电位及温度等变化而引起的误差。测定水样之前，用两种不同 pH 值的缓冲溶液校正仪器，如用一种 pH 值的缓冲溶液定位后，再测定相差约 3 个 pH 单位的另一种缓冲溶液的 pH 值时，误差应在±0.1pH 之内。校正后的 pH 计，可以直接测定水样或溶液的 pH 值。

三、仪器与试剂

① 各种型号的 pH 计。

② 0.05mol/L 邻苯二甲酸氢钾标准缓冲溶液。

③ 0.025mol/L 混合磷酸盐缓冲溶液。

④ NaH_2PO_4 溶液约 0.1mol/L。

四、实验内容

① 按照仪器使用说明书的操作方法练习操作。

② 将电极与塑料杯用水冲洗干净后，用标准缓冲溶液淋洗 1～2 次，用滤纸吸干。

③ 用标准缓冲溶液校正仪器。

④ 水样或溶液 pH 值的测定，方法如下。

a. 用水冲洗电极 3～5 次，再用被测水样或溶液冲洗 3～5 次，然后将电极放入水样或溶液中。

b. 测定 NaH_2PO_4 溶液的 pH 值，测定 3 次。

c. 测定完毕，清洗干净电极和塑料杯。

d. 实验数据记录于表 8-11-1 中。

表 8-11-1　水中 pH 值的测定数据

编号	1	2	3
被测溶液 pH 值			
平均值			

五、注意事项

1. 玻璃电极的使用

① 使用前，将玻璃电极的球泡部位浸在蒸馏水中 24h 以上。如果在 50℃蒸馏水中浸泡 2h，冷却至室温后可当天使用。不用时也需浸在蒸馏水中。

② 安装：要用手指夹住电极导线插头安装，切勿使球泡与硬物接触。玻璃电极下端要比饱和甘汞电极高 2～3mm，防止触及杯底而损坏。

③ 玻璃电极测定碱性水样或溶液时，应尽快测量。测量胶体溶液、蛋白质和染料溶液时，用后需用棉花或软纸蘸乙醚小心地擦拭，再用酒精清洗，最后用蒸馏水洗净。

2. 饱和甘汞电极的使用

① 使用饱和甘汞电极前，应先将电极管侧面小橡皮塞及弯管下端的橡皮套取下，不用时再放回。

② 饱和甘汞电极应经常补充管内的饱和 KCl 溶液，溶液中应有少许 KCl 晶体，不得有气泡。补充后应等几小时再用。

③ 饱和甘汞电极不能长时间浸在被测水样中。不能在 60℃以上的环境中使用。

3. 仪器校正

① 应选择与水样 pH 值接近的标准缓冲溶液校正仪器。

② 标准缓冲溶液的配制方法如下。

a. pH 标准缓冲溶液的配方见表 8-11-2。

表 8-11-2　pH 标准缓冲溶液的配制

标准溶液浓度	pHs(25℃)	1000mL 蒸馏水中基准物质的质量
0.05mol/L 二草酸三氢钾	1.679	12.61
饱和酒石酸氢钾(25℃)	3.559	6.4①
0.05mol/L 柠檬酸二氢钾	3.776	11.41
0.05mol/L 邻苯二甲酸氢钾	4.008	10.12
0.025mol/L 磷酸二氢钾+0.025mol/L 磷酸氢二钠	6.865	3.388+3.533
0.008695mol/L 磷酸二氢钾+0.03043mol/L 磷酸氢二钠	7.413	1.79①+4.302①②
0.01mol/L 四硼酸钠	9.180	3.80②
0.025mol/L 碳酸氢钠+0.025mol/L 碳酸钠	10.012	2.029+2.640
饱和氢氧化钙(25℃)	12.454	1.5③

① 110～130℃烘干 2h。

② 用新煮沸并冷却的无 CO_2 蒸馏水。

③ 近似溶解度。

b. 试剂商店购买的 pH 基准试剂，按说明书配制。

③ 定位

a. 将电极浸入第1份标准缓冲溶液中，调节“温度”钮，使缓冲溶液与溶液温度一致。然后调节“定位”钮，使pH读数与已知pH值一致。注意，校正后切勿再动“定位”钮。

b. 将电极取出，洗净、吸干，再浸入第二份标准缓冲溶液中，测定pH值，如测定值与第二份标准缓冲溶液已知pH值之差小于0.1，则说明仪器正常，否则需检查仪器、电极或标准溶液是否有问题。

实验十二　气相色谱演示实验

一、目的

① 了解气相色谱仪的基本结构、性能和操作方法。

② 掌握气相色谱法的基本原理。

二、仪器与试剂

仪器：配有 FID 火焰离子检测器的气相色谱仪（GC112A，上海精密科学仪器公司），微量注射器 10μL，含有苯的样品。

三、实验步骤

① 根据实验确定色谱条件为：检测器 250℃；进样器 250℃；柱箱初始温度 50℃，初始时间 10min，终止温度 250℃，终止时间 5min，速率 5℃/min。

② 打开气相色谱仪，通氮气后，按启动键。

③ 检查加样器和检测器的温度，若为 250℃时，通入空气和氢气后，点火。

④ 开电脑，查看基线，设置实验图谱报告内容。

⑤ 进样后，再按启动键，等候出峰。

⑥ 实验结束后，自动降温至 50℃左右，关机。

四、注意事项

① 使用高纯度（99.99% N_2）载气，并将载气、氢气和空气经净化器净化。

② 柱子老化时，不要把柱子与检测器连接在一起，以免检测器被污染，同时在老化柱子时不要打开氢气。

③ 在各操作温度未平衡之前，将氢气和空气源关闭防止检测器内积水。

④ 在点火时，不要使按钮按下的时间过长，以免损坏点火圈。

⑤ 使用仪器最高灵敏度档或程序升温分析时，色谱柱应经过彻底老化。

⑥ 仪器开机后，应先通载气再升温，待 FID 检测器温度超过 120℃时方能点火。

⑦ 为方便点火，建议氢气流量先调大，然后点火。点火后，再慢慢调回分析所需的流量值。

⑧ 关闭气源时，先关闭减压阀，后关闭钢瓶阀门，再开启减压阀，排出减压阀内气体，最后松开调节螺杆。

⑨ 微量注射器是易碎器械，使用时应多加小心，不用时要洗净放入盒内，不要随便摆弄，来回空抽，否则会严重磨损，损坏气密性，降低准确度。

⑩ 微量注射器在使用前后都需用丙酮等溶剂清洗。

⑪ 用微量注射器取液体试样，应先用少量试样洗涤多次，再慢慢抽入试样，并稍

多于需要量。如内有气泡则将针头朝上，使气泡上升排出，再将过量的试样排出，用滤纸吸去针尖外所沾试样，注意切勿使针头内的试样流失。

⑫ 取好样后应立即进样，进样时，注射器应与进样口垂直，针尖刺穿硅橡胶垫圈，插到底后迅速注入试样，完成后立即拔出注射器，整个动作应进行得稳当、连贯、迅速。针尖在进样器中的位置、插入速度、停留时间和拔出速度等都会影响进样的重复性，操作时应注意。

警告：

火焰离子化检测器用氢气作燃料，如开着氢气又没将色谱柱连到检测器入口接头上，氢气会流进加热室引起爆炸事故。

不要改变气路内部稳压阀的输出气压，不能拆下阀门多圈旋钮。

第九章
建筑给水排水工程

实验一　室内给水、排水、虹吸雨水系统演示

一、实验目的

① 通过不同方式给水系统的运行演示，对比观察给水运行情况及气压波动状况。

② 通过不同方式给水系统的运行演示，掌握不同给水方式的特点及适用场所。

③ 通过不同方式排水系统的运行演示，对比观察其排水能力及其气压波动状况。

④ 通过虹吸雨水系统的运行演示，观察虹吸雨水系统的流动状态与沿程压力变化情况。

二、实验内容

1. 室内给水系统演示

(1) 水泵水箱的给水方式

水泵水箱的给水方式在室外管网水压周期性不足，短时间不能保证建筑物上层用水要求时采用。

在室外管网中的水压足够时（一般在夜间），可直接向室内管网和室内高位水箱送水，水箱储备水量；当室外管网的水压不足时（一般在白天），短时间不能满足建筑物上层用水要求时，由水箱供水。

(2) 设水泵的给水方式

设水泵的给水方式在室外给水管网的水压经常性不足且用水量均匀时采用。建筑内用水量大且较均匀时，可用恒速水泵供水；建筑内用水量较大且用水量有变化时，宜采用一台或多台水泵变速运行供水，以提高水泵的工作效率。

(3) 气压给水方式

气压给水方式在压力经常性不足，室内用水量小且不均匀，不适宜设置屋顶水箱

时，可作为水泵水箱联合供水系统的补充供水方式。

2. 室内排水系统演示

建筑内部排水系统由卫生器具和生产设备的受水器、排水管道、通气系统、提升设备、清通设备、污水局部处理构筑物等组成。通过排水系统能迅速通畅地将污废水排到室外。排水管道系统应气压稳定，使有毒有害气体不进入室内，保持室内环境卫生。管线布置应合理，简短顺直，造价低。

重力流排水系统是利用重力势能作为排水动力，管道系统排水按一定充满度设计，管系内水压基本与大气压力相等的排水系统。同时由于建筑内部排水管道是水气两相流，为防止因气压波动造成水封破坏，使有毒有害气体进入室内，还需设置通气系统，使管内有新鲜空气流动，减少废气对管道的锈蚀。

建筑内部污废水排水管道系统按排水立管和通气立管的设置情况分类。

（1）单立管排水系统

① 无通气立管的单立管排水系统。这种形式的立管顶部不与大气连通，适用于立管短，卫生器具少，排水量少，立管顶端不便伸出屋面的情况。

② 有通气立管的单立管排水系统。排水立管向上延伸，穿出屋顶与大气连通，适用于一般多层建筑。

③ 特制配件单立管排水系统。在横支管与立管连接处，设置特制配件代替一般的三通；在立管底部与横干管或排出管连接处设置特制配件代替一般弯头。适用于各类多层、高层建筑。

（2）双立管排水系统

由一根排水立管和一根通气立管组成。适用于污废水合流的各类多层和高层建筑。

（3）三立管排水系统

由一根生活污水立管，一根生活废水立管、一根共用通气立管组成，属外通气系统，适用于生活污水和生活废水需分别排出室外的各类多层、高层建筑。

3. 虹吸雨水系统演示

（1）室内给水实验模型（包括水箱、水泵、气压罐等）

虹吸式屋面雨水排水系统是利用建筑物与地面的高差所产生的水头，经过准确的计算来调节管道的配置，以平衡管网的压力及流速，在设计状态下管道中充满水而产生虹吸并快速排放雨水的系统，其实质是一种多斗压力流雨水排水系统。该系统的工作依靠独特的雨水斗设计。在降雨初期，屋面雨水高度未超过雨水斗高度时，整个排水系统工作状况与重力流排水系统相同。随着降雨的持续，当屋面雨水高度超过雨水斗高度时，由于采用了科学设计的防漩涡雨水斗，通过控制进入雨水斗的雨水流量和调整流态减少漩涡，从而极大地减少了雨水进入排水系统时所夹带的空气量，使得系统中排水管道呈满流状态并利用建筑物屋面的高度和雨水所具有的势能，在雨水连续流经过雨水悬吊管转入雨水立管跌落时形成虹吸作用，在该处管道内形成最大负压。屋面雨水则在管道内负压的抽吸作用下以较高的流速被排至室外。

（2）虹吸雨水系统的优点

① 虹吸式屋面雨水排水系统由于利用负压作用排水，其排水快捷且悬吊安设的雨水横管道无须像重力流系统那样设坡度，从而提高了建筑空间利用率和综合经济性能。

② 虹吸式屋面雨水排水系统的管道均通过精密的水力计算确定管径，且当达到设计雨量时管内呈充满水的流动状态，充分利用了排水管径，相同管径的管道排水量是重力流系统的5～8倍。

③ 由于虹吸式屋面雨水排水系统可以让许多雨水斗共用一根立管排放而丝毫不影响其排水能力，进而可以大量减少从建筑屋面引至地面的雨水立管，使得建筑物的立面更加美观，使空间利用率得到提高。

（3）虹吸雨水系统的适用范围

虹吸雨水系统适用于屋面面积较大的建筑中，如大型商业建筑、体育馆、仓库、厂房等。

三、实验设备

室内排水实验模型；水泵，管材、管件。

四、实验步骤

运行演示水箱供水，气压供水，变频供水，上行下给，下行上给，环状网供水方式等给水方式。对比各种给水方式的通水能力及压力波动情况。

运行演示排水系统、对比不同的通气系统的通水能力，观察横支管、立管连接处的流态，及其排水管路的气压波动情况。

运行演示虹吸雨水系统，观察虹吸雨水系统的流动状态与沿程压力的变化情况。

注意事项如下。

① 开始时，底部水箱必须水量充足，避免水泵空转损伤叶轮。

② 注意水泵吸水管的真空表是否读数为零，判断是否产生负压。

五、思考题

① 直接给水、气压给水、水泵水箱联合供水、变频供水的特点及其适用条件是什么？

② 变频供水的工作原理是什么？

③ 排水系统常见的通气方式与特点有哪些？

④ 简述水封的作用及其水封破坏的原因。

⑤ 简述虹吸雨水系统的工作原理。

实验二　湿式自动喷水灭火系统实验

一、实验目的

认识自动喷水灭火系统的组成以及各元件的外形和作用，掌握自动喷水灭火系统的工作原理，了解自动启动喷水灭火系统的方法，熟悉一些基本的操作内容。

二、实验原理

自动喷水灭火系统管网内常年充满一定压力的清水，长期处于伺应工作状态。火灾发生的初期，建筑物的温度不断上升，当温度上升到一定温度时，闭式喷头温感元件中的有机溶液发生热膨胀而产生很大的内压力，直至玻璃球外壳发生破碎，喷头即自动喷水灭火。此时，管网中的水由静止变为流动，水流指示器感应到送出电信号，在报警控制器上指示某一区域已在喷水。持续喷水造成报警阀的上部水压低于下部水压，其压力差值达到一定值时，原来处于关闭状态的报警阀就会自动开启。此时，消防水通过湿式报警阀流向干管和配水管供水灭火。同时一部分水流沿着报警阀的环形槽进入延迟器、压力开关及水力警铃等设施发出火警信号。此外，根据水流指示器和压力开关的信号或消防水箱的水位信号，控制箱内的控制器能自动启动消防泵向管网加压供水，达到持续自动供水的目的。

三、实验设备

1. 喷淋灭火系统控制对象的结构

喷淋灭火系统实训装置为湿式喷水灭火系统，构成该系统的主要部件有：喷淋水泵、气压罐、湿式报警阀、水力警铃、延迟器、压力开关、水流指示器、封闭式洒水喷头、火灾探测器、火灾报警器，灭火控制柜等，其结构见图 9-2-1。

2. 喷淋灭火区域划分和各设备的功能

（1）灭火区

灭火区为两层结构，用于模拟建筑物内部的两个楼层，靠近水箱的为第一层，顶端的为第二层。第一层设有 1 个感烟探测器、1 个水流指示器、1 个试验阀、3 个玻璃球自动洒水喷头（分别为下喷、侧喷、上喷），第二层设有 1 个感烟探测器、1 个水流指示器、1 个试验阀、3 个玻璃球自动洒水喷头（分别为下喷、侧喷、上喷）。请在对象装置上找到相应的设备，熟悉其外观结构和安装位置。

（2）泵房区

从正面看喷淋灭火控制对象，在对象的底部从左到右依次为储水箱、喷淋水泵和气压罐。请在对象装置上找到相应的设备，熟悉其外观结构和安装位置。

（3）控制区

控制区主要包括湿式报警阀和灭火控制柜两大部分，其中湿式报警阀包括湿式报警

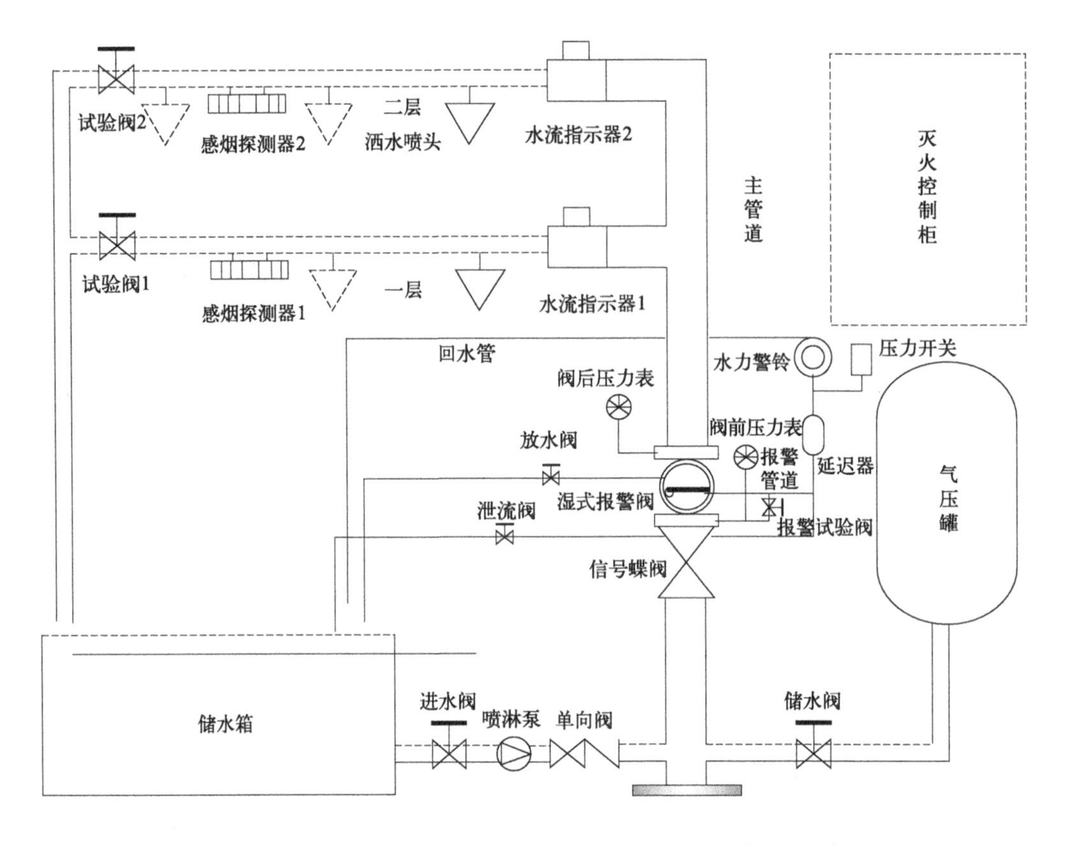

图 9-2-1 自动喷水灭火系统实验实训装置的构造

阀阀体，信号蝶阀，延迟器，水力警铃，压力开关和位于上、下腔的两个压力表。请在对象装置上找到相应的设备，熟悉其外观结构和安装位置。

（4）主要设备应用功能说明

① 封闭式洒水喷头。当发生火灾时，环境温度上升，超过 68℃时，玻璃球会破碎喷水，实现灭火功能。

② 湿式报警阀。它是自动喷水灭火系统的核心部件，起着向喷水灭火区单向供水和在规定流量下报警的作用。

③ 气压罐。气压罐用于稳定和补充系统的压力，当管道漏水时，气压罐内的压力可以补偿因漏水造成的压力损失，使报警阀两端的压力平衡。火灾发生时，从检测到信号开始到消防泵启动有一定的延迟时间，在这段时间内由储存在气压罐内的压力水向消防管网供水。

④ 水力警铃。当系统启动灭火时，水流冲击水力警铃叶轮旋转，从而带动铃锤，发出连续而响亮的报警声，实现火灾报警。

⑤ 水流指示器。水流指示器主要应用在自动喷水灭火系统之中，通常安装在每层楼的横干管或分区干管上，对干管所辖区域，作监控及报警作用；当某区域发生火警，喷水灭火，输水管中的水流推动水流指示器的桨片，通过传动组件，令微动开关动作，使其常开触点接通，信号传至消防报警中心，显示出该区域发生火警。

⑥ 末端试水装置（试验阀）。它是自动喷水灭火系统的一种必要组件，安装于系统管网的末端，便于检验系统的启动、报警和联动功能是否处于伺应状态。

⑦ 灭火控制柜。其功能包括指示运行状态；自动控制消防报警和喷淋灭火。

四、实验内容及步骤

1. 自动喷水灭火系统的组成及原理的认识实验

① 对照自动喷水灭火系统实训装置及控制台，将各元件的名称和作用填入实验报表（表 9-2-1）。

② 仔细观察自动喷水灭火系统喷头、控制装置、监测报警检验装置、管网及供水设施、实验装置等设备的外形。

③ 根据图 9-2-1 和教科书上的相关内容，理解自动喷水灭火系统的原理。

2. 喷淋灭火系统伺应状态操作

伺应状态又称预备状态，是喷淋灭火系统在调试运行正常之后和喷水灭火动作之前的一种预备级状态，每次实验前都必须保证系统处于可靠的伺应状态，根据喷淋灭火系统的模型设计，该模型系统的伺应状态要求其阀前压力表的压力数值为 0.2MPa 左右，最低不能低于 0.1MPa，否则该模型系统将不能完成灭火过程。

① 将“喷淋泵工作方式”控制旋钮拨到“手动”位置，打开“三相电源总开关”，给控制柜上电。

② 摇动信号蝶阀手轮，使信号蝶阀开启，控制柜上的“信号蝶阀”指示灯亮。

③ 关闭对象中第一层和第二层的试验阀，使报警延迟器下端的“泄流阀”半开，旋转“喷淋泵手动控制”的“启动 停止”旋钮，手动启动喷淋泵，观察阀前压力表指示的压力值，当压力超过 0.2MPa 时，即可以停下喷淋泵（旋转“喷淋泵手动控制”的“启动 停止”旋钮）。

④ 将“喷淋泵工作方式”控制旋钮拨到“自动”位置，此时系统已经处于伺应状态。

3. 火灾探测与火灾报警操作

本实验装置使用的是光电式感烟探测器，它有一个迷宫式烟雾探测室，里面设有一个光源和一个感光元件。由于是迷宫式设计，光源的光线一般不能照射到感光元件上，但是当有烟雾进入后，光线在烟雾中产生散射，从而有部分光线射到感光元件上，烟雾越浓，散射到感光元件上的光线就越多。感光元件再把光信号转换为电信号进行输出，以触发警报。

感烟探测器是消防系统中的一种关键器件，它能在火灾发生前首先检测到烟雾的存在，及时地触发报警设备，通知报警中心有可能发生火灾的状况出现，以便于报警中心采取措施。

① 按照第 2 条“喷淋灭火系统伺应状态操作”的操作步骤，使喷淋灭火系统处于伺应状态。

② 模拟火灾出现前的烟雾状态，此时感烟探测器发出报警信号。

③ 灭火控制器检测到感烟探测器的报警信号后，提示控制中心烟雾出现在第一层，同时声光报警器启动。

④ 按照上面第3条“火灾探测与火灾报警操作”的步骤①～步骤③在第二层感温探测器上操作，观察效果。

⑤ 将一张纸点燃，然后熄灭，使用其冒出的烟让感烟探测器动作，观察实验效果。

⑥ 在使用烟使感烟探测器报警的情况下，要解除报警，需要等烟雾完全散去后，按下主机复位按钮使报警解除。

4. 末端试水装置的工程应用

喷淋灭火系统模型中的“试验阀”在工程当中称为末端试水装置，模型中的“试验阀”模拟手动型末端试水装置，其流量与一个喷头相当（略大于一个喷头）。在调试自动喷水灭火系统时，该“试验阀”可作为模拟喷头实验用，便于检查系统是否处于正常工作状态。

① 按照第2条“喷淋灭火系统伺应状态操作”的操作步骤，使喷淋灭火系统处于伺应状态。

② 打开第一层上的“试验阀”，使其处于半开启状态（阀柄与管道约成45°）。

③ 此时管道中的压力降低，有水流通过，主机通过输入模块报警水流动作，提示控制中心试验阀的楼层位置为第一层。

④“试验阀”打开后，湿式报警阀内管网系统侧水压下降，阀瓣上、下形成压差，阀瓣开启，由气压罐供水灭火，同时一部分水通过阀座内小孔流入报警管道进入报警延迟器，5～20s后水充满延迟器，推动水力警铃发出铃声报警，同时压力开关动作。

⑤ 灭火控制器检测到压力开关的动作信号后，启动喷淋水泵。

⑥ 关闭第一层上的“试验阀”（阀柄与管道约成90°），水流停止，压力开关信号消失，喷淋水泵手动停止（喷淋泵设计一般是远程信号启动后，需泵房人工手动停止；最近几年可通过消防管理中心手动远程停止）。

⑦ 通过该实验操作，说明喷淋灭火系统已经处于正常状态。

5. 火灾模拟和灭火操作

① 按照第2条“喷淋灭火系统伺应状态操作”的操作步骤，重新使喷淋灭火系统处于伺应状态。

② 模拟火灾出现前的烟雾状态，此时感烟探测器发出报警信号。

③ 灭火控制器检测到感烟探测器的报警信号后，提示控制中心烟雾出现在第一层，同时声光报警器启动。

④ 点火靠近第一层喷头使其爆破（或将手阀打开，模拟一层有火情出现导致喷头破碎）。

⑤ 此时第一层上的“水流指示器”首先检测到水流动作，并将水流信号转换成电信号传送到灭火控制柜，灭火控制器检测到该信号后，提示控制中心着火点的楼层位置为第一层。

⑥ 喷头爆破或模拟手阀打开后，湿式报警阀内管网系统侧水压下降，阀瓣上、下形成压差，阀瓣开启，由气压罐供水灭火，同时一部分水通过阀座内的小孔流入报警管道进入报警延迟器，5～20s后水充满延迟器，推动水力警铃发出铃声报警，同时压力开关动作。

⑦ 灭火控制器检测到压力开关的动作信号后，启动喷淋泵供水灭火。

⑧ 手阀关闭，模拟火被扑灭，水流停止，压力开关信号消失，喷淋水泵手动停止。

⑨ 模拟烟雾消失，此时感烟探测器发出的报警信号消失，“感烟探测器1”指示灯熄灭，声光报警器停止。

五、实验报告要求

实验的最后阶段是实验总结，即对实验数据进行整理、填写图表、分析实验现象、撰写实验报告。每位实验参与者都要独立完成一份实验报告，实验报告的编写应持严肃认真、实事求是的科学态度。

① 整理实验结果，填入相应表格中。

② 简述自动喷水灭火系统的原理。

③ 小结实验心得体会。

表9-2-1 实训装置上的元件名称和作用

序号	名称	作用
1		
2		
3		
4		
5		
6		
7		
8		
9		
10		
11		
12		
13		
14		
15		
16		
17		
18		
19		

第十章
水质工程学实验

实验一　混凝实验

一、实验目的

① 了解混凝过程、现象及净水作用，掌握影响混凝效果的主要因素。

② 确定混凝剂的最佳投药量和混凝最佳 pH 值。

二、实验原理

天然水中存在大量的胶体颗粒，使水产生浑浊度，进行水质处理的根本任务之一是降低或消除水的浑浊度。

水中的胶体颗粒主要为带负电的黏土颗粒。胶粒间存在静电斥力，且胶粒还具有布朗运动和表面水化作用，这些特性使其具有分散稳定性。混凝剂的加入，破坏了胶体的分散稳定，使胶粒脱稳。脱稳后的细小胶体颗粒，在一定的水力条件下，凝聚成较大的絮状体（矾花）。由于矾花易于下沉，因此也就易于将其从水中分离出去，使水得以澄清。

三、实验水样

采用地表原水，浊度控制在 100～200NTU。

四、实验设备及用品

① 六联混凝试验搅拌机，其原理见图 10-1-1。

② 1000mL 烧杯 6 个，200mL 烧杯 8 个。

③ 100mL 注射器 1 支，移取沉淀水上清液用。

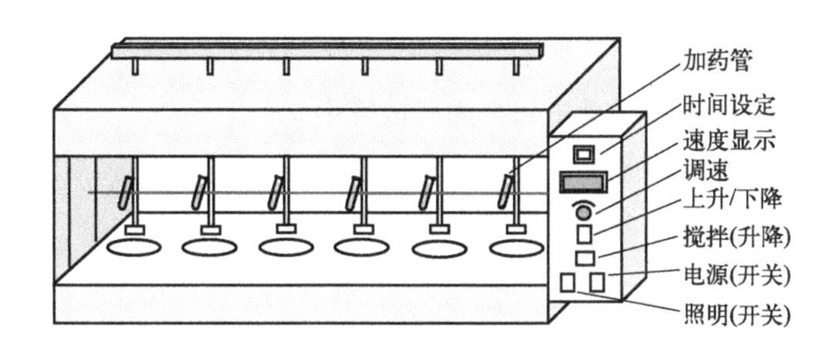

图 10-1-1　混凝搅拌机装置示意

④ 温度计 1 支。

⑤ pH 计或精密 pH 试纸。

⑥ 1mL、5mL、10mL 移液管各 1 支。

⑦ 100mL 吸耳球 1 个。

⑧ 浊度仪 1 台。

⑨ 1%三氯化铁溶液。

⑩ HCl 溶液。

⑪ NaOH 溶液。

⑫ 1000mL 量筒 1 个。

五、实验步骤

① 取搅拌均匀的原水于 200mL 烧杯中，测定其浊度、pH 值及水温。

② 用 1000mL 量筒分别量取 800mL 原水于 6 个 1000mL 烧杯中，注意：取水样前要搅拌均匀。

③ 将上述六个装好原水的烧杯分别放在搅拌机六个叶片的位置下（叶片轴心应对准烧杯的中央）。

④ 用移液管分别移取 0.5mL、1.0mL、1.5mL、2.0mL、2.5mL、3.0mL 浓度为 1%的三氯化铁混凝剂于加药试管中。

⑤ 开动搅拌机，调整转速到 400r/min，待转速稳定后，迅速将药剂加入水样烧杯中，同时开始计时，以此转速搅拌 30s，此即为混合阶段。

⑥ 30s 后，迅速将转速调到 200r/min，搅拌 3min；再调到 100r/min，搅拌 5min；再调到 80r/min，搅拌 7min，此即为反应阶段。

⑦ 观察搅拌过程中矾花的形成过程，并记录第一次出现矾花的时间及矾花的大小。

⑧ 搅拌过程完成后，停机，将装水样的烧杯取出，置于一旁静沉 10min 后，用注射器吸取水样杯中上清液（能测满足浊度的需要即可），置于 6 个洗净的 200mL 烧杯中，分别测其剩余浊度，记入表中。

⑨ 比较上述实验结果，选取剩余浊度最小时对应的投药量作为最佳投药量，进一步选择最佳 pH 值。

⑩ 重复第②、③步的步骤，并用 HCl、NaOH 将 pH 值调至 4.0、5.0、6.0、7.0、8.0、9.0。

⑪ 用移液管吸取最佳投药量于每个加药试管中。

⑫ 迅速重复第⑤步～第⑧步。

⑬ 比较上述实验结果，选择最佳 pH 值。

六、实验数据及结果整理

1. 实验参数

实验参数见表 10-1-1。

表 10-1-1　实验参数

混合时间/min	混合搅拌速度/(r/min)	反应时间/min	反应搅拌速度/(r/min)	沉淀时间/min

2. 实验记录

(1) 改变混凝剂用量

改变混凝剂后的实验数据记录于表 10-1-2。

混凝剂：种类__________，溶液浓度__________%。

原水：浊度__________，pH 值__________，水温__________℃。

表 10-1-2　改变混凝剂后的实验数据

水样编号		1	2	3	4	5	6
投药	V/mL						
	C/(mg/L)						
上清液浊度/NTU							
矾花沉淀情况							
矾花出现时间							
矾花大小							

(2) 改变 pH 值

改变 pH 值后的实验数据记录于表 10-1-3。

原水：浊度__________，水温__________，pH 值__________。

表 10-1-3　改变 pH 值后的实验数据

水样编号		1	2	3	4	5	6
投药量	V/mL						
	C/(mg/L)						

续表

水样编号	1	2	3	4	5	6
pH 值(加药后)						
上清液浊度/NTU						
矾花沉淀情况						
矾花出现时间						
矾花大小						

3. 数据整理

① 作出浊度-投药量曲线及浊度-pH 值关系曲线。

② 由①中的曲线选定最佳投药量及最佳 pH 值。

③ 计算实验中水样混凝过程的速度梯度 GT 值。

七、实验结果讨论

① 根据最佳投药量实验曲线，分析沉淀水浊度与混凝剂投加量的关系。

② 本实验与水处理实际情况有哪些差别？如何改进？

实验二　自由沉淀实验

一、实验目的

① 通过实验，加深对自由沉淀过程及沉淀规律的理解。

② 获取某种原水的沉淀曲线，即沉淀效率-时间（η-t）曲线以及沉淀效率-颗粒沉速（η-u）的关系曲线。

二、实验原理

自由沉淀是指在沉淀过程中，固体颗粒不改变尺寸、形状，也不互相黏合，各自独立地完成沉淀的过程。一般当水中的悬浮固体浓度不高，而且无凝聚性能时，其沉淀可看成自由沉淀。自由沉淀速度直接影响沉淀效率，符合斯托克斯公式：

$$u=\frac{1}{18}\times\frac{\rho_s-\rho_l}{\mu}\cdot gd^2$$

式中　u——颗粒等速下沉沉速；

ρ_s，ρ_l——颗粒、水的密度；

μ——水的动力黏滞系数；

d——颗粒直径；

g——重力加速度。

由于水中颗粒的性质十分复杂，公式中的某些参数很难准确确定，所以沉淀效率及其他特性通常通过静沉实验确定。

在含有均匀分散性颗粒的原水静置沉淀实验过程中，假定沉淀柱内有效水深为 H，通过不同的沉淀时间 t 可以求出不同的颗粒沉淀速度 u，即 $u=H/t$。对于某种指定的沉淀时间 t_0 可以求得颗粒相应的沉淀速度 u_0。沉速大于或等于 u_0 的颗粒在 t_0 时可全部去除，沉淀小于 u_0 的颗粒只有一部分被去除。某种沉速为 u_i 的小于 u_0 的颗粒，按 u_i/u_0 的比例去除。

以 x_0 表示沉速小于 u_0 的颗粒所占比例，则沉速大于或等于 u_0 的颗粒去除的百分数可以用 $1-x_0$ 表示。而沉速小于 u_0 的某种颗粒去除的部分占总数的百分比为$(u_i/u_0)\times d_x$（d_x 指具有沉速 u_i 的颗粒占全部颗粒的量），则沉速 $u<u_0$ 的颗粒的总的去除率为 $\int_0^{x_0}\frac{u_i}{u_0}\mathrm{d}x$ 。因此，全部颗粒的总去除率为：

$$\eta=(1-x_0)+\frac{1}{u_0}\int_0^{x_0}u_i\cdot\mathrm{d}x$$

式中的积分部分可利用沉淀与颗粒重量比关系曲线确定，见图 10-2-1。

讨论：沉淀刚开始时，悬浮物在水中的分布可以看成是均匀的。但是，随着沉淀过程的继续，悬浮物在沉淀柱中的分布变得不均匀：沉淀柱上部浓度较低，下部浓度较高。严格地说，对于某一时间 t，应该将沉淀柱内有效水深 H 中的全部水样取出进行

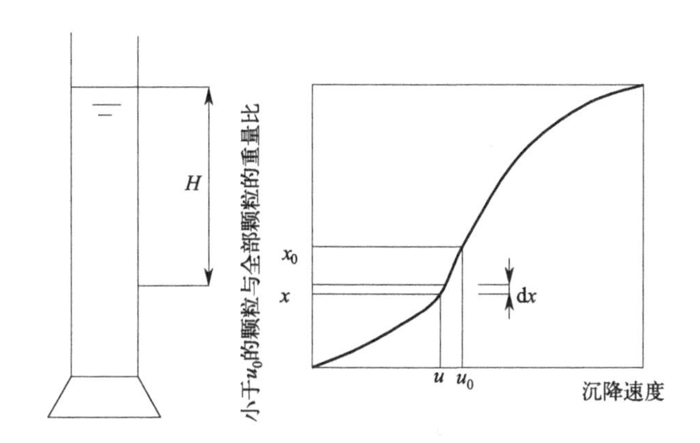

图 10-2-1 颗粒沉降速度累积分配曲线

悬浮物含量测定，以求出 t 时间内的沉淀效率。这样实际上很不方便。为此在各个 t 时刻在同一取样口处取样，每次取样时记录水深 H。

三、实验水样

生活污水、工业废水或根据不同要求自行配制。

四、实验设备及用具

① 沉淀柱（如图 10-2-2）：有机玻璃制成，内径 150mm，工作有效水深（由溢流出口下缘到取样口的距离）为________ m，学生自己量出。

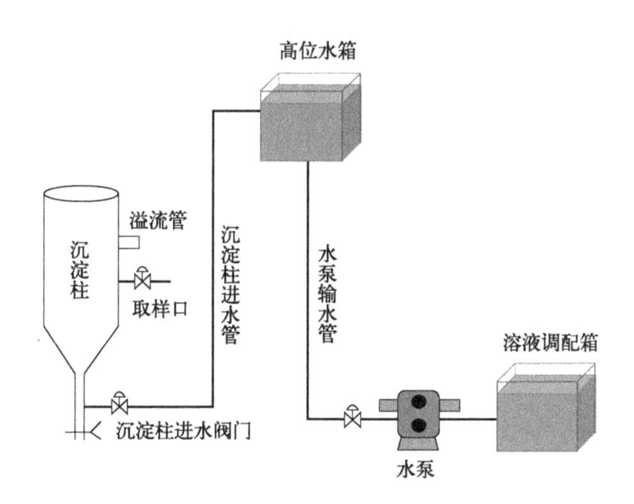

图 10-2-2 自由沉降实验装置示意

② 配水，投配系统：由低位水箱、高位水箱、水泵、管路组成。

③ 悬浮物定量分析所需设备（若不能做到，可用浊度计代替，即用水中浊度间接反映其悬浮物含量）。

④ 烧杯、移液管等器皿。

⑤ 卷尺。

⑥ 100mL 量筒。

五、实验步骤

① 在低位水箱中将实验用水配好后，用泵输入高位水箱并循环使实验用水水质均匀。在低位水箱中取均匀后实验原水测定浊度，此水样的浊度即为原水原始浊度 c_0。

② 开启沉淀柱底部进水阀门，使高位水箱中的配水沿输水管进入沉淀柱，当水上升到溢流口并溢流后，关闭进水阀门。底部阀门始终保持关闭状态。记录时间，沉淀实验开始。

③ 以上述时间为零点，分别于 5min、10min、15min、20min、30min、45min、60min、75min、90min、120min 从试验柱中部取样口取样，每次约取 100mL 于烧杯中，测定并记录其浊度值。取样前要先排出取样管中的积水约 10mL。

④ 观察沉淀过程中悬浮物沉淀的特点、现象。

⑤ 测出不同沉淀时间 t 的水样中的浊度 c，计算悬浮物去除效率 η 以及相应的颗粒沉速 u，画出 η-t 和 η-u 的关系曲线。

六、实验数据及结果整理

① 将实验数据填入表 10-2-1 中，并计算悬浮物去除率 η 及沉淀速度 u。

表 10-2-1　颗粒自由沉淀实验记录

实验水样：＿＿＿＿＿沉淀管直径：＿＿＿＿＿水温：＿＿＿＿＿

静置沉淀时间/min	取水样体积/mL	稀释倍数	稀释水浊度/NTU	原水浊度/NTU	去除率 η/%	沉淀柱的工作水深/mm	颗粒沉速 $u=\frac{H}{t}$/(mm/s)

② 根据表 10-2-1 绘制沉淀曲线，即：η-t 曲线和 η-u 曲线。

七、实验结果讨论

① 累计沉淀量实验方法测定的悬浮物去除率有什么问题？如何改进？

② 实验测得的去除率 E 与教学计算所得结果相比，误差为多少？误差原因何在？

实验三　过滤及反冲洗实验

一、实验目的

① 熟悉滤池的过滤、反冲洗的工作过程。

② 观察滤料层的水头损失与工作时间的关系，探求不同滤料层的水质，以了解大部分的过滤效果是在滤层上部完成的。

③ 观察滤池反冲洗的情况：观察滤料的水力筛分现象，滤料层膨胀与冲洗强度的关系；了解并掌握单独水反冲洗和气、水反冲洗法；了解由实验确定最佳气、水反冲洗强度与反冲洗时间的方法。

④ 加深对滤速、冲洗强度、滤层膨胀率、初滤水浊度的变化、冲洗强度与滤层膨胀率关系以及滤速与清洁滤层水压头损失关系的理解。

二、实验原理

1. 过滤原理

滤池净化的主要作用是接触凝聚作用。水中经过絮凝的杂质被截留在滤池之中，或者用有接触絮凝作用的滤料表面黏附水中的杂质。滤层去除水中杂质的效果主要取决于滤料的总表面积。

随着过滤时间的增加，滤层截留的杂质增多，滤层的水头损失也随之增大，其增长速度随滤速大小、滤料颗粒的大小和形状，过滤进水中悬浮物的含量及截留杂质在垂直方向的分布而定。当滤速大、滤料颗粒粗、滤层较薄时，滤过的水水质很快变差，过滤水质周期较短；如滤速大、滤料颗粒细，滤池中的水头损失增加也会很快，这样很快就会达到过滤压力周期。所以在处理一定性质的水时，正确确定滤速、滤料颗粒的大小以及滤料及厚度之间的关系具有重要的技术意义与经济意义，该关系可通过实验的方法来确定。

2. 反冲洗原理

当水头损失达到极限，出水水质恶化时就要进行反冲洗。反冲洗的目的是清除滤层中的污物，使滤池恢复过滤能力。反冲洗可采用自下而上的水流进行。滤料层在反冲洗时，当膨胀率一定，滤料颗粒越大，所需的反冲洗强度便越大；水温越高，所需冲洗强度也越大。对于不同的滤料，在粒径及膨胀率相同的条件下，其密度越大，所需的反冲洗强度就越大。精确地确定在一定的水温下冲洗强度与膨胀率之间的关系，最可靠的方法是进行反冲洗实验。

反冲洗的常用方法有两种：水洗和气水联合清洗。经过大量研究和实际运行验证发现，反冲洗造成滤料洁净的主要原因是水流剪切作用和滤料间的碰撞摩擦作用。前者通过水对黏附在滤料表面污物的冲刷剪力作用，以及滤料颗粒旋转的离心作用，使污泥脱落；后者则在滤料颗粒碰撞摩擦的作用下，使污泥脱落。

反冲洗对过滤运行至关重要，如果反冲洗强度或者冲洗时间不够，滤层中的污泥得不到及时清除，当污泥积累较多时，滤料和污泥黏结在一起变成泥球甚至泥毯时，过滤条件严重恶化；如果反冲洗强度过大或历时太长，则细小滤料流失，甚至底部卵石也可能发生错动而引起漏滤料的现象，而且耗水量也必然增大。因此，反冲洗的关键是控制合适的反冲洗强度或膨胀率和适当的冲洗时间。

三、实验用水

自配浑水。

四、实验装置及用品

1. 实验装置

实验装置见图 10-3-1。

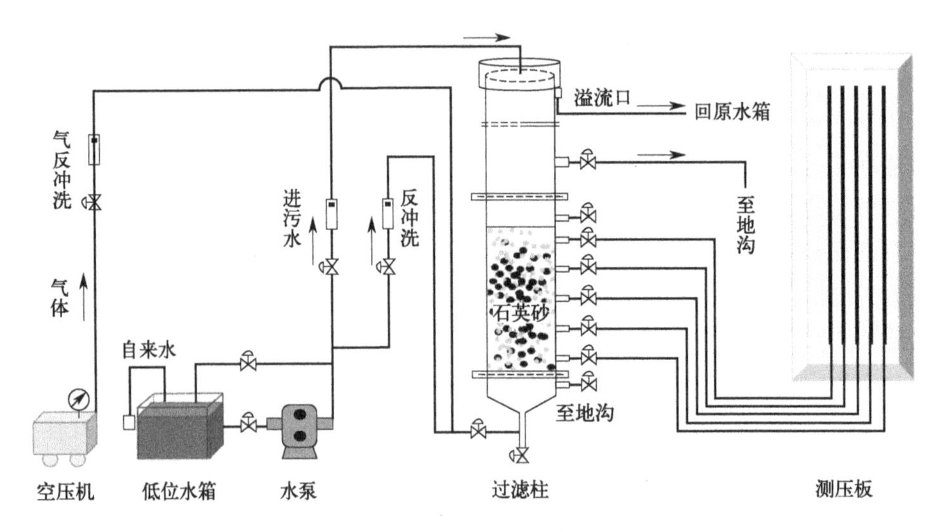

图 10-3-1　过滤及反冲洗实验装置

2. 实验用品

① 200mL 烧杯 2 个。

② 卷尺 1 个。

③ 温度计 1 支。

④ 浊度仪 1 台。

⑤ 1% $FeCl_3 \cdot 6H_2O$ 溶液。

五、实验步骤

1. 不加药过滤实验步骤

（1）熟悉实验设备

熟悉滤池及相应的管路系统，包括配水设备、加药装置、过滤柱、滤池进水阀门及流量计、滤池出水阀门、反冲洗进水阀门及流量计、反冲洗出水阀门、测压管等。

(2) 水反冲洗

进行滤料层反冲洗膨胀率与反冲洗强度关系的测定。首先标出滤料层的原始高度及各相应膨胀率的高度，然后打开反冲洗排水阀，再慢慢开启反冲洗进水阀，用自来水对滤料层进行反冲洗，量测一定膨胀率（10%、30%、40%、50%）时的流量，并测水温。

(3) 过滤

冲洗完毕后，关闭反冲洗进水阀门，测量滤层厚度。打开滤池出水阀门，池内水位开始下降，待水位降至滤层之上 10～20cm 处时，关闭滤池出水阀门。打开过滤进水阀门通入浊度约 30～50NTU 的浑水，进行过滤实验。等水位上升到溢流高度，再打开滤池出水阀门。过滤滤速控制在 6～8m/h，并在实验正式开始后立即记录各点测压管的水位高度。以此时间为零点，在第 15min、第 30min、第 60min、第 75min、第 90min 时测各测压管水位和进、出水浊度值。

(4) 气、水反冲洗

① 停止滤池工作，待水位下降至滤料表面以上 10cm 位置时，打开空压机阀，往滤柱底部送气。注意气量要控制在 $1m^3/(m^2 \cdot min)$ 以内，以滤层表面均具有紊流状态，滤层全部冲动为准。此时记录转子流量计上的读数并计时，气洗至规定时间，关进气阀门。气洗时注意观察滤料相互摩擦的情况，并注意保持水面高于滤层 10cm，以免空气短路。

② 气洗结束后，立即打开水反冲洗的进水阀，开始水反冲洗。注意要迅速调整好水量，以滤层的膨胀率保持在要求的数值上为准。当趋于稳定后，开始记录反冲洗时间，水反冲洗进行 5min。

③ 反冲洗水由滤柱上部排水管排出，用量筒取样并计算流量。在水反冲洗的 5min 内至少取 5 个水样。并将每次取样后测得的浊度填入记录表中。

(5) 反冲完毕结束实验

水反冲洗结束后，将水放出，待水位放到砂层以上 10～20cm 处时，关闭出水阀门，实验结束。

2. 加药实验步骤

① 同“1. 不加药过滤实验步骤”中的步骤（1）和步骤（2）。

② 通入加药浑水，按“1. 不加药过滤实验步骤”中的（3）～(5) 步进行实验。

六、注意事项

① 反冲洗过滤时，不要使进水阀门开启过大，应缓慢打开，以防滤料冲出柱外。

② 过滤实验前，滤层中应保持一定水位，不要把水放空，以免过滤实验时测压管中积有空气。

③ 反冲洗时，为了准确地量出砂层厚度，一定要在砂面稳定后再测量，并在每一个反冲洗流量下连续测量3次。

七、实验数据及结果整理

1. 滤柱有关数据

滤柱有关参数记录于表10-3-1。

表10-3-1 滤柱有关参数

滤柱内径/mm	滤柱高度/mm	滤料名称	滤料直径/mm	滤料厚度/mm

2. 反冲洗实验记录

反冲洗实验数据记录于表10-3-2。

表10-3-2 反冲洗实验数据记录

滤层膨胀高度/cm			
滤层膨胀率/%			
反冲流量/(L/s)			
反冲洗强度/[L/(m^2·s)]			
滤层厚度/cm			

3. 不加药处理过程的记录

不加药实验数据记录于表10-3-3。

表10-3-3 不加药实验数据记录

时间/min	流量/(L/min)	滤速/(m/h)	浊度/NTU		水位/cm							
			进水	出水	1	2	3	4	5	6	7	8

4. 加药处理过程的记录

加药处理过程实验数据记录表格同表10-3-3。

5. 实验结果分析及整理

① 以反冲洗强度为横坐标，滤料膨胀率为纵坐标，绘制关系曲线。

② 以水头损失为横坐标，以滤层厚度为纵坐标，绘制过滤历时60min的关系曲线。

八、实验结果讨论

① 分析膨胀度误差过大的原因。

② 本实验存在什么问题？如何改进？

实验四　加压溶气气浮实验

一、实验目的

① 掌握压力溶气气浮法的实验方法和气固比的测定方法。

② 了解悬浮颗粒浓度、操作压力、气固比及去除效率之间的关系，加深对气浮净水原理的理解。

二、实验原理

压力溶气气浮法是指在气浮时，用水泵将污水或部分气浮出水抽送到压力为0.2～0.4MPa的溶气罐中，同时注入加压空气。空气在罐内溶解于加压的污水或回流的气浮出水中，然后使经过溶气的水通过减压阀进入气浮池，此时由于压力突然降至0.1MPa（常压），溶解于水中的过饱和空气便以微气泡形式从水中释放出来。微细的气泡在上升的过程中附着于悬浮颗粒上，使颗粒密度减小，上浮到气浮池表面与液体分离。

1. 气浮颗粒上升速度

气浮颗粒的上升速度服从斯托克斯定律：

$$u=\frac{g(\rho_s-\rho_0)}{18\mu}d^2 \tag{10-4-1}$$

式中　u——颗粒上升速率；

d——颗粒的粒径；

ρ_s——颗粒的密度；

ρ_0——液体的密度；

μ——液体的黏滞度。

式(10-4-1) 表明：黏附于悬浮颗粒上的气泡越多，颗粒与水的密度差（$\rho_s-\rho_0$）就越大，悬浮颗粒的特征直径也越大，两者都使悬浮颗粒上浮速度增加，从而提升了固液分离的效果。

2. 气固比

水中悬浮颗粒浓度越高，气浮时所需要的微细气泡数量就越多。通常以气固比（$\frac{A}{S}$）表示单位质量的悬浮颗粒所需要的空气量。气固比为无量纲量，可按式(10-4-2)计算：

$$\frac{A}{S}=\frac{1.3S_a(10.17fp-1)Q_r}{QS_i} \tag{10-4-2}$$

式中　$\frac{A}{S}$——气固比，为释放的空气的质量和悬浮固体的质量比，g/g；

S_i——入流中的悬浮固体浓度，mg/L；

Q_r——加压水回流量，L/d；

Q——污水流量，L/d；

p——绝对压力，MPa；

f——压力为 p 时水中的空气溶解系数，通常取 0.5；

1.3——1mL 空气在 0℃时的质量，mg；

S_a——某一温度时的空气溶解度，可查表 10-4-1 得到。

表 10-4-1　空气溶解度表

温度/℃	S_a/(mL/L)	温度/℃	S_a/(mL/L)
0	29.2	20	18.7
10	22.8	30	15.7

气固比与操作压力、悬浮固体浓度及性质有关，一般为 0.005～0.06。当悬浮固体浓度比较高时取上限，如剩余污泥气浮浓缩时，气固比一般采用 0.03～0.04。在一定范围内，气浮效果随气固比的增大而增大，即气固比越大，出水悬浮固体浓度越低，浮渣的固体浓度越高。气固比对浮渣固体浓度及出水悬浮固体浓度的影响见图 10-4-1。

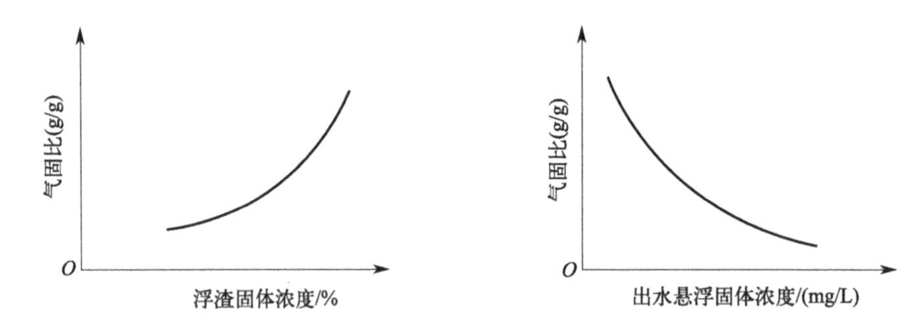

图 10-4-1　气固比对浮渣固体浓度及出水悬浮固体浓度的影响

三、实验设备及药品

1. 装置

测定气固比的实验装置由吸水池、水泵、溶气罐、溶气释放器、气浮池等部分组成，采用水泵吸水管吸气溶气的方式。压力容器气浮实验装置见图 10-4-2。

2. 设备和仪器仪表

① 吸水池：硬塑料制。

② 水泵：2 台。

③ 溶气罐：低碳钢制。

④ 精密压力表：0.60MPa，1 个。

⑤ 溶气释放器：TS-1 型，1 个。

⑥ 气浮池：有机玻璃制。

⑦ 玻璃转子流量计：3 支。

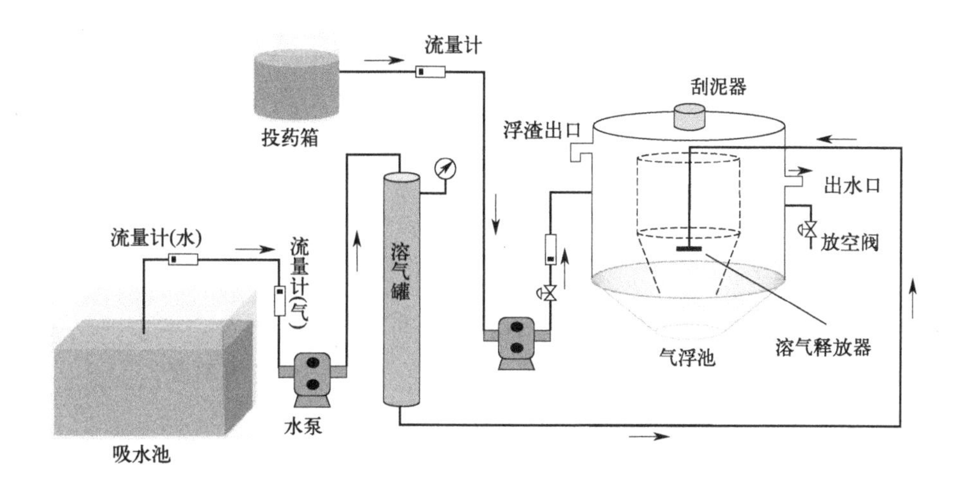

图 10-4-2 压力容器气浮实验装置

⑧ 烘箱：1 个。

⑨ 分析天平：1 台。

⑩ 量筒：100mL，20 个。

⑪ 三角烧瓶 200mL，10 个。

⑫ 称量瓶：20 个。

⑬ 温度计：1 支。

四、实验方法

本实验采用人工配制废水或城市污水厂的活性污泥混合液，在上述压力溶气气浮装置中测定气固比对气浮效率的影响，测定步骤如下。

① 启动水泵将自来水打入溶气罐，同时开启吸水上的进气阀门，并通过调节进气阀门和进水阀门使溶气罐内的操作压力为 0.30MPa。

② 按气浮池容积和回流比（0.2），计算应加入气浮池的人工配制废水或活性污泥混合液的体积和溶气水的体积。

③ 按实验步骤②的计算结果将人工配制废水或活性污泥混合液加入气浮池，同时取 200mL 废水测定 MLSS（每个样本取 100mL，做两个平行样本）。

④ 打开溶气水管阀门，按实验步骤②的计算结果注入溶气水。

⑤ 待运行正常后，从气浮池的底部取澄清水 200mL，测定出流的悬浮固体浓度（每个样本取 100mL，做两个平行样本）。

⑥ 在工作压力、活性污泥浓度不变的条件下，改变回流比，使其分别为 0.4、0.6、0.8、1.0，按步骤②～步骤⑤继续进行实验。

五、注意事项

① 进行气固比测定时，回流比的取值与活性污泥混合液浓度有关。当活性污泥浓

度为2g/L左右时，按回流比0.2、0.4、0.6、0.8、1.0进行实验；当活性污泥浓度为4g/L左右时，回流比可按0.4、0.6、0.8、1.0进行实验。

② 实验选用的回流比数至少要有5个，以保证能较正确地绘制出气固比与出水悬浮固体浓度关系曲线。

六、实验结果整理

① 记录如下实验条件。

实验日期______年______月______日；活性污泥采样地点______________；气温_______℃；空气的密度________mg/L；水温_______℃；空气溶解度________mg/L；溶气罐的工作压力________MPa。

② 将测定的气固比实验数据记录于表10-4-2中。

表10-4-2　气固比实验数据记录表

回流比($R=\frac{Q_r}{Q}$)	称量瓶序号	后读数/g	前读数/g	差值/g
0.2				
0.4				
0.6				
0.8				
1.0				
MLSS/(mg/100mL)				

③ 将气固比实验数据整理于表10-4-3中。

表10-4-3　气固比实验数据整理表

回流比 R	出水悬浮固体浓度/(mg/L)	气固比	去除率/%

④ 根据表10-4-3数据绘制气固比与出水悬浮固体浓度之间关系曲线。

⑤ 若实验时测定了浮渣固体浓度，可根据实验结果再绘制出气固比与浮渣固体浓度之间关系曲线。

七、实验结果讨论

① 试述工作压力对溶气效率的影响。

② 拟定一个测定气固比与工作压力之间关系的实验方案。

实验五　折点加氯实验

一、实验目的

① 掌握折点加氯消毒的实验技术。

② 通过实验，探讨某含氨氮水样与不同氯量接触一定时间（2h）的情况下，水中游离性余氯、化合性余氯及总余氯量与投氯量的关系。

二、实验原理

水中加氯有三种作用。

1. 生成次氯酸

当原水中只含细菌不含氨氮时，向水中投氯能够生成次氯酸（HClO）及次氯酸根（ClO^-），反应式如下：

$$Cl_2+H_2O \rightleftharpoons HClO+H^++Cl^- \tag{10-5-1}$$

$$HClO \rightleftharpoons H^++ClO^- \tag{10-5-2}$$

次氯酸及次氯酸根均有消毒作用，但前者消毒效果较好。因细菌表面带负电，而HClO是中性分子，可以扩散到细菌内部破坏细菌的酶系统，妨碍细菌的新陈代谢，导致细菌的死亡。

水中HClO及ClO^-称游离性氯。

2. 生成次氯酸和氯胺

当水中含有氨氮时，加氯后能生成次氯酸和氯胺，它们都有消毒作用，反应式如下：

$$Cl_2+H_2O \rightleftharpoons HClO+HCl \tag{10-5-3}$$

$$NH_3+HClO \rightleftharpoons NH_2Cl+H_2O \tag{10-5-4}$$

$$NH_2Cl+HClO \rightleftharpoons NHCl_2+H_2O \tag{10-5-5}$$

$$NHCl_2+HClO \rightleftharpoons NCl_3+H_2O \tag{10-5-6}$$

从上述反应得知：次氯酸（HClO）、一氯胺（NH_2Cl）、二氯胺（$NHCl_2$）和三氯胺（NCl_3，又名三氯化氮）水中都可能存在。它们在平衡状态下的含量比例决定于氨氮的相对浓度、pH值和温度。

当pH值为7～8时，反应生成物不断消耗时，1mol的氯与1mol的氨作用能生成1mol的一氯胺，此时氯与氨氮（以N计，下同）的质量比为71∶14≈5∶1。

当pH值为7～8时，2mol的氯与1mol的氨作用能生成1mol的二氯胺，此时氯与氨氮的质量比约为10∶1。

当pH值为7～8时，氯与氨氮质量比大于10∶1时，将生成三氯胺（三氯胺很不稳定）和出现游离氯。随着投氯量的不断增加，水中游离性氯将越来越多。

水中有氯胺时，依靠水解生成次氯酸起消毒作用，从式(10-5-5)、式(10-5-6) 可见，只有当水中 HClO 因消毒或其他原因消耗后，反应才向左进行，继续生成 HClO。因此当水中余氯主要是氯胺时，消毒作用比较缓慢。氯胺消毒的接触时间不应短于 2h。

水中 NH_2Cl、$NHCl_2$ 和 NCl_3 称化合性氯。化合性氯的消毒效果不如游离性氯。

3. 起氧化作用

氯还能与含碳物质、铁、锰、硫化氢以及藻类等起氧化作用。水中含有氨氮和其他消耗氯的物质时，投氯量与余氯量的关系见图 10-5-1。

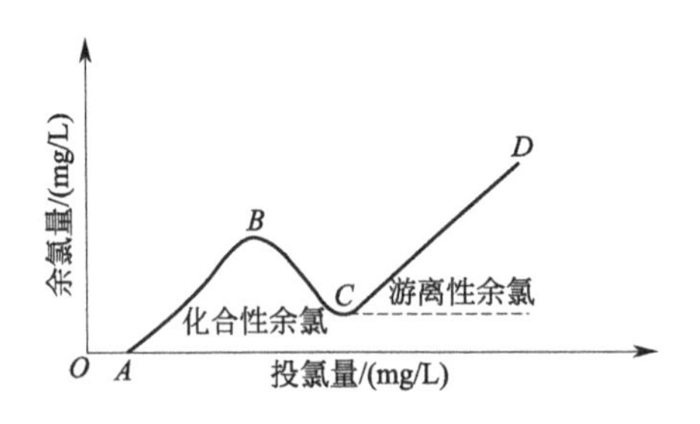

图 10-5-1　投氯量与余氯量的关系

图中 *OA* 段投氯量太少，故余氯量为 0，*AB* 段的余氯主要为一氯胺；*BC* 段随着投氯量的增加，一氯胺与次氯酸作用，部分成为二氯胺［见式 (10-5-5)］。部分反应见式(10-5-7)：

$$2NH_2Cl + HClO \longrightarrow N_2\uparrow + 3HCl + H_2O \qquad (10\text{-}5\text{-}7)$$

反应结果，*BC* 段一氯胺及余氯（即总余氯）均逐渐减少，二氯胺逐渐增加。*C* 点余氯值最少，称为折点。*C* 点后出现三氯胺和游离性氯。按大于出现折点的量来投氯称折点加氯。折点加氯的优点为：可以去除水中大多数产生臭和味的物质；有游离性余氯，消毒效果较好。

图 10-5-1 曲线的形状和接触时间有关，接触时间越长，氧化程度就深一些，化合性余氯则少一些，折点的余氯有可能接近于零。此时折点加氯的余氯几乎全是游离性余氯。

三、实验设备及试剂

折点加氯消毒设备 1 台；1000mL 烧杯 12 个；1mL、5mL 及 10mL 移液管；50mL 比色管 20 根。

四、实验步骤

① 在 12 个 1000mL 烧杯中各盛水样 1000mL（含氨氮水样=1mg/L)。

② 分别加入氯量 0、1mg/L、2mg/L、4mg/L、6mg/L、8mg/L、10mg/L、12mg/L、14mg/L、16mg/L、18mg/L、20mg/L，搅拌均匀，2h 后测定余氯含量。

五、实验结果整理

根据测定结果进行余氯计算，绘制游离余氯、化合余氯及总余氯与投氯量的关系曲线。

六、注意事项

① 各水样加氯的接触时间应尽可能相同或接近，以利互相比较。

② 比色测定应在光线均匀的地方或灯光下，不宜在阳光直射下进行。

七、思考题

有哪些因素影响投氯量?

附：余氯的测定（DPD 亚铁滴定法）

步骤：①取 4 个 100mL 试样作为测定水样（V_0）。

② 取 5mL DPD 和 5mL 磷酸盐缓冲液，置于三角烧瓶中，加入 100mL 水样，混匀。

③ 游离性余氯——用硫酸亚铁铵（$C_3=56$mmol/L）迅速滴定到红色消失，记录 V_3。

④ 一氯胺——加入 1 小粒 KI 晶体，混匀，继续滴定至红色消失，记录 V_6。

⑤ 二氯胺——加入 1g KI，混合溶解，2min 后继续滴定至红色消失，记录 V_7（如有红色返回，说明反应不完全，几分钟后再滴定）。

⑥ 三氯胺——取一瓶放 5mL DPD 和 5mL 磷酸盐缓冲液，另一瓶取 100mL 水样，加 1 小粒 KI 晶体，混匀，倒入上一瓶中，混匀，用硫酸亚铁铵迅速滴定至红色消失，记录 V_4。

⑦ 计算：余氯量（mmol/L）$=C_3V_3/(2V_0)$。

实验六　曝气设备充氧性能的测定

一、实验目的

氧是污水好氧生物处理的三大要素之一。在活性污泥法处理中所需要的氧，是通过曝气来获得的。所谓的曝气，是指人为地通过一些机械设备，如鼓风机、表面曝气叶轮等，使空气中的氧从气相向液相转移的传质过程。曝气的目的：一是保证微生物有足够的氧进行物质代谢；二是使废水中的有机物、活性污泥和溶解氧三者充分混合，并使污泥悬浮在池水中。由此可见，氧的供给是保证好氧生物处理正常进行的必要条件之一。此外，研究和购买高效节能的曝气设备对于减少活性污泥法处理厂的日常运转费用也有很大的作用。因此，了解和掌握曝气设备的充氧性能及其测定方法，对工程设计人员和操作管理人员以及给排水和环境工程专业的学生来说，都是十分重要的。

本实验的目的是：

① 掌握表面曝气叶轮的氧总传质系数和充氧性能及修正系数 α、β 的测定方法；

② 加深对曝气充氧机理及影响因素的理解；

③ 了解曝气设备氧的总转移系数 K_{La}、氧利用率 E_A、动力效率 E_P 等，并进行比较。

二、实验原理

常用的曝气设备可分为机械曝气和鼓风曝气两大类。曝气的机理，有若干传质理论来加以解释，但最简单和最普遍使用的是刘易斯（Lewis）和惠特曼（Whitman）1923年创立的双膜理论，如图 10-6-1 所示。

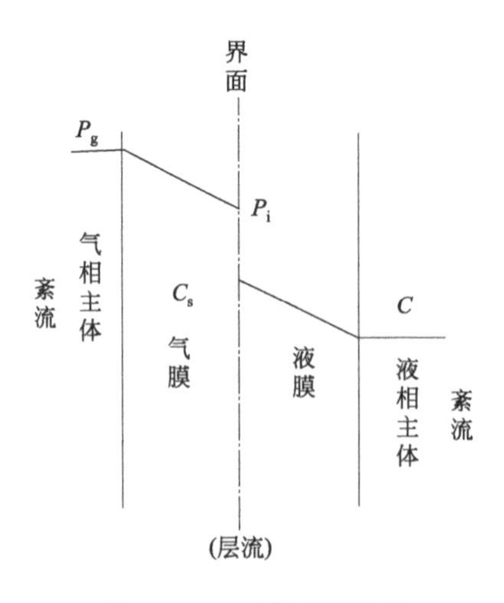

图 10-6-1　双膜理论模型

双膜理论认为：当气、液两相做相对运动时，在接触界面上存在着气-液边界层

（气膜和液膜）。膜内呈层流状态，膜外呈紊流状态。氧转移在膜内进行分子扩散，在膜外进行对流扩散。由于分子扩散的阻力比对流扩散的阻力大得多，所以传质的阻力集中在双膜上。在气膜中存在着氧的分压梯度，在液膜中存在着氧的浓度梯度，这是氧转移的推动力。对于难溶解于水的氧来说，转移的决定性阻力又集中在液膜上。因此，氧在液膜中的转移速率是氧扩散转移全过程的控制速率。氧转移的基本方程式为：

$$\frac{dC}{dt}=K_{La}(C_s-C_0) \tag{10-6-1}$$

式中 $\frac{dC}{dt}$——氧转移速率，mg/(L·h)；

K_{La}——氧的总传质系数，h^{-1}；

C_s——实验条件下自来水（或污水）的溶解氧饱和浓度，mg/L；

C_0——相应于某一时刻 t 的溶解氧浓度，mg/L。

式(10-6-1) 中 K_{La} 可以认为是一个混合系数，它的倒数表示使水中的溶解氧由 C_0 变到 C_s 所需要的时间，是气液界面阻力和界面面积的函数。

1. 实验状态

本实验是在非稳定状态下进行的，所谓非稳定状态，是指水中的溶解氧浓度是随时间而变化的。

实验时，先用 Na_2SO_3 进行脱氧，使水中溶解氧降到零，然后曝气充氧，直至溶解氧升高到接近饱和。假定这个过程中液体是完全混合的，符合一级动力学反应，水中溶解氧的变化可以用式(10-6-2) 表示，将式(10-6-1) 积分，可得

$$\ln(C_s-C_t)=-K_{La}t+\text{常数} \tag{10-6-2}$$

式(10-6-2) 表明，通过实验测得 C_s 和相应于每一时刻 t 的溶解氧浓度 C_t 后，绘制 $\ln(C_s-C_t)$ 与 t 的关系曲线，其斜率即 K_{La}。另一种方法是先作 C-t 曲线，再作对应于不同 C 值的切线，得到相应的$\frac{dC}{dt}$，最后作$\frac{dC}{dt}$与 ρ 的关系曲线，也可以求得 K_{La}。

2. 充氧性能的指标

① 充氧能力 O_C(kg/h)：单位时间内转移到液体中的氧量。

鼓风曝气时：　$O_C=K_{La(20℃)}C_{s(平均)}V$

表面曝气时：　$O_C=K_{La(20℃)}C_{s(标)}V$

② 充氧动力效率 E_p[kg/(kW·h)]：每消耗 1kW·h 电能转移到液体中的氧量。计算式为：

$$E_P=\frac{O_C}{N} \tag{10-6-3}$$

式中 N——理论功率，即不计管路损失，不计风机和电机的效率，只计算曝气充氧所耗有用功，采用叶轮的输出功率（轴功率）。

③ 氧转移功率（利用率，E_A）：单位时间内转移到液体中去的氧量与供给的氧量之比。计算式为：

$$E_A=\frac{O_C}{S}\times 100\%$$ (10-6-4)

$$O_C=G_S\times 21\%\times 1.33=0.28G_S$$ (10-6-5)

式中　G_S——供气量，m^3/h；

21%——氧在空气中所占比例（体积分数）；

1.33——氧在标准状态下的密度，kg/m^3；

S——供氧量，kg/h。

3. 修正系数 α 、 β

由于氧的转移受到水中溶解性有机物、无机物等的影响，同一曝气设备在相同的曝气条件下在清水中与在污水中的氧转移速率和水中氧的饱和浓度不同。而曝气设备充氧性能的指标均在为清水中测定的值，为此引入两个小于 1 的修正系数 α 和 β：

$$\alpha=\frac{K_{La(污水)}}{K_{La(清水)}}$$ (10-6-6)

$$\beta=\frac{C_{s(污水)}}{C_{s(清水)}}$$ (10-6-7)

测定 α 和 β 时，应用同一曝气设备在相同的条件下测定清水和污水中充氧的氧总传质系数和饱和溶解氧值。生活污水的 α 约为 0.4～0.5，城市污水厂出水的 α 约为 0.9～1.0；生活污水的 β 为 0.9～0.95，混合液的 β 为 0.9～0.97。比较曝气设备充氧性能时，一般用清水进行试验比较好。

上述方法适用于完全混合型曝气设备充氧性能的测定，推流式曝气池中的 K_{La}、C_s、C_0 是沿池长方向变化的，不能采用上述方法，可参照《水污染控制工程》（下册）中测定混合液需氧速率的方法来推算氧的传递速率。

三、实验装置与设备

1. 实验装置

实验装置的主要部分为泵型叶轮和模型曝气池，如图 10-6-2 所示。为保持曝气叶轮在实验期间恒定不变，电动机要接在稳压电源上。

2. 实验设备和仪器仪表

① 模型曝气池：塑料制，高度 $H=300cm$，直径 $D=40cm$，1 个。

② 电动机：单向电机，220V/2.5A，1 台。

③ 直流稳压电源：0～30V/0～2A，1 台。

④ 溶解氧测定仪（探头上装有橡皮塞），1 台。

⑤ 电磁搅拌器，1 台。

⑥ 广口瓶：250mL（或依溶解氧探头大小确定），1 个。

⑦ 秒表：1 块。

⑧ 玻璃烧杯：200mL，1 个。

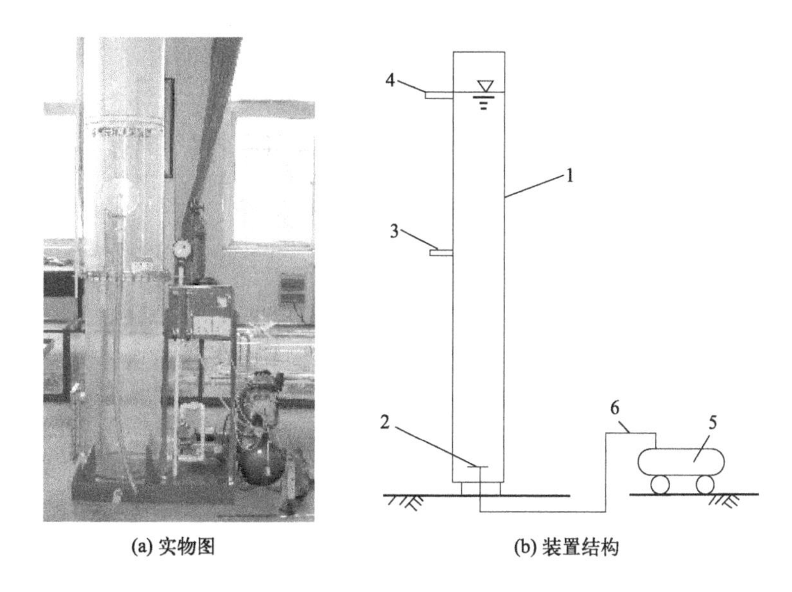

(a) 实物图　　(b) 装置结构

图 10-6-2 曝气设备充氧能力实验装置

1—有机玻璃曝气柱；2—穿孔管布气；3—取样孔或探头插口；4—溢流孔；5—空压机；6—进气管

⑨ 玻璃搅拌棒，1 根。

四、实验步骤

1. 在实验室用自来水进行实验

① 关闭所有阀门，向模型曝气池注入自来水至曝气池一半高度以上某处，测出模型曝气池内水容积（V，m^3），并记录。

② 校正溶解氧测定仪，并将探头固定在模型曝气池内水下 1/2 处。

③ 用溶氧仪测定自来水水温和水中溶解氧值（C'，mg/L），并记录。

④ 计算投药量

a. 脱氧剂采用无水亚硫酸钠。根据 C' 计算实验所需要的消氧剂 Na_2SO_3 和催化剂 $CoCl_2$ 的量。

$$Na_2SO_3 + \frac{1}{2}O_2 \xrightarrow{CoCl_2} Na_2SO_4 \tag{10-6-8}$$

从上面反应式可以知道，每去除 1mg 溶解氧，需要投加 7.9mg Na_2SO_3。根据池子的容积和自来水（或污水）的溶解氧浓度，可以算出 Na_2SO_3 的理论需要量。实际投加量应为理论值的 150%～200%。计算方法如下：

$$W_1 = VC' \times 7.9 \times (150\% \sim 200\%) \tag{10-6-9}$$

式中　W_1——Na_2SO_3 的实际投加量，kg 或 g。

b. 催化剂采用氯化钴。催化剂氯化钴的投加量维持池子中的钴离子浓度为 0.05～0.5mg/L 左右计算（用温克尔法测定溶解氧时建议用下限）。计算方法如下：

$$W_2 = V \times 0.5 \times \frac{129.9}{58.9} \tag{10-6-10}$$

式中　W_2——$CoCl_2$ 的投加量，kg 或 g。

⑤ 将称得的 Na_2SO_3 和 $CoCl_2$ 用温水溶解后投放至曝气池内（不要搅动）。

⑥ 待溶解氧读数为零时（或长时间稳定在 0.2mg/L 以下），启动鼓风机，进行曝气充氧，定期（0.5～1min）读出溶解氧值（C_t）并记录，直至溶解氧值不变时［此即实验条件下的（C_s）］，停止实验。

2. 注意事项

① 要注意保持实验供气量恒定。

② 在清水和污水中做充氧实验时，除了水质不同外，其余实验条件完全一致。

五、实验结果与讨论

① 记录实验设备及操作条件的基本参数：

实验日期______年______月______日；模型曝气池内径 D=______m；高度 H=______m；水体积 V=______m^3；水温______℃；室温______℃；气压______kPa；实验条件下自来水的 C_s=______mg/L；实验条件下污水的 C_{sw}=______mg/L；电动机输入功率______；测定点位置______；Na_2SO_3 投加量（kg 或 g）：自来水______，污水______；$CoCl_2$ 投加量（kg 或 g）：自来水______，污水______。

② 参考表 10-6-1 记录不稳定状态下充氧实验测得的溶解氧值，并进行数据整理。

表 10-6-1　不稳定状态下的充氧实验记录

t/min						
C_t/(mg/L) C_s-C_t/(mg/L)						

③ 以溶解氧浓度 C_t 为纵坐标、时间 t 为横坐标，用表 10-6-1 的数据描点作 C_t 与 t 的关系曲线。

④ 根据 C_t-t 实验曲线计算相应于不同 C_t 值的 $\frac{dC}{dt}$，记录于表 10-6-2。

表 10-6-2　不同 C_t 值的 $\frac{dC}{dt}$

C_t/(mg/L)						
$\frac{dC}{dt}$/(mg/L)						

⑤ 分别以 $\ln(C_s-C_t)$ 和 $\frac{dC}{dt}$ 为纵坐标、时间 t 和 C_t 为横坐标，绘制出两条实验曲线。

⑥ 计算 K_{La}、α、β、充氧能力、动力效率和氧利用率。

六、思考题

① 试比较稳定和非稳定实验方法，你认为哪种方法较好？为什么？
② 比较两种数据整理方法，哪种方法误差较小？各有何特点？
③ C_s 偏大或偏小，对实验结果会造成什么样的影响？
④ 曝气设备充氧性能指标为何均是清水？标准状态下的值是多少？
⑤ 鼓风曝气设备与机械曝气设备充氧性能指标有何不同？

实验七　污泥沉降比和污泥指数（SVI）的测定与分析

一、实验目的

① 加深对活性污泥性能，特别是污泥活性的理解。

② 掌握沉降比和污泥指数这两个表征活性污泥沉淀性能指标的测定和计算方法，减小测定误差。

③ 进一步明确沉降比，污泥指数和污泥浓度三者之间的关系以及它们对活性污泥法处理系统的设计与运行控制的指导意义。

二、实验原理

活性污泥是人工培养的生物絮凝体，它是由好氧微生物及其吸附的有机物组成的。活性污泥具有吸附和分解废水中的有机物（也有些可利用无机物质）的能力，显示出生物化学活性。在生物处理废水的设备运转管理中，除用显微镜观察外，下面几项污泥性质是经常要测定的。这些指标反映了污泥的活性，它们与剩余污泥排放量及处理效果等都有密切关系。在活性污泥法中，二次沉淀池是活性污泥系统的重要组成部分，它用以澄清混合液并浓缩回流污泥，其运行状态如何，直接影响处理系统的出水质量和回流污泥的浓度。实践表明，出水BOD浓度中相当一部分是由于出水中的悬浮物引起的，而对于二沉池的运行，除了其构造上的原因之外，影响其运行的主要因素是混合液（活性污泥）的沉降情况。

通常沉降性能的指标用污泥浓度、污泥沉降比和污泥指数来表示。

污泥浓度MLSS是指曝气池中污水和活性污泥混合后的混合液悬浮固体浓度，mg/L。

污泥沉降比SV是指曝气池混合液在100mL量筒中，静置沉淀30min后，沉淀污泥与混合液体积（100mL）的比值（%）。

污泥指数SVI是指曝气池出口处混合液经30min静沉后，1g干污泥所占的容积（以mL计）。

三、仪器、设备、药品

① 天平、称量瓶。

② 定量滤纸。

③ 烘箱。

④ 真空泵。

⑤ 扁嘴无齿镊子。

⑥ 虹吸管、吸耳球等提取污泥的器具。

⑦ 100mL量筒、定时钟等。

⑧ 活性污泥法处理系统（模型系统），包括曝气池和二次沉淀池及所需要的设备。

⑨ 布氏漏斗等实验室其他常用仪器。

四、实验步骤及记录

① 滤纸准备。用扁嘴无齿镊子夹取定量滤纸放于事先恒重的称量瓶内，移入烘箱中于103～105℃烘干半小时后取出，置于干燥容器内冷却至室温，称量其重量。反复烘干、冷却、称量，直至两次称量的重量差≤0.2mg，记录（W_1）。将恒重的滤纸放在玻璃漏斗内。

② 将干净的100mL量筒用蒸馏水冲洗后甩干。

③ 将虹吸管吸入口放在曝气池的出口处（即曝气池的混合液流入二沉池时的出口处），用吸耳球将曝气池的混合液吸出，并形成虹吸。

④ 通过虹吸管将混合液置于100mL量筒中，至100mL刻度处，并从此时开始计算沉淀时间。

⑤ 将装有污泥的100mL量筒放在静止处，观察活性污泥凝絮和沉淀的过程与特点，且在第1min、第3min、第5min、第10min、第15min、第20min、第30min分别记录污泥界面以下的污泥容积。

⑥ 第30min的污泥容积（mL）即为污泥沉降比SV（%）。

⑦ 倾去上述量筒中的清液，用准备好的滤纸过滤量筒中的污泥，并用少量蒸馏水冲洗量筒，合并滤液（为提高过滤速度，应采用真空泵进行抽滤）。将载有污泥的滤纸放在原恒重的称量瓶里，移入烘箱中于103～105℃下烘2～3h后移入干燥器中，冷却到室温，称其重量。反复烘干、冷却、称量，直至两次称量的质量差≤0.4mg为止，记录（W_2）。

五、计算

① 污泥浓度$C_{污泥浓度}$（mg/L）为：

$$C_{污泥浓度}=\frac{(W_1-W_2)\times 10^6}{100}$$

② 污泥指数SVI（mL/g）

$$SVI=\frac{SV\times 10^6}{C_{污泥浓度}}$$

式中　SV——污泥沉降比，%。

③ 污泥沉降比SV（%）

$$SV=\frac{V}{100}\times 100\%$$

式中　V——100mL试样在100mL量筒中，静止30min沉淀后污泥所占的体积，mL；

W_1——过滤前，滤纸＋称量瓶的质量，g；

W_2——过滤后，滤纸＋称量瓶的质量，g。

六、注意事项

① 用真空泵进行抽滤时要严格控制泵的抽力，以免滤纸被破坏。

② 当水样过滤结束后还要保持慢速抽滤3～5min，把水分充分除去。

③ 用镊子夹出带污泥的滤纸，纵向折叠后放到称量瓶内（泥在下面）。当烘到2h的时候将滤纸放置的方向进行颠倒（泥在上面），继续烘烤，这样有助于水分的蒸发。

实验八　污泥比阻的测定

一、实验目的

污泥按来源可分为初沉污泥、剩余污泥、消化污泥和化学污泥。按性质又可分为有机污泥和无机污泥两大类。每种污泥的组成和性质不同，造成污泥的脱水性能也各不相同。为了评价和比较各种污泥脱水性能的优劣，也为了确定污泥机械脱水前加药调理的投药量，常常需要通过实验来测定污泥脱水性能的指标——比阻（也称比阻抗）。

本实验的实验目的为：

① 掌握测定污泥比阻的实验方法；

② 掌握用布氏漏斗实验选择混凝剂的方法；

③ 掌握确定混凝剂投加量的方法；

④ 通过比阻测定评价污泥的脱水性能。

二、实验原理

污泥比阻是指单位过滤面积上，单位干重滤饼所具有的阻力，在数值上等于动力黏滞度为1Pa·s时，滤液通过单位质量的滤饼产生单位滤液流所需要的压差。它是表示污泥脱水性能的综合指标：污泥比阻愈大，脱水性能愈差；反之，脱水性能愈好。本实验测定污泥的比阻，是以 $Al_2(SO_4)_3$、$FeCl_3$ 和 PAM 为混凝剂进行实验。

影响污泥脱水性能的因素有：污泥的性质、污泥的浓度、污泥和黏液的动力黏滞度、混凝剂的种类和投加量等。通常用布氏漏斗实验，通过测定污泥滤液滤过滤纸的速度快慢来确定污泥比阻的大小，并比较用不同混凝剂调理过的污泥的过滤性能，确定最佳混凝剂及其投加量。

过滤时，滤液体积 V 与压强降 P、过滤面积 A、过滤时间 t 成正比，而与过滤阻力 R、滤液的动力黏滞度 μ 成反比，即过滤时：

$$V=\frac{PAt}{\mu R} \tag{10-8-1}$$

式中　V——滤出液体积，mL；

P——过滤时的压强，Pa；

A——过滤面积，cm^2；

t——过滤时间，s；

R——单位过滤面积上，通过单位体积的滤液所产生的过滤阻力，决定于滤饼性质，cm^{-1}；

μ——滤出液的动力黏滞度，Pa·s。

过滤阻力包括滤饼阻力和过滤介质阻力两部分。阻力随滤饼厚度的增加而增加，过滤速度则随滤饼厚度的增加而减少，因此将式(10-8-1) 改写成微分形式：

$$\frac{dV}{dt}=\frac{PA}{\mu R}=\frac{PA}{\mu(\delta R_z+R_g)} \tag{10-8-2}$$

式中　δ——阻力系数，其值为滤饼的厚度；

R_z——单位面积单位厚度滤饼产生的过滤阻力，cm^{-1}；

R_g——单位面积过滤介质产生的过滤阻力，cm^{-1}。

设每滤过单位体积的滤液，在过滤介质上截留的滤饼体积为 v，则当滤液体积为 V 时，有 $\delta A=vV$，即：

$$\delta=\frac{vV}{A} \tag{10-8-3}$$

将式(10-8-3) 代入式(10-8-2) 得：

$$\frac{dV}{dt}=\frac{PA^2}{\mu(vVR_z+R_gA)} \tag{10-8-4}$$

若以滤过单位体积的滤液在过滤介质上截留的滤饼干固体质量 C 代替 v，并以单位质量的阻抗 r 代替 R_z，则式(10-8-4) 可改写成：

$$\frac{dV}{dt}=\frac{PA^2}{\mu(CVr+R_gA)} \tag{10-8-5}$$

式中　r——污泥比阻，cm/g。

定压过滤时，式(10-8-5) 对时间积分：

$$\int_0^t dt=\int_0^V\left(\frac{\mu CVr}{PA^2}+\frac{\mu R_g}{PA}\right)dV \tag{10-8-6}$$

$$t=\frac{\mu CrV^2}{2PA^2}+\frac{\mu R_gV}{PA}$$

$$\frac{t}{V}=\frac{\mu CrV}{2PA^2}+\frac{\mu R_g}{PA} \tag{10-8-7}$$

式(10-8-7) 说明，在定压下过滤，t/V 与 V 成直线关系，即：

$$y=bx+a$$

斜率 b(s/cm^6) 为：$b=\dfrac{\mu Cr}{2PA^2}$

截距 a(g/cm^3) 为：$a=\dfrac{\mu R_g}{PA}$

因此比阻公式为：

$$r=\frac{2bPA^2}{\mu C} \tag{10-8-8}$$

从式(10-8-8) 可以看出，要求得污泥比阻 r，需在实验条件下求出斜率 b 和 C（g 泥饼干重/mL 滤液）。

b 的求法是：在定压下（真空度保持不变）通过测定一系列的 t-V 数据，用图解法求取。具体见图 10-8-1。

C（g 泥饼干重/mL 滤液）的求法为：

$$C=\frac{(V_0-V_y)C_b}{V_y} \quad (10\text{-}8\text{-}9)$$

式中　V_0——原污泥体积，mL；

V_y——滤液体积，mL；

C_b——滤饼固体浓度，g/mL。

$$V_0C_0=V_yC_y+V_bC_b \quad (10\text{-}8\text{-}10)$$

$$V_b=V_0-V_y \quad (10\text{-}8\text{-}11)$$

$$V_y=\frac{V_0(C_0-C_b)}{C_y-C_b} \quad (10\text{-}8\text{-}12)$$

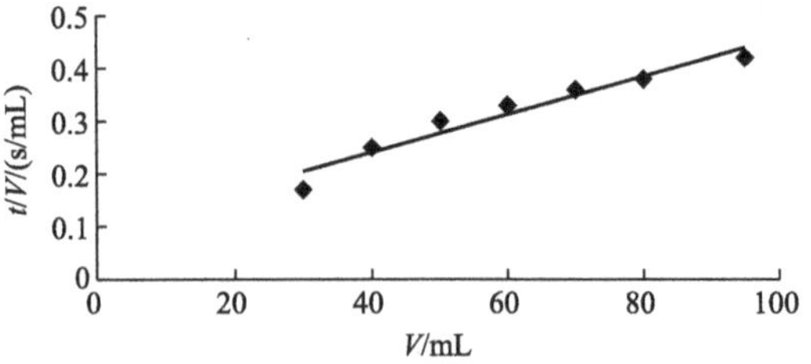

式中　C_0——原污泥固体浓度，mg/L；

C_y——滤液中固体浓度，mg/L；

V_b——滤饼体积，mL。

图 10-8-1　图解法求 b

将式(10-8-10) 代入式(10-8-9)，得 C(mg/L)：

$$C=\frac{C_b(C_0-C_y)}{C_b-C_0} \quad (10\text{-}8\text{-}13)$$

因滤液固体浓度 C_y 相对污泥固体浓度 C_0 来讲要小很多，故忽略不计，因此 C(mg/L) 为：

$$C=\frac{C_bC_0}{C_b-C_0} \quad (10\text{-}8\text{-}14)$$

投加混凝剂可以改善污泥的脱水性能，使污泥比阻减小。对于污泥混凝剂，如：$Al_2(SO_4)_3$、$FeCl_3$ 等的投加量，一般为污泥干重的 5%～10%；高分子混凝剂，如 PAM 等，投加量一般为污泥干重的 1%。

一般认为：污泥比阻在 10^{12}～10^{13}cm/g 为难过滤污泥；在 (0.5～0.9)×10^{12}cm/g 为中等过滤污泥；小于 0.4×10^{12}cm/g 为易过滤污泥。

三、实验设备与药品

秒表、温度计、烘箱、分析天平、快速滤纸、移液管等。

实验装置由电箱、缓冲罐、压力调节阀、压力表、计量筒、布氏漏斗、真空泵等组成，见图 10-8-2。

每次测定污泥用量 50～100mL，真空压力 35.5～70.9kPa，测定时间 20～40min。

抽滤筒尺寸：直径×高度=φ150mm×250mm。

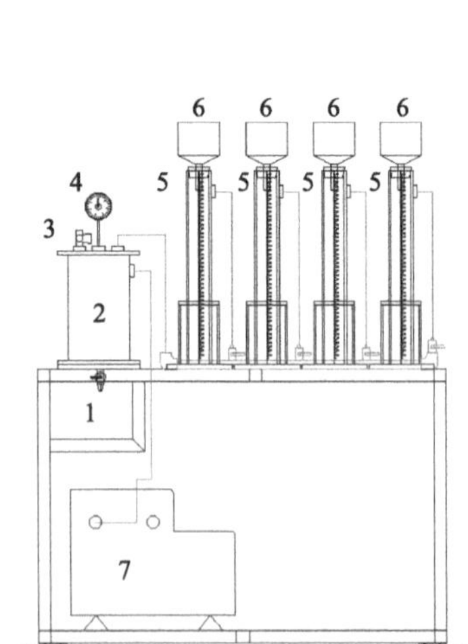

图 10-8-2　污泥比阻实验装置

1—电箱；2—缓冲罐；3—压力调节阀；4—压力表；5—计量筒；6—布氏漏斗；7—真空泵

四、实验步骤

① 测定污泥的含水率，求出其固体浓度 C_0。

② 配制 $Al_2(SO_4)_3$（10g/L）、$FeCl_3$（10g/L）和 PAM（0.05%）的混凝剂溶液。

③ 用 $Al_2(SO_4)_3$ 调节污泥（投加量分别为污泥干重的 5%、6%、7%、8%、9% 和 10%）。

④ 在布氏漏斗（直径 65～80mm）上放置快速滤纸（直径大于漏斗），用水湿润，贴紧周底。

⑤ 启动真空泵，用调节阀调节真空压力到比实验压力小约 1/3，实验压力为 35.5kPa（真空度为 266mmHg）或 70.9kPa（真空度为 532mmHg），使滤纸紧贴漏斗底，关闭真空泵。

⑥ 放 50～100mL 调节好的污泥在漏斗内（污泥高度不超过滤纸高度），使其依靠重力过滤 1min，启动真空泵，调节真空压力至实验压力，记下此时计量筒内的滤液体积 V_0。启动秒表。在整个实验过程中，仔细调节真空度调节阀，以保持实验压力恒定。

⑦ 每隔一段时间（开始过滤时可每隔 10s 或 15s，滤速减慢后可每隔 30s 或 1min），记下计量筒内相应的滤液体积 V'。

⑧ 定压过滤至滤饼破裂，真空破坏。如真空长时间不破坏，则过滤 20min 后即可停止。

⑨ 关闭阀门，测出定压过滤后滤饼的厚度及固体浓度。

⑩ 另取加 $FeCl_3$ 和 PAM 混凝剂的污泥及不加混凝剂的污泥，按步骤④～步骤⑨分别进行实验。

五、实验结果与讨论

① 测定并记录实验基本参数如下：

加 $Al_2(SO_4)_3$ ________ mg/L，泥饼厚度 δ_1 = ________ mm；加 $FeCl_3$ ________ mg/L，泥饼厚度 δ_2 = ________ mm；加 PAM ________ mg/L，泥饼厚度 δ_3 = ________ mm；不加混凝剂的泥饼厚度 δ_4 = ________ mm；污泥固体浓度 C_0 ________ g/mL；泥饼固体浓度 C_b ________ g/mL。

② 将实验所得数据按表 10-8-1 记录并计算。

表 10-8-1　实验记录计算表

不加混凝剂的污泥				加 $Al_2(SO_4)_3$ 的污泥				……
t/s	计量筒内滤液 V'/mL	滤液量 $(V=V'-V_0)$/mL	$\frac{t}{V}$ /(s/mL)	t/s	计量筒内滤液 V'/mL	滤液量 $(V=V'-V_0)$/mL	$\frac{t}{V}$ /(s/mL)	……
0				0				
15				15				
30				30				
45				45				……
60				60				
75				75				
…				…				

③ 以 t/V 为纵坐标，V 为横坐标作图，求 b。

④ 根据泥饼和污泥固体浓度求出 C。

⑤ 计算实验条件下的比阻 r。

⑥ 以比阻 r 为纵坐标，混凝剂的投加量为横坐标作图，求出最佳投加量。

六、注意事项

① 检查计量管与布氏漏斗之间是否漏气。

② 滤纸称量烘干，放到布氏漏斗内，要先用蒸馏水湿润，然后再用真空泵抽吸一下。滤纸要贴紧不能漏气。

③ 污泥倒入布氏漏斗内时。有部分滤液流入计量筒，所以正常开始实验后记录量筒内滤液的体积。

④ 污泥中加混凝剂后充分混合。

⑤ 在整个过滤过程中，真空度确定后始终保持一致。

七、思考题

① 污泥比阻的大小与污泥的固体浓度是否有关？测定污泥比阻在工程上有何实际意义？

② 活性污泥在真空过滤时，真空度越大泥饼的固体浓度是否越大？为什么？

③ 试比较实验所用的混凝剂性能。

④ 试判断生污泥、消化污泥脱水性能的好坏，分析其原因。

实验九 完全混合式活性污泥法处理系统的观测和运行

一、实验目的

① 通过观察完全混合式活性污泥法处理系统运行，加深对其运行特点规律的认识。
② 通过对模型实验系统的调试和控制，初步培养进行小型模拟实验的基本技能。
③ 熟悉和了解活性污泥法处理系统的控制方法。

二、实验原理

活性污泥法是当前污水生物处理技术领域中应用最广泛的技术之一，它的主要意图就是采取适当的人工措施，创造适宜的条件，向反应器——曝气池中提供足够的溶解氧，满足活性污泥微生物生化作用的需要，并使得有机物、微生物、溶解氧三者充分混合，从而强化活性污泥微生物的新陈代谢作用，加速其对有机物的降解，以达到净化水体的目的。

1. 活性污泥净化反应过程

在活性污泥处理系统中，有机污染物被活性污泥微生物摄取、代谢、利用的过程，即活性污泥反应过程。该过程由两个阶段组成。

① 初期吸附作用。这是由于活性污泥有很强的吸附能力，可以在较短的时间内在物理吸附和生物吸附的共同作用下将污水中的有机物凝聚和吸附而得到去除。

② 微生物代谢作用。在这一阶段中吸附在活性污泥中的有机物在一系列酶的作用下被微生物摄取，一方面有机物得到降解去除，另一方面，微生物自身得到繁殖增长。

2. 活性污泥处理系统的运行方式

在以完全混合方式运行的活性污泥处理系统中，可以认为污水或回流的污泥进入曝气池后，立即与池内已经处理而未被泥水分离的处理水充分混合。这种运行方式有以下几个特点。

① 对冲击负荷有较强的适应能力，适于处理浓度较高的工业废水。

② 污水在曝气池内均匀分布，各部位水质相同，污泥负荷（F/M）值相等，微生物群体的组成和数量几近一致。

③ 相对于推流式活性污泥处理方式，污泥负荷率较高。

④ 相对于推流式活性污泥处理方式，曝气池内混合液的需氧速度均衡，动力消耗较低。

3. 运行参数的控制

(1) BOD 污泥负荷（N_s）

BOD 污泥负荷是活性污泥生物处理系统在设计和运行上的一项重要参数，它表示曝气池内单位质量（kg）的活性污泥，在单位时间（d）内能够接受，并将其降解到预定程度的有机污染物的量（BOD），它是决定有机污染物降解速度、活性污泥增长速度以及溶解氧被利用程度的最重要的因素。污泥负荷的计算公式为：

$$F/M=N_s=\frac{QS_a}{XV} \tag{10-9-1}$$

式中 N_s——污泥负荷，kg BOD/(kgMLSS·d)；

F/M——有机污染物量/污性污泥量，kg BOD/(kgMLSS·d)；

Q——污水流量，m^3/d；

S_a——原污水中有机污染物（BOD）的浓度，mg/L；

X——混合液悬浮固体（MLSS）浓度，mg/L；

V——曝气池有效容积，m^3。

（2）污泥龄（θ_c）

污泥龄是指曝气池内活性污泥总量与每日排放污泥量的比，它表示活性污泥在曝气池内的平均停留时间，可由式(10-9-2）计算：

$$\theta_c=VX/[Q_wX_r+(Q-Q_w)X_e] \tag{10-9-2}$$

式中 θ_c——污泥龄，d；

V——曝气池有效容积，m^3；

X——曝气池内污泥浓度，kg/m^3；

Q_w——作为剩余污泥排放的污泥量，m^3/d；

X_r——剩余污泥浓度，kg/m^3；

Q——污水流量，m^3/d；

X_e——排放处理水中的悬浮固体浓度，kg/m^3。

（3）溶解氧浓度（DO）

氧是以好氧为主的活性污泥微生物种群维持生命的必需物质。在活性污泥净化反应过程中，必须提供足够的溶解氧，否则，微生物生理活动和处理进程都要受到影响，经验表明，溶解氧浓度不宜低于 2mg/L，但也不宜过高，否则会使活性污泥老化。

三、实验设备和仪器

① 完全混合活性污泥实验装置（带有转子流量计、配气、配水系统，见图 10-9-1)。

② COD 测定仪。

③ 溶解氧测定仪。

④ pH 试纸（或酸碱度计）。

⑤ 空气压缩机。

⑥ 恒温器。

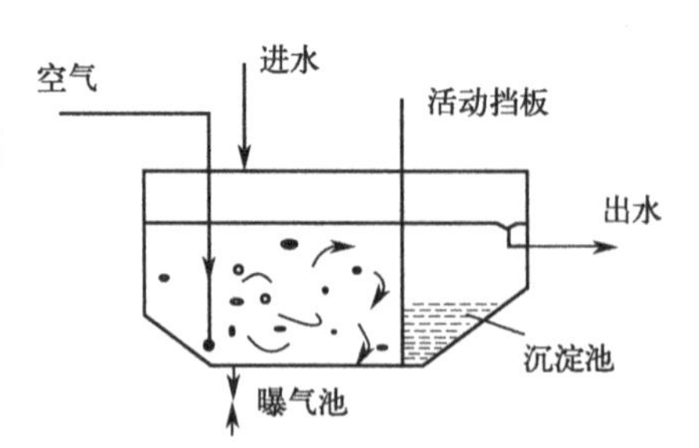

图 10-9-1 完全混合活性污泥实验装置

四、实验试剂

① 活性污泥。

② 含 COD 的污水水样。

五、实验操作步骤

① 将待处理的污水注入水箱，将活性污泥装入曝气池中，调节好污泥回流缝及挡板高度。

② 调节进水流量，使流量介于 0.5～0.7mL/s。

③ 认真观察曝气池中的气水混合、污泥在二沉池中的絮凝沉淀过程以及污泥从二沉池向曝气池回流的情况。若曝气池中气水混合不充分，可以稍微加大些曝气量；若二沉池中污泥沉淀不理想，则应稍微减小污泥的回流量；若回流污泥不畅，应适当加大回流缝高度。

④ 测定曝气池内的水温、pH 值及溶解氧浓度。

⑤ 测定进出水 COD 值。

六、计算有机物去除率

根据测定的进、出水的 COD 值计算在给定条件下的有机物去除率：

$$\eta=\frac{S_a-S_e}{S_a}\times 100\%$$

式中　S_a——进水 COD 质量浓度，mg/L；

　　　S_e——出水 COD 质量浓度，mg/L。

七、思考题

① 简述完全混合式活性污泥法的优缺点。

② 影响活性污泥法处理系统的因素有哪些？

③ 本实验装置与传统的活性污泥系统实验装置有何不同？

实验十　生物滤池实验

一、实验目的

① 掌握生物滤池的实验方法。

② 加深理解生物滤池的生物处理机理。

二、实验原理

生物滤池由布水系统、滤床、排水系统组成，当污水均匀地洒布到滤池表面后，在污水自上而下流经滤料表面时，空气由下而上与污水相向流经滤池，在滤料表面会逐渐形成一层薄而透明的、对有机污染物具有降解作用的黏膜——生物膜。生物膜是由细菌（好氧、厌氧、兼性）、真菌、藻类、原生动物、后生动物以及一些肉眼可见的蠕虫、昆虫的幼虫等组成。污水经过成熟的滤床时，其中的有机污染物被生物膜中的微生物吸附、降解，从而得到净化。

生物滤池可分为高负荷生物滤池和低负荷生物滤池，影响生物滤池处理效果的因素主要有滤料、池深、水力负荷、通风情况等。

三、实验装置及设备

① 有机玻璃生物滤池模型（要有贮水水池、沉淀池、计量设备，见图 10-10-1）。

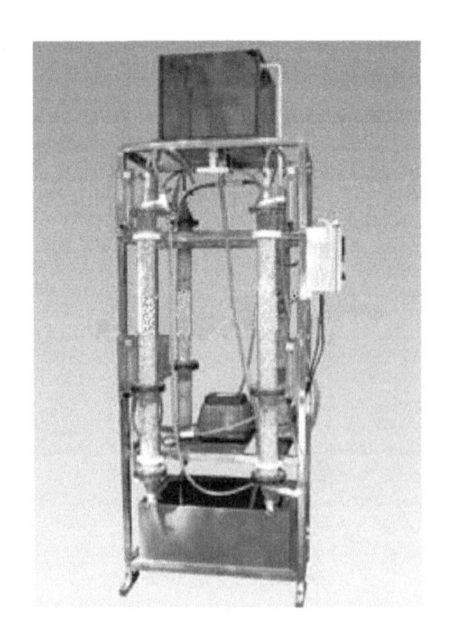

图 10-10-1　生物滤池模型

② 测定 COD、SS、pH 值、温度等的玻璃器皿及药剂等。

四、实验步骤

① 生物膜培养。

② 选择不同的水力负荷（通过调节流量获得）进行实验。

③ 各水力负荷进入稳定运行后，分别在出水口取样测定 COD、SS、pH 值、温度等，并记录结果。

五、结果记录

将实验结果记录于表 10-10-1～表 10-10-3 中。

表 10-10-1　生物滤池实验记录（流量 $Q=$ ______ m^3/h）

时间	进水				出水			
	COD/(mg/L)	SS/(mg/L)	pH 值	温度/℃	COD/(mg/L)	SS/(mg/L)	pH 值	温度/℃
均值								

表 10-10-2　生物滤池实验记录（流量 $Q=$ ______ m^3/h）

时间	进水				出水			
	COD/(mg/L)	SS/(mg/L)	pH 值	温度/℃	COD/(mg/L)	SS/(mg/L)	pH 值	温度/℃
均值								

表 10-10-3　生物滤池实验记录（流量 $Q=$ ______ m^3/h）

时间	进水				出水			
	COD/(mg/L)	SS/(mg/L)	pH 值	温度/℃	COD/(mg/L)	SS/(mg/L)	pH 值	温度/℃
均值								

六、思考题

① 从以上实验数据分析，生物滤池水力负荷与出水水质之间有何关系？

② 影响生物滤池处理效率的主要因素有哪些？

实验十一　生物转盘实验

一、实验目的

① 了解生物转盘反应器的基本构造。

② 了解生物转盘的挂膜技术。

③ 掌握生物转盘处理废水的技术。

二、实验原理

生物转盘又称旋转式生物反应器，它由盘片、接触反应槽、转轴和驱动装置等组成。盘片成组串联在转轴上，转轴支撑在半圆形反应槽两端的支座上。盘片约有40%～50%浸没在槽内的污水中。

生物转盘运转时，污水在反应槽中顺盘片间隙流动。盘片在转轴的带动下缓慢转动，污水中的有机污染物为转盘上的生物膜所吸附。当这部分盘片转离水面时，盘片表面形成一层污水薄膜，空气中的氧不断地溶解到水膜中，生物膜中的微生物吸收溶解氧，氧化分解被吸附的有机污染物。盘片转动一周，即进行一次吸附-吸氧-氧化分解的过程。转盘不断转动，污染物不断地被氧化分解，生物膜也逐渐变厚，衰老的生物膜在水流剪切力的作用下脱落，并随污水排至沉淀池。转盘转动也使槽间歇地被搅动充氧，脱落的生物膜在槽中呈悬浮状态，继续起净化作用，因此生物转盘兼有活性污泥池的功能。生物转盘的传质及净化反应过程如图10-11-1所示。

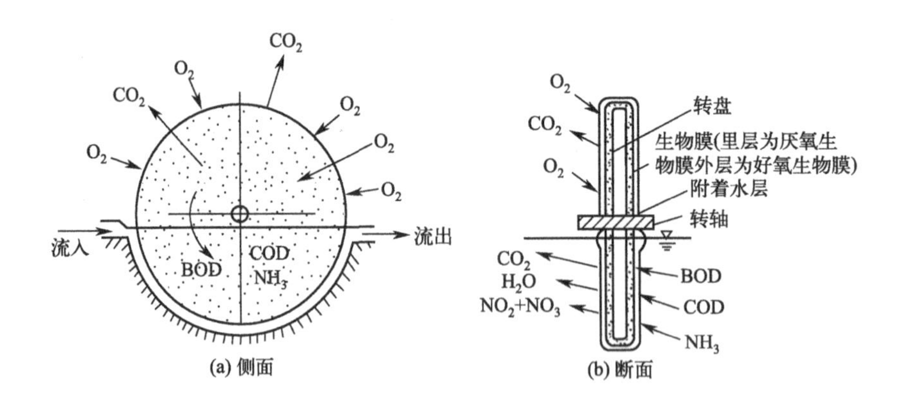

图10-11-1　生物转盘传质及净化反应过程示意

三、实验设备与试剂

① 生物转盘实验装置，如图10-11-2所示。

② COD快速测定仪。

③ 取样管。

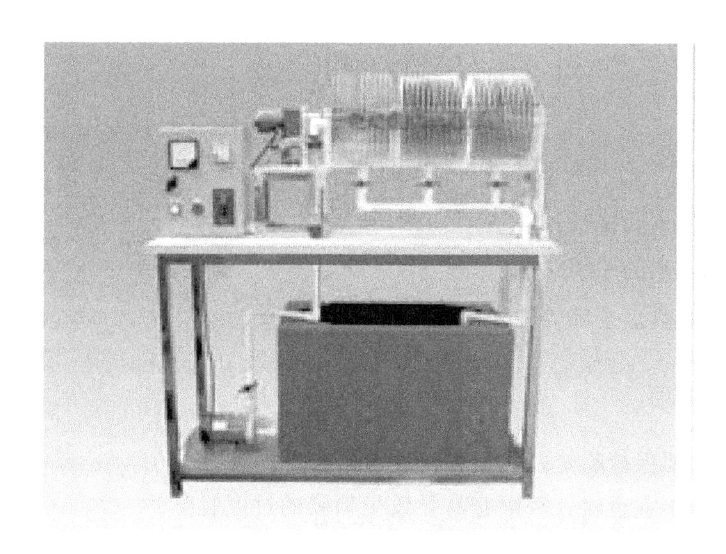

图 10-11-2 生物转盘实验装置

④ 秒表。

四、实验步骤

1. 挂膜

生物膜的培养采用接种培养法，将运行良好的污水处理厂曝气池内的污泥与水样混合后注入接触反应槽内，运转生物转盘，一天更换 1～2 次原水。由于原水中含有足够的营养物质和微生物，一般情况下在 7d 左右，在生物转盘盘片上就会形成生物膜，适当地加入一些低负荷废水对膜进行驯化和培养，待生物膜稳定后，便可进行污水处理的实验工作。

2. 转盘转速对 COD 去除率的影响

生物转盘反应器的转盘转速是个重要的操作参数，转速增加有利于提高生物膜固液界面的传质速率，也有利于提高液相的溶解氧浓度，但剪切力的增加加剧了生物膜的剥落。通过实验不同转速条件下 COD 的去除情况，确定最佳的转盘转速。

3. 停留时间对 COD 去除率的影响

在最佳转盘转速下，分别测定停留时间为 1h、5h、10h、15h、20h、40h 下出水的 COD，确定最佳停留时间。进而确定生物转盘对污水的 COD 去除率。

五、实验结果整理

① 绘制 COD 去除率与转盘转速的关系曲线，确定最佳转盘转速。

② 绘制 COD 去除率与停留时间的关系曲线，确定最佳停留时间。

③ 确定达到预期效果时 COD 面积负荷率 N_A[gCOD/(m^2 · d)]，水力负荷率 N_Q

$[m^3/(m^2 \cdot d)]$。

$$N_A = \frac{QS_0}{A}$$

$$N_Q = \frac{Q}{A}$$

式中　Q——原污水的流量，m^3/d；

S_0——原污水的 COD 值，g/m^3；

A——转盘盘片全部的外表面积，m^2。

六、注意事项

① 转盘转速要保持稳定，应设稳压装置。

② 转盘转速不宜过快，否则容易导致生物膜的过度脱落。

七、思考题

① 生物转盘是如何完成对废水的净化？影响生物转盘的处理效率的因素有哪些？

② 生物转盘在水处理当中与其他活性污泥方法相比有何优点？

实验十二　电渗析除盐实验

一、实验目的

① 了解电渗析装置的构造及工作原理。

② 掌握电渗析法除盐技术，求脱盐率及电流效率。

③ 通过实验加深理解电渗析除盐的工作原理。

二、实验原理

电渗析法的工作原理是在外加直流电场的作用下，利用离子交换膜的选择透过性（即阳膜只允许阳离子透过，阴膜只允许阴离子透过）使水中阴、阳离子做定向迁移，从而达到把离子从水中分离出来的目的的一种物理化学过程。

电渗析装置是由许多只允许阳离子通过的阳离子交换膜 C 和只允许阴离子通过的阴离子交换膜 A 组成的。电渗析装置的构造如图 10-12-1 所示。

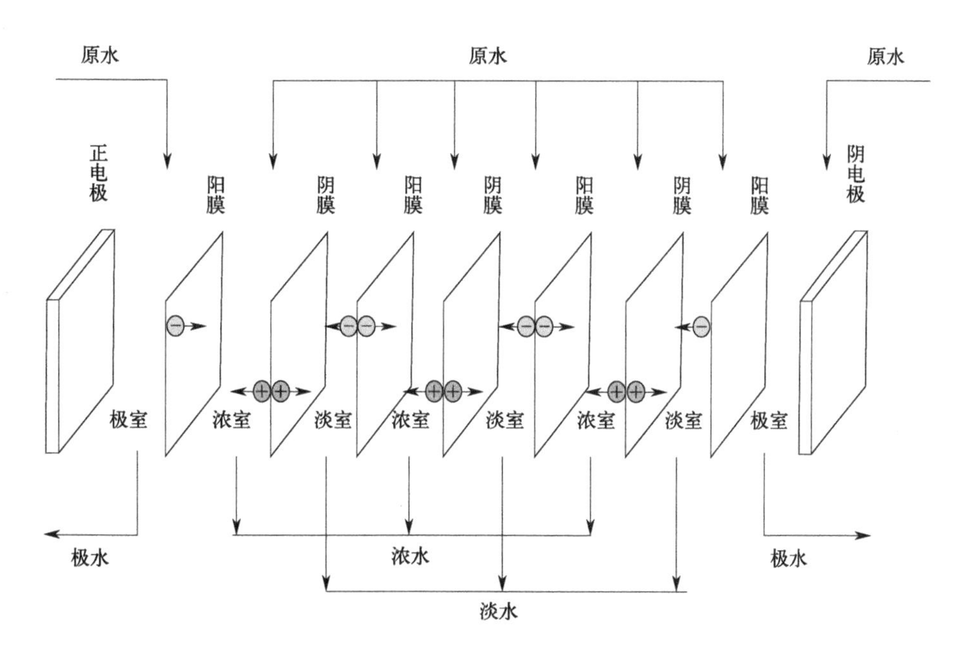

图 10-12-1　电渗析装置的构造

在阴极与阳极之间将阳膜与阴膜交替排列，并用特制的隔板将两种膜隔开，隔板内有水流的通道，进入淡室的含盐水，在两端电极接通直流电源后，即开始了电渗析过程，水中的阳离子不断透过阳膜向阴极方向迁移，阴离子不断透过阴膜向阳极方向迁移，结果是含盐水逐渐变成淡化水。而进入浓室的含盐水由于阳离子在向阴极方向迁移的过程中不能透过阴膜，阴离子在向阳极方向迁移的过程中不能透过阳膜，于是，含盐水因不断增加由邻近淡室迁移透过的离子而变成浓盐水。这样，在电渗析装置中组成了淡水和浓水两个系统。与此同时，在电极和溶液的界面上，通过氧化、还原反应，发生电子与离子之间的转换，即电极反应。以食盐水溶液为例，阴极还原反应为：

$$H_2O \longrightarrow H^+ + OH^-$$

$$2H^+ + 2e^- \longrightarrow H_2 \uparrow$$

阳极氢化反应

$$H_2O \longrightarrow H^+ + OH^-$$

$$4OH^- \longrightarrow O_2 \uparrow + 2H_2O + 4e^- \text{或} 2Cl^- \longrightarrow Cl_2 \uparrow + 2e^-$$

所以，在阴极不断排出氢气，在阳极则不断排出氧气或氯气。此时，阴极室溶液呈碱性，当水中有 Ca^{2+}、Mg^{2+}、HCO_3^- 等离子时，会生成 $CaCO_3$ 和 $Mg(OH)_2$ 水垢，集结在阴极上，而阳极室溶液则呈酸性，对电极造成强烈的腐蚀。

在电渗析过程中，电能的消耗主要用来克服电流通过溶液、膜所受到的阻力以及进行电极反应。运行时，进水分别流经浓室、淡室、极室。淡室出水即为淡化水，浓室出水即为浓盐水，极室出水不断携带电极过程的反应物质排出，以保证渗析的正常进行。

三、实验设备及仪器

① 电渗析装置，如图 10-12-2 所示。

② 整流器 1 台。

③ 电导仪 1 台。

④ 酸槽（PVC）。

⑤ 泵 1 台。

⑥ 原水水槽 1 个。

⑦ 恒温烘箱 1 台。

⑧ 陶瓷蒸发皿 10 个。

⑨ 分析天平 1 台。

四、实验用试剂

氯化钠（NaCl）0.1mol/L。

五、实验操作步骤

1. 电渗析装置运行前的准备工作

用原水浸泡阴阳膜，使膜发生形变（一般泡 48h 以上），待尺寸稳定后洗净膜面杂质，然后清洗隔板及其他部件，安装好电渗析装置。

2. 开启电渗析装置及其工作过程

① 打开电渗析进水流量计前的排放阀，打开水泵的回流阀，关闭流量计前淡水阀、浓水阀、极水阀，打开淡水出口放空阀，开动水泵。

② 同步缓缓地开启流量计前的浓、淡、极水阀，关闭水泵回流阀，关闭流量计前

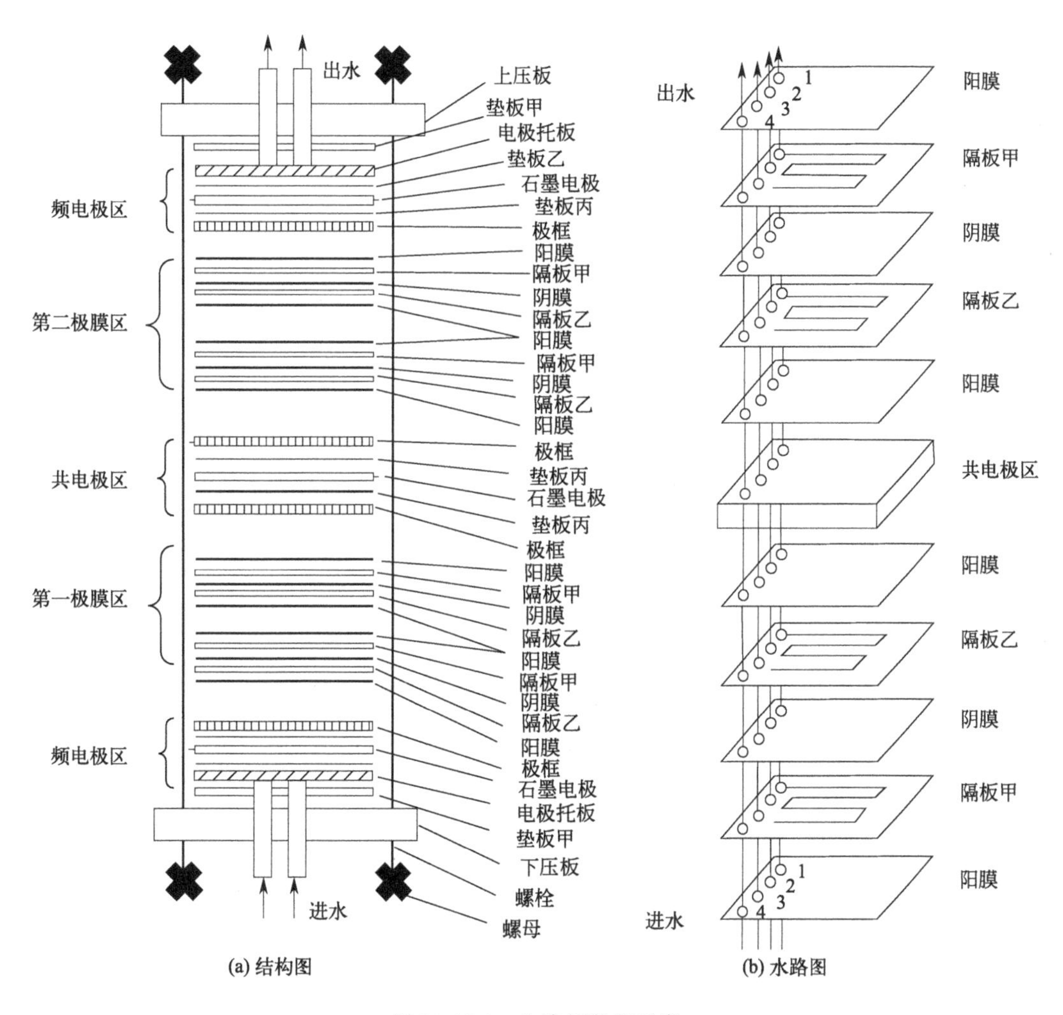

图 10-12-2　电渗析装置示意

的排放阀，调节流量（记录 Q）并保证压力均衡。

③ 待流量稳定后，开启整流器使之在某相运行，调到相应的控制电压值。

④ 测定淡水进出口水质，待水质合格后，打开淡水池阀门，然后关闭淡水出口排水阀。

⑤ 每隔 10min 用重量法测定淡水进出口的含盐量（共计取 5 个样品）。

3. 水中含盐量的分析（重量法测定水中含盐量）

① 将 2 个陶瓷的蒸发皿在 105℃的恒温烘箱中烘干，然后取出放在干燥器内冷却至室温，冷却后称重（以至达到恒重），记录其质量 W_0。

② 取一定体积的水样（100mL）放在称量后的蒸发皿中，放在烘箱内（105℃）继续烘干、冷却、称重，记录其质量 W。

4. 电渗析装置的停止

① 打开淡水出口放空阀，并关闭淡水进水池的阀门，将电压调至零，切断整流器

电源。

② 打开水泵回流阀，打开流量计前的前放阀，同步关闭流量计前的浓水阀、淡水阀、极水阀停泵，关闭流量计前的排放阀，关闭水泵回流阀。

六、实验数据及结果整理

1. 求水中含盐量（mg/L）

$$含盐量=\frac{(W-W_0)\times 10^6}{V}$$

式中 W——蒸发皿及残渣的总质量，g；

W_0——蒸发皿的质量，g；

V——水样的体积，mL。

2. 求脱盐率

$$脱盐率=\frac{C_1-C_2}{C_1}\times 100\%$$

式中 C_1——进口含盐量，mg/L；

C_2——出口含盐量，mg/L。

3. 求电流效率

$$电流效率=\frac{q(C_1-C_2)F}{1000I}\times 100\%$$

式中 q——个淡水室（相当于一对膜）的出水量，L/s；

C_1，C_2——进口和出口的含盐量，mg/L；

F——法拉第常数，96500C；

I——电渗析装置的实际操作电流，A。

七、思考题

① 水中的阴、阳离子是怎样迁移的？

② 阴极室的溶液中离子是怎样变化的？

③ 电渗析装置结构包括哪些部分？

实验十三 树脂类型鉴别实验

一、实验目的

① 加深对树脂特性及用途的理解。

② 掌握鉴别树脂类型的原理及方法。

二、实验原理

一般强性树脂的出厂型为盐型，弱性树脂的出厂型为 H^+ 或 OH^- 型。故以出厂树脂的类型为准进行实验，根据实验反应结果能够确定树脂类型。反应过程示意见图 10-13-1。

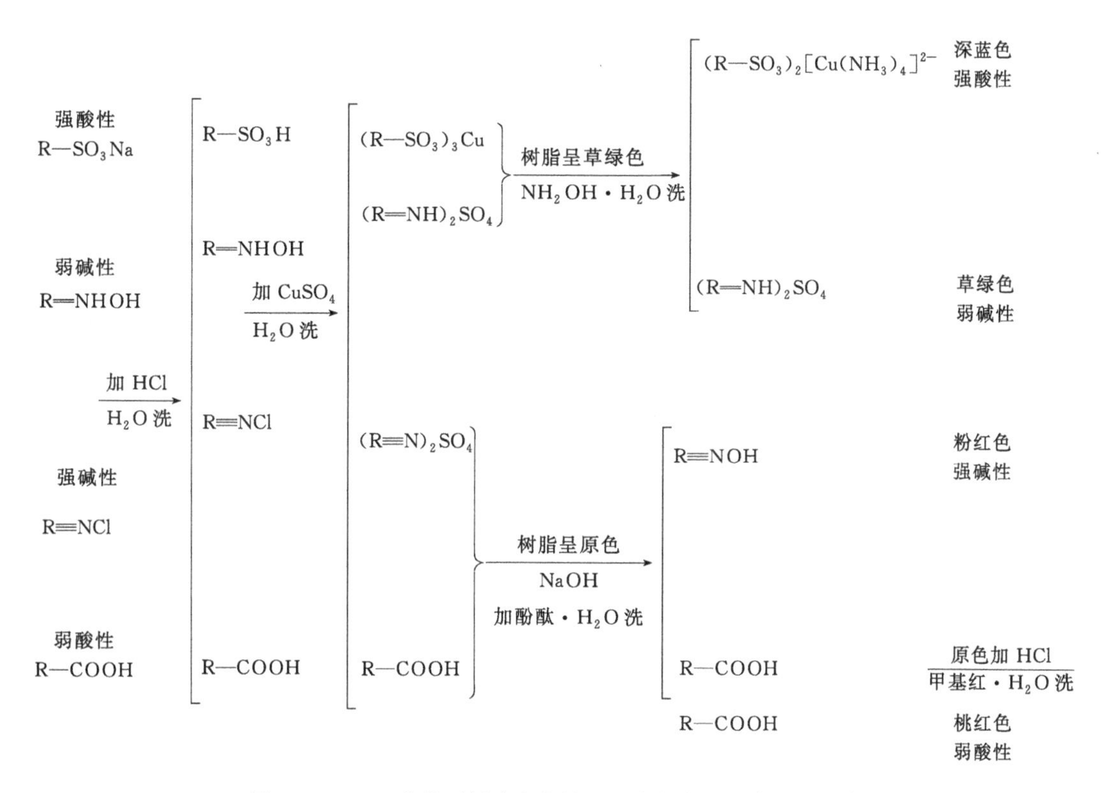

图 10-13-1 四种类型树脂在交换过程中的离子反应过程示意

三、药品及设备

按每组 4 人配备药品及设备，每组所需药品及设备如下。

1. 药品

① 1mol/L HCl 1L。

② 10% $CuSO_4$ 1L。

③ 5mol/L NH_4OH 1L。

④ 1mol/L NaOH 1L。

⑤ 0.5%酚酞、0.1%甲基红各50mL。

⑥ 阴、阳树脂各200mL。

2. 设备

① 1000mL容量瓶1个。

② 1000mL细口瓶5个。

③ 50mL滴瓶2个。

④ 30mL试管25个。

⑤ 12孔试管架3个。

⑥ 蒸馏水瓶。

四、实验方法及步骤

1. 步骤1

① 每人5支试管，取试样树脂两种各2～3mL，放入30mL编号1、2的试管中，用吸管吸去树脂层上部的水。

② 两支试样管中各加入1mol/L的HCl 5mL，摇动1～2min，将上部清液倒出，重复操作2～3次。

③ 加入纯水清洗，摇动1～2min，将上清液倒出，重复2～3次。

④ 往1号、2号试管中加入10%$CuSO_4$水溶液5～10mL，摇动1～2min，按③法充分用水洗2～3次。

⑤ 将1号试管与1号试管、2号试管与2号试管进行比色，看颜色是否有变化。

2. 步骤2

① 经步骤1处理后，如树脂变色（浅绿），再加入5mol/L的NH_4OH溶液5～10mL，摇动1～2min，重复2～3次。

② 用纯水充分清洗2～3次，如树脂颜色加深（深蓝色），则为强酸性阳离子交换树脂；如不变色，则为弱碱性阴树脂。

3. 步骤3

① 把经步骤1处理后不变色的树脂拿来，加入1mol/L的NaOH 5～10mL，摇动1min，用倾泻法充分清洗；加0.1%的酚酞5滴，摇动1～2min。

② 用纯水清洗2～3次。

③ 经此处理后，树脂呈粉红色，则为强碱性阴树脂。

4. 步骤4

经步骤3处理后，树脂不变色时，则：

① 加入1mol/L的HCl 5～10mL、摇动1～2min，然后用纯水清洗2～3次，加

0.1%甲基红指示剂3～5滴，摇动2～3min；

② 用纯水充分清洗后，比色；

③ 经处理后，树脂呈红色，则为弱酸性阳树脂；如树脂还变色，则无离子交换能力，不是树脂。

五、结果分析

① 说明本比色实验的变色规律及反应原理。

② 通过实验说明反应交换时间对鉴别效果的影响。

实验十四　树脂总交换容量和工作交换容量的测定

一、实验目的

① 加深对强酸性阳离子交换容量的理解。

② 掌握离子交换树脂总交换容量及工作交换容量的测定方法。

二、实验原理

离子交换树脂是一种高分子聚合物的有机交换剂。离子交换树脂呈网状结构，在水、酸和碱中难溶，对有机剂、氧化剂、还原剂和其他化学试剂具有一定的稳定性。对热也较稳定。在离子交换树脂的网状结构的骨架上，有许多可以与溶液中的离子起交换作用的活性基团，例如—SO_3H（磺酸基），—COOH（羧基），═NOH（肟基）等。

离子交换树脂进行离子交换反应的性能，表现在它的离子交换容量上，离子交换容量表示树脂所能吸着（交换）的交换离子数量。离子交换容量即每克干树脂或每毫升湿树脂所能交换的离子的物质的量，mmol/g（干）或 mmol/mL（湿）：当离子为一价时，即是毫克分子数；对二价或多价离子，为物质的量乘以离子价数。离子交换树脂的交换容量有三种表示法。

① 全交换容量（或称总交换容量）：指离子交换树脂内全部可交换的活性基团的数量；此值决定于树脂的内部组成，与外界溶液条件无关。这是一个常数，通常用滴定法测定。

② 平衡交换容量：指在一定的外界溶液条件下，交换反应达到平衡状态时，交换树脂所能交换的离子数量，其值随外界条件变化而异。

③ 工作交换容量：或称实交换容量，是指在某一指定的应用条件下树脂表现出来的交换容量。例如，在离子交换柱进行交换的运行过程中，当出水中开始出现需要脱除的离子时，或者说达到穿透点时，交换树脂即达到实际交换容量。故工作交换容量有时也称穿透交换容量。它的大小不是固定不变的，而是与溶液的离子浓度、树脂床的高度、流速、树脂粒度的大小以及交换基团类型等因素有关。

由上可知，树脂的全交换容量最大，平衡交换容量次之，工作交换容量最小。后两者只是全交换容量的一部分。

本实验强酸性阳离子交换树脂交换容量的测定需经过树脂预处理，即经过酸碱轮番浸泡以去除树脂表面的可溶性杂质。测定阳离子交换树脂全交换容量常采用碱滴定法，用酚酞作指示剂，计算交换容量。

动态法测定树脂的工作交换容量是将一定量 H^+ 型树脂装入交换柱中，然后用 Na_2SO_4 交换，Na^+ 与交换柱树脂上的 H^+ 进行交换，交换下来的 H^+ 用已知浓度的 NaOH 滴定。反应如下：

$$RH+Na^+ \longrightarrow RNa+H^+ \tag{10-14-1}$$

$$H^+ + OH^- \longrightarrow H_2O \tag{10-14-2}$$

根据 NaOH 的浓度和滴定消耗的体积计算工作交换容量（mmol/g）：

$$工作交换容量 = \frac{c_{NaOH}V_{NaOH}}{m_{树脂} \times \frac{20.00}{250.00}} \tag{10-14-3}$$

式中 c——用于滴定的 NaOH 的浓度，mol/L；

V——用于滴定的 NaOH 的体积，mL；

$m_{树脂}$——所测定树脂的质量，g；

20.00——移液管移取流出液的体积，mL；

250.00——容量瓶定容后的体积，mL。

三、仪器、设备、药品

① 天平、烘箱、滴定管及实验室常规玻璃器皿。

② 0.1mol/L NaOH、0.5mol/L NaCl、1%酚酞、4mol/L HCl、0.5mol/L Na_2SO_4。

③ 强酸性阳离子交换树脂。

④ 玻璃棉。

四、实验步骤

1. 总交换容量的测定

① 预处理：取一定量样品，用 2mol/L 硫酸（或 1mol/L 盐酸）和 1mol/L 氢氧化钠轮流浸泡，最后洗涤至中性。

② 测定强酸性阳离子交换树脂固体含量：称取双份 1.000g 的样品，其中一份放入 105～110℃烘箱中约 2h，等恒重后，放干燥皿中冷却至室温，称重。

③ 强酸性阳离子交换容量的测定：将 1 份 1.000g 的样品置于三角烧瓶中，投加 0.5mol/L 的 NaCl 溶液 50mL，摇动 5min，放置 2h 后，放入 1% 酚酞 3 滴，用 0.1mol/L 的 NaOH 标准溶液滴定，至呈微红色，15s 不褪色，即为滴定终点。

2. 工作交换容量的测定

（1） 树脂的预处理

20g 树脂置于烧杯中→100mL 4mol/L HCl 搅拌，浸泡 1～2d→溶胀，溶解除去杂质→倾出上层 HCl 清液→纯水漂洗树脂至中性。

（2） 装柱

用长玻璃棉将润湿的玻璃棉塞在交换柱的下部（使其平整），加 10mL 纯水，将洗净的树脂连水加入柱中（防止混入气泡），在装柱及之后的过程中，必须使树脂层始终浸泡在液面下约 1cm 处。柱高 15～20cm，水洗树脂至中性，放出多余的水。为防止之后加试液时树脂被冲起，在上面也铺一层玻璃棉。

(3) 交换

向交换柱内不断加入0.5mol/L Na_2SO_4 溶液，用250mL容量瓶收集流出液，调节流量为2mL/min，流过100mL Na_2SO_4 后，经常检测流出液的pH值，直至其pH值与加入的 Na_2SO_4 溶液pH值相同，停止交换。将收集液稀释到刻度，摇匀。移液管移取20.00mL流出液于250mL锥形瓶，加2滴酚酞，用0.10mol/L NaOH标准溶液滴定至微红色半分钟不褪色，平行测定三份。

五、结果整理

① 实验数据记录于表10-14-1和表10-14-2中。

表10-14-1 工作交换容量的测定记录

湿树脂样品重 W/g	干燥后的树脂重 W_1/g	树脂固体含量 P/%	NaOH浓度 /(mol/L)	NaOH用量 V/mL	交换容量 /(mmol/g干树脂)

表10-14-2 工作交换容量的测定记录

测定项目	1	2	3
$V_{Na_2SO_4}$/mL	20.00	20.00	20.00
V_{NaOH}/mL			
Q/(mmol/g)			
Q平均值/(mmol/g)			
相对偏差/%			
相对平均偏差/%			

② 交换容量 E (mol/g干树脂)的计算公式为：

$$E=\frac{NV}{WP} \tag{10-14-4}$$

式中 N——NaOH标准溶液的摩尔浓度，mmol/mL；

V——NaOH标准溶液的用量，mL；

W——样品湿树脂重，g；

P——树脂的固体含量，%。

实验十五　活性炭吸附实验

一、实验目的

① 通过实验进一步了解活性炭的吸附工艺及性能，熟悉整个实验过程的操作。

② 掌握用间歇法和连续法确定活性炭处理原水的设计参数的方法。

二、实验原理

活性炭吸附就是利用活性炭的固体表面对水中一种或多种物质的吸附作用，以达到净化水质的目的。活性炭的吸附作用有两个方面：一是由于活性炭内部分子在各个方向上都受着同等大小的力而在表面的分子则受到不平衡的力，这就使其他分子吸附于其表面上，此为物理吸附；另一个是由于活性炭与被吸附物质之间的化学作用，此为化学吸附。活性炭的吸附是上述两种吸附综合作用的结果。当活性炭在溶液中的吸附速度与解吸速度相等时，即单位时间内活性炭吸附的数量等于解吸的数量时，此时被吸附物质在溶液中的浓度和在活性炭表面的浓度均不再变化，从而达到了平衡，此时的动平衡称为活性炭吸附平衡，而此时被吸附物质在溶液中的浓度称为平衡浓度。活性炭的吸附能力以吸附量 q 表示。注意，吸附量更多地用“mg”作为计量单位，吸附量对应的计量单位为“mg/g”。

$$q=\frac{V(C_0-C)}{M}=\frac{X}{M} \tag{10-15-1}$$

式中　q——活性炭吸附量，即单位质量的吸附剂所吸附的物质的质量，g/g；

V——废水体积，L；

C_0，C——吸附前原水及吸附平衡时废水中物质的浓度，g/L；

X——被吸附物质的质量，g；

M——活性炭的投加量，g。

在温度一定的条件下，活性炭的吸附量随被吸附物质平衡浓度的提高而提高，两者之间的变化曲线称为吸附等温线，通常用 Fruendlich 经验式加以表述。

$$q=KC^{\frac{1}{n}} \tag{10-15-2}$$

式中　q——活性炭吸附量，g/g；

C——被吸附物质平衡浓度，g/L；

K，n——与溶液的温度、pH 值以及吸附剂和被吸附物质的性质有关的常数。

K、n 值求法如下：通过间歇式活性炭吸附实验测得 q、C 的对应之值，将式(10-15-2)取对数后变换为式(10-15-3)：

$$\lg q=\lg K+\frac{1}{n}\lg C \tag{10-15-3}$$

将 q、C 相应值点绘在双对数坐标纸上，所得直线的斜率为 $1/n$，截距为 k。

连续流活性炭的吸附过程同间歇性吸附有所不同，这主要是因为前者被吸附的杂质来不及达到平衡浓度 C，因此不能直接应用上述公式。这时应对吸附柱进行吸附杂质泄漏和活性炭耗竭过程实验，也可简单地采用 Bohart-Adams 关系式：

$$T=\frac{N_0}{C_0 v}\left[D-\frac{v}{KN_0}\ln\left(\frac{C_0}{C_B}-1\right)\right] \tag{10-15-4}$$

式中 T——工作时间，h；

v——吸附柱中的流速，m/h；

D——活性炭层厚度，m；

K——流速常数，$m^3/(g \cdot h)$；

N_0——吸附容量，g/m^3；

C_0——入流溶质浓度，mg/L；

C_B——容许出流溶质的浓度，mg/L。

根据入流、出流的溶质浓度，可用式(10-15-5) 估算活性炭吸附层的临界厚度，即保持出流溶质浓度不超过 C_B 的炭层理论厚度：

$$D_0=\frac{v}{KN_0}\ln\left(\frac{C_0}{C_B}-1\right) \tag{10-15-5}$$

式中 D_0——临界厚度，其余符号意义同前。

在实验时如果原水样的溶质浓度为 C_{01}，用三个活性炭柱串联，第一个活性炭柱的出流浓度 C_{B1} 即为第二个活性炭柱的入流浓度 C_{02}，第二个活性炭柱的出流浓度 C_{B2} 即为第三个活性炭柱的入流浓度 C_{03}。由各炭柱不同的入流、出流浓度 C_0、C_B 便可求出流速常速 K 值。

三、实验设备及药品

① 连续流实验装置为连续吸附柱，如图 10-15-1 所示。

② 振荡器。

③ 722 分光光度计。

④ 250mL 三角烧瓶 6 个。

⑤ 粒状活性炭。

⑥ 苯酚标准中间液、缓冲溶液、2%（m/V）4-氨基安替比林、铁氰化钾溶液等。

⑦ 比色管，比色架。

⑧ 10mL 移液管 1 根、1mL 移液管 2 根，吸耳球。

四、实验方法

（一）间歇式吸附实验步骤

间歇式活性炭吸附实验装置构造如图 10-5-2 所示。

① 在 6 个 250mL 的锥形瓶中分别加入 0mg、50mg、100mg、150mg、200mg、250mg 的活性炭，分别加入 200mL 实验水样，测定水温。

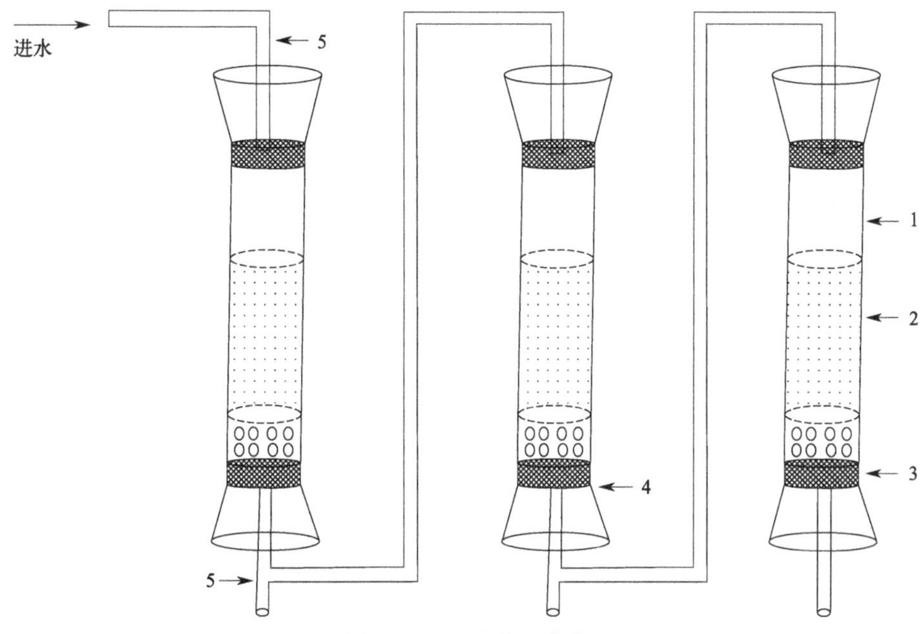

图 10-15-1 连续吸附柱

1—有机玻璃管；2—活性炭层；3—承托屋；4—隔板隔网；5—单孔橡胶管

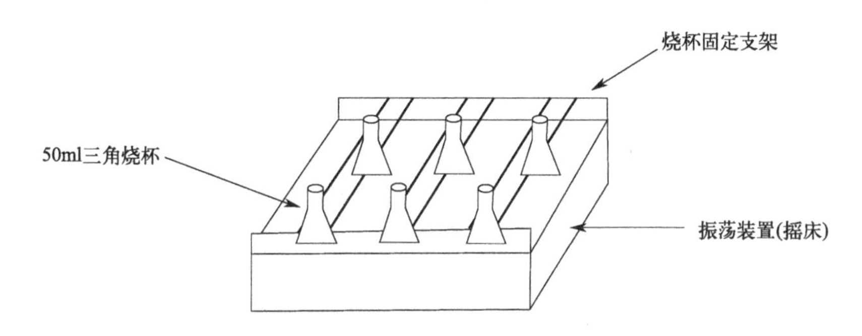

图 10-15-2 间歇式活性炭吸附实验装置构造

② 将锥形瓶放在振荡器上振荡 30min。

③ 用滤纸滤出活性炭。

④ 测定原水及滤出清液中酚的浓度。

（二）连续式吸附实验步骤

首先要了解废水的量和特性（用 COD 或特定的成分来表示）及废水量的变化情况。在所要求的流率范围内，至少要用三种不同的流率。

① 配置水样，使 COD_{Mn} 为 50～100mg/L。

② 测原水的 COD、水温、pH 值。

③ 装入活性炭。

④ 启动水泵，使水样进入水箱。

⑤ 打开阀门，使原水进入活性炭柱。

⑥ 运行稳定 5min 后测定各出水 COD。

⑦ 停泵，关闭阀门。

五、实验结果与讨论

（一）间歇式吸附实验

数据记录，根据式(10-15-1) 计算出吸附量 q，填入表 10-15-1。

根据式(10-15-3)，将 C 和相应的 q 值在双对数坐标纸上绘制出吸附等温线，直线斜率为 $1/n$，截距为 k。根据式(10-15-3)，将 C 和相应的 q 值在双对数坐标纸上绘制出吸附等温线，直线斜率为 $1/n$，截距为 k。

表 10-15-1 原始数据记录

序号	1	2	3	4	5
水样初始浓度/(mg/L)					
投入吸附剂/(mg/L)					
滤出液浓度/(mg/L)					
$\frac{X}{M}(\frac{C_0-C_1}{1000M}V)$					
$\lg C$					
$\lg\frac{X}{M}$					

（二）连续式吸附实验

① 求得已知浓度的废水每一流率的吸附容量 N_0 和流率常数 K。可从点绘制成直线关系的 t 和 D 图上的斜率和截距来求得。斜率等于 $N_0/(C_0V)$，从而可求出 N_0。流率常数 K 可根据截距 b 用式(10-15-6) 的关系式计算：

$$b=\frac{v}{KC_0}\ln\left(\frac{C_0}{C_B}-1\right) \tag{10-15-6}$$

② 应用式(10-15-5) 确定活性炭柱的临界深度 D_0。

③ 选择流率并确定滤池的尺寸。

④ 计算每年的活性炭的需要量和吸附效率。

六、思考题

① 吸附等温线有什么现实意义？

② 通过实验，你对活性炭吸附有什么结论性的意见？你认为该实验应如何进一步改进？

附：酚的测定——4-氨基安替比林分光光度法

测定步骤如下。

于一组 8 支 50mL 比色管中加入 0、0.5mL、1.0mL、3.00mL、5.00mL、7.00mL、10.00mL、

12.50mL 苯酚标准中间液，加水至 50mL 标线（蒸馏水），加 0.5mL 缓冲溶液，混匀，加 4-氨基安替比林溶液 1.0mL，混匀，再加 1.0mL 铁氰化钾溶液，充分混匀后，放置 10min，立即于 510nm 波长，用光程为 20nm 比色皿，与空白为参比，测量吸光度，并据此绘制吸光度对苯酚含量的标准曲线。（苯酚标准中间液：每毫升含 0.010mg 苯酚）

水样的测定方法如下。

分取适量水样入 50mL 比色管中，稀释至 50mL 标线，加 0.5mL 缓冲溶液，混匀，加 4-氨基安替比林溶液 1.0mL，混匀，再加 1.0mL 铁氰化钾溶液，充分混匀后，放置 10min，立即于 510nm 波长，用光程为 20nm 比色皿，与空白为参比，测量吸光度，从标准曲线上查得苯酚含量（mg)。

苯酚浓度（mg/L）为：

$$C_{\text{苯酚}}=\frac{m}{V}\times 1000$$

实验十六　过滤中和与吹脱实验

一、实验目的

过滤中和法适用于处理含酸浓度较低（4%以下）的酸性废水，废水在滤池中进行中和作用的时间、滤率与废水中酸的种类、浓度有关。通过实验可以确定滤率、滤料消耗量等参数，为工艺设计和运行管理提供依据。

通过实验希望达到以下目的：

① 了解滤率与酸性废水浓度、出水 pH 值之间的关系；

② 掌握酸性废水过滤处理的原理和工艺；

③ 测定吹脱设备去除水中游离 CO_2 的效果。

二、实验原理

酸性废水可以分为三类：

① 含有强酸（如 HCl、HNO_3）的废水，其钙盐易溶于水；

② 含有强酸（如 H_2SO_4）的废水，其钙盐难溶于水；

③ 含有弱酸（如 CO_2、CH_3COOH）的废水，目前采用的滤料有石灰石、大理石和白云石，最常用的是石灰石。

中和第一种酸性废水，各种滤料均可，反应后生成的盐类溶解于水而不沉淀，例如石灰石与 HCl 的反应式为：

$$2HCl+CaCO_3 \longrightarrow CaCl_2+H_2O+CO_2 \tag{10-16-1}$$

中和第二种酸性废水时，因生成的钙盐难溶于水，会附着于滤料表面，减慢中和反应速度。因此，进水 pH 值浓度如 H_2SO_4 的浓度应限制。若条件允许，最好采用白云石作滤料，其反应生成易溶于水的 $MgSO_4$，反应式为：

$$2H_2SO_4+CaCO_3+MgCO_3 \longrightarrow CaSO_4\downarrow+2H_2O+2CO_2\uparrow+MgSO_4 \tag{10-16-2}$$

弱酸与碳酸盐中和反应速度很慢，采用过滤中和法时，滤率应小些。当酸性废水浓度较大或滤率较大时，过滤中和后出水含有大量 CO_2，使出水 pH 值偏低（pH 值为 5 左右）。此时，可用吹脱法去除 CO_2 以提高 pH 值。

三、实验装置与设备

1. 实验装置

本实验由吸水池、水泵、恒压高位水箱和石灰石过滤中和柱等组成，如图 10-16-1 所示。

2. 实验仪器

pH 计 1 台；量筒 1000mL 1 个；秒表 1 块；测定酸度、CO_2 的仪器各 1 套；空压机 1 台。

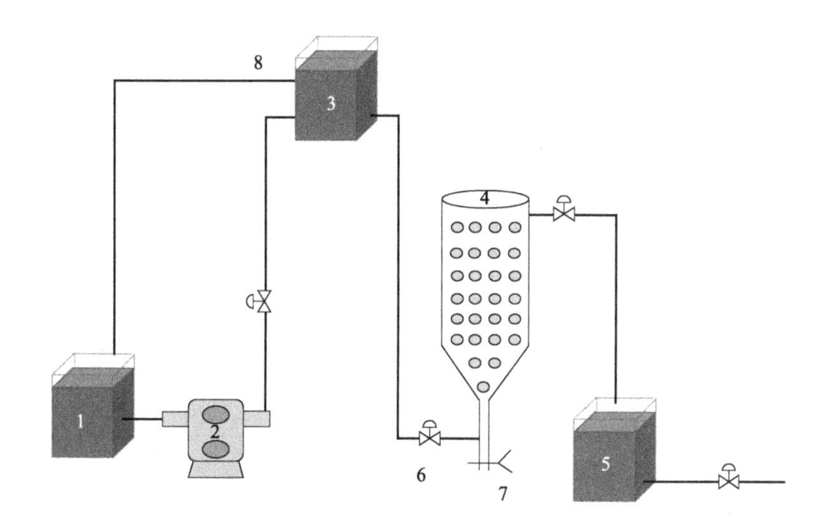

图 10-16-1　酸性废水过滤中和实验装置示意

1—吸水池；2—塑料磁力泵；3—恒压高位水箱；4—过滤中和柱；5—出水池；6—调速旋塞；7—放空阀；8—溢流管

四、实验步骤

1. 过滤中和

① 将颗粒直径为 0.5～3mm 的石灰石装入中和柱，装料高度为 0.8m 左右。

② 用工业硫酸或盐酸配制成一定浓度的酸性废水（各组配制的浓度不同，范围在 0.1%～0.4%），并取 20mL 水样测定 pH 值和酸度，结果记入表 10-16-1 中。

③ 启动水泵，将酸性废水提升至高位水箱。

④ 用调速旋塞调节流量，同时在出流管口处用体积法测定流量，每组完成 4 个滤率的实验，建议滤率采用 10m/h、20m/h、30m/h、40m/h，观察中和过程中出现的现象。

⑤ 稳定几分钟后，取样测定每种滤率出水的 pH 值和酸度，结果记入表 10-16-1 中，注意取样时应用瓶子取满水样，不留空隙，以免 CO_2 释出，影响测定结果。

2. 吹脱实验

① 取 pH 值为 5 的出水 1L，并取 250mL 水样测定其 pH 值、酸度和游离 CO_2。

② 用压缩空气鼓风曝气 2～5min。

③ 取吹脱 CO_2 后的水样测定 pH 值、酸度和游离 CO_2，结果记入表 10-16-2 中。

五、实验结果整理

记录实验设备及操作基本参数、实验过程，参考表 10-16-1 和表 10-16-2。

实验日期：________年________月________日。过滤中和柱：直径 $d=$______cm，面积 $S=$______cm^2。

池料高度 $h=$______m，滤料体积 $V=$______cm^3，酸性废水浓度 $C=$______mmol/L，pH 值______。

表 10-16-1 过滤中和实验记录

序号	原水		水量		气流	石灰石滤料			中和过滤后出水				中和过滤吹脱后出水			
	酸度/(mol/L)	pH值	转子流速计读数/(L/h)	滤速/(m/h)	转子流速计读数/(m^3/h)	装填高度/cm	膨胀高度/cm	膨胀率/%	酸度/(mol/L)	pH值	CO_2浓度/(mg/L)	中和效率/%	酸度/(mol/L)	pH值	CO_2浓度/(mg/L)	中和效率/%

表 10-16-2 酸度测定和 CO_2 测定记录

项目	pH值	速度测定					CO_2 测定				
		水样量/mL	NaOH 溶液消耗/mL			酸度/(mol/L)	水样量/mL	Na_2CO_3 溶液消耗/mL			CO_2浓度/(mg/L)
			A_1/mL	A_2/mL	平均 A/mL			B_1/mL	B_2/mL	平均 B/mL	
中和前											
中和后											
中和吹脱后											

六、实验结果讨论

① 根据实验结果说明过滤中和法的处理效果与哪些因素有关。

② 拟定一个确定处理单位体积和某浓度酸性度水所需购买滤料数量的实验方案。

实验十七 膜生物反应器模型演示实验

一、实验目的

① 了解膜生物反应器与传统活性污泥法的区别。

② 掌握膜生物反应器的构造特点、组成及运行方式。

二、实验原理

膜生物反应器（MBR）技术是膜分离技术与生物处理技术有机结合的新型废水处理技术，它利用膜分离设备将生化反应池中的活性污泥和大分子有机物截留住，省掉二沉池。膜生物反应器工艺通过膜的分离技术大大强化了生物反应器的功能，使活性污泥浓度大大提高，其水力停留时间（HRT）和污泥停留时间（SRT）可以分别控制。根据膜组件和生物反应器的组合方式不同，膜生物反应器可分为一体式和分置式两大类，如图 10-17-1 所示。

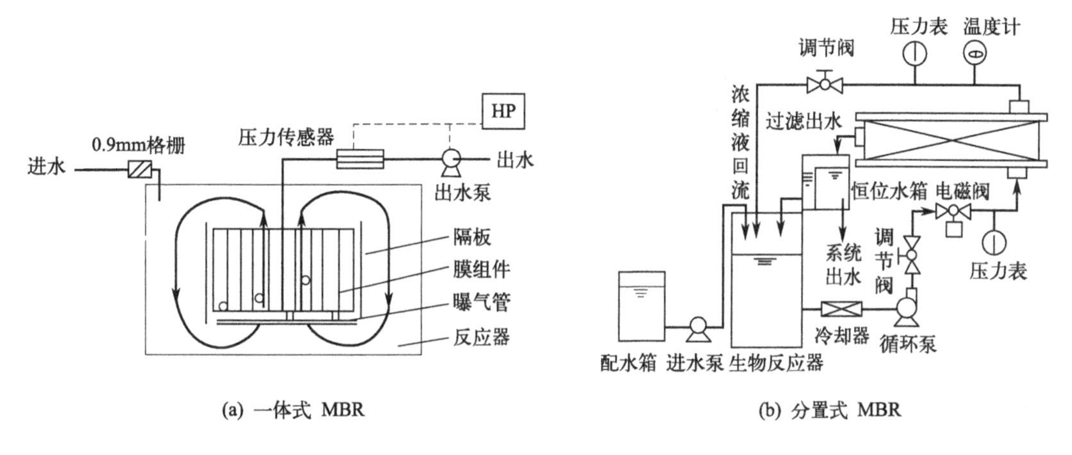

图 10-17-1 膜生物反应器（MBR）示意图

膜生物反应器的优越性主要表现在：

① 对污染物的去除率高，抗污泥膨胀能力强，出水水质稳定可靠，出水中没有悬浮物；

② 膜生物反应器实现了反应器污泥停留时间（SRT）和水力停留时间（HRT）的分别控制，因而其设计和操作大大简化；

③ 膜的机械截留作用避免了微生物的流失，生物反应器内可保持高的污泥浓度，从而能提高体积负荷，降低污泥负荷，具有极强的抗冲击能力；

④ 由于膜的截流作用使污泥停留时间（SRT）延长，有利于培养增殖缓慢的微生物，也有利于培养硝化细菌，可以提高系统的硝化能力，同时可显著减少剩余污泥产量，污泥处理费用低；

⑤ 膜生物反应器易于一体化，易于实现自动控制，操作管理方便；

⑥ MBR 工艺省略了二沉池，减少了占地面积。

但膜生物反应器也存在膜易污染、单位面积的膜透水量小、膜成本较高、一次性投资大的缺点。

三、实验装置的组成和规格

一体式膜生物反应器实验装置 1 套，如图 10-17-2 所示。

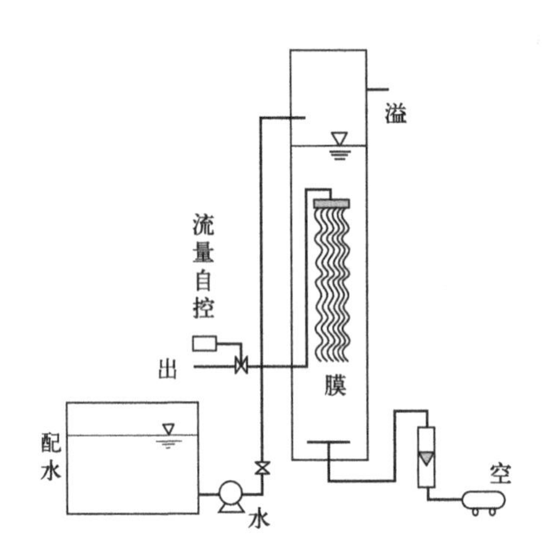

图 10-17-2 一体式膜生物反应器实验装置

实验装置的污水处理能力为 5～10L/h，由有机玻璃柱（生物反应器）、配水箱、U 形中空纤维膜组件、水泵、鼓风机和配水箱等组成。

有机玻璃柱 ϕ150mm×2500mm，柱上端设置有进水管、溢流管，柱下端设置有进气管、排空管，柱内最高水位 2.24m，最低水位 1.94m；配水箱 500mm×500mm×500mm，有效容积 100L；U 形中空纤维膜组件有效面积 0.5m^2，材质为聚偏氟乙烯；鼓风机（增氧机）1 台，气量为 40L/min，采用微孔曝气方式；出水采用重力流方式，不设置水泵。

四、操作步骤

① 取活性污泥并曝气培养待用。

② 有机玻璃柱中装入自来水，测定清水中膜的透水量。

③ 将活性污泥装入有机玻璃柱中，体积为有效容积的 1/5～1/4，其余体积为自来水，在配水箱配低 COD 浓度的实验用水，或稀释的生活污水。

④ 启动水泵和风机曝气，测定膜生物反应器膜的透水量，观察水质变化（色度、臭味等）。

五、膜的清洗

① 当出水流量出现明显下降时，可将出水管连接上城市自来水管，用自来水反向

冲洗膜组件，持续时间约 2min。

② 当步骤①冲洗效果不明显时，关闭膜组件的出水手动阀门，取下和该阀门连接的活动软管，整体取出膜组件。首先用自来水冲洗该组件中空纤维膜上缠绕的污泥，洗干净后将膜组件放入 2.5%NaClO+1%NaOH 溶液内浸泡，持续时间 8h，取出后用自来水冲洗，再放入 1%硫酸溶液内浸泡、持续时间 8h，取出后用自来水冲洗。将膜组件同活动软管连接上，再将膜组件和活动软管重新放入有机玻璃柱内，重新启动投入运行。

六、思考题

① 一体式 MBR 与分置式 MBR 在结构上有什么区别？各自有什么优缺点？

② 影响 MBR 透水量的主要因素有哪些？

③ 膜受到污染，透水量下降后如何恢复其透水量？

实验十八　电泳及 ζ 电位测定

一、实验目的

① 通过电泳实验了解胶体粒子带电的特性及其在水中较稳定存在的原因。

② 掌握电泳法测定 $Fe(OH)_3$ 溶胶 ζ 电位的原理和方法。

二、实验原理

水中污染物质按其存在形态不同可分为悬浮的、胶体的和溶解的三种。地表水常含有大量能使水体产生浊度和色度的胶体物质，颗粒粒径大小在 1～100nm。胶体颗粒体积很小，能通过一般的滤料空隙；另外，胶体物质具有动力稳定性和聚集稳定性，很难从水中除去。动力稳定性是由于胶体粒子很小，剧烈的布朗运动足以对抗重力作用的影响，故能长期悬浮在水中；聚集稳定性是指胶体粒子之间不能相互碰撞聚集在一起的特性。这主要是由于胶体物质吸附某些离子后形成双电层结构，表面具有动电位（即 ζ 电位），带同种电荷的粒子相斥，因而获得聚集稳定性。若将胶体粒子的表面电荷消除或降低到一定值，胶体粒子便失去聚集稳定性，小颗粒就可以聚集成大的颗粒，从而破坏其动力学稳定性，产生沉淀现象。在胶体溶液中加入大量电解质，使得与胶粒电荷相反的带电离子进入胶粒双电层，降低胶粒间的排斥势能等，都可使胶粒聚沉。特别是加入具有高价反离子的电解质，效果更显著。水处理过程中加入混凝剂压缩双电层，可将 ζ 电位降到一定程度。

由于胶粒表面吸附了一些与胶体结构相类似的带电离子，有些胶粒带正电，有些带负电，因此在外加静电场的作用下，可观察到胶体溶液做定向运动，称为电泳。通过实验还可以计算出胶体双电层的 ζ 电位。ζ 电位（V）的数值，可根据亥姆霍兹方程式计算。

$$\zeta=\frac{K\pi\eta uL}{\varepsilon E}\times 9\times 10^4=\frac{K\pi\eta u}{\varepsilon w}\times 9\times 10^4 \tag{10-18-1}$$

式中　K——为与胶粒形状有关的常数（对于球形胶粒 $K=6$，棒形胶粒 $K=4$，在实验中均按棒形粒子看待）；

ζ——胶体的电动电位，V；

η——介质（水）的黏度，$\eta_{20℃}=0.01005Pa\cdot s$，$\eta_{25℃}=0.00894Pa\cdot s$；

u——电泳速度，即迁移速率，cm/s；

w——电位梯度，V/cm，$w=E/L$；

ε——介质的介电常数，考虑温度校正，$\ln\varepsilon_T=4.474226-4.54426\times 10^{-3}T$（$T$ 的单位为℃）；

E——外加电场的电压数值，V；

L——两极间的距离，cm（注意：不是水平横距离，而是 U 形管的导电距离）。

由式(10-18-1) 知，对于一定溶胶而言，若固定 E 和 L 测得胶粒的电泳速度（$u=$

d/t，d 为胶粒移动的距离，t 为通电时间)，就可以求算出 ζ 电位。

三、仪器及试剂

电泳测定管（1套，见图10-18-1）、直流稳压器（1台）、秒表（1块）、铂电极（或铜电极2根）、量筒（100mL 1个）、刻度移液管（10mL 1个）、烧杯（100mL 2个）、$FeCl_3$ 溶液（10%）、稀 NaCl 溶液、稀 HNO_3 溶液、蒸馏水、KCl 溶液。

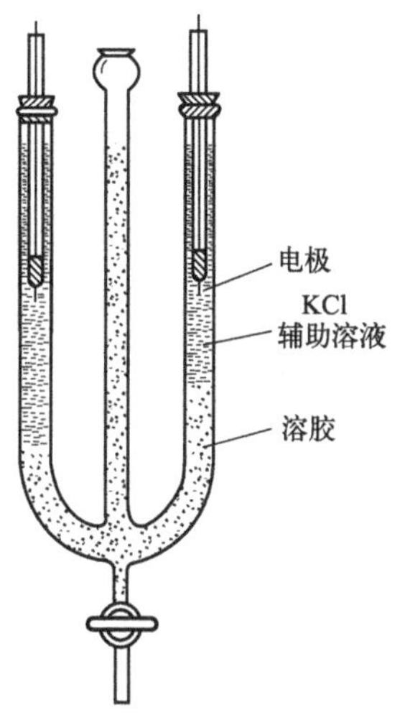

图 10-18-1　电泳仪测定管

四、实验步骤与记录

1. 电极准备

将电极浸入稀 HNO_3 溶液中数秒，然后用蒸馏水、稀 NaCl 溶液依次洗净，滤纸拭干后备用。

2. $Fe(OH)_3$ 溶胶的制备

用水解法制备 $Fe(OH)_3$ 溶胶：在100mL 烧杯中加 80mL 蒸馏水，加热至沸腾，逐滴加入 10mL 10%的 $FeCl_3$ 溶液，并不断搅拌，加完后继续沸腾 5min，由水解得红棕色 $Fe(OH)_3$ 溶胶，冷却后即可使用，若有条件可用火棉胶制备半透膜纯化 $Fe(OH)_3$ 溶胶（方法见本实验附2）。制得的 $Fe(OH)_3$ 的结构式可用下列化学式表示：$\{[Fe(OH)_3]_m \cdot nFeO^+(n-x)Cl^-\}^{x+} \cdot xCl^-$。

3. $Fe(OH)_3$ 溶胶电泳的定性观察和 ζ 电位的测定

① 用电导率仪在 50mL 烧杯中测量实验制备的 $Fe(OH)_3$ 溶胶的电导率，其值要小于 $0.8\times10^4\mu S/cm$ [或 μ/（$\Omega \cdot cm$）] 即可。将已测好的 $Fe(OH)_3$ 溶胶从电泳仪（图10-18-1）的中间管子慢慢加入，直至液面在电泳仪立管的1/4高度为止。在另一干净的 50mL 烧杯中，配制 KCl 溶液，使其电导率与 $Fe(OH)_3$ 溶胶完全一样。用滴管吸取已配制好的 KCl 溶液，小心地从电泳仪两边立管贴管内壁慢慢流入，使 KCl 溶液与溶胶之间始终保持清晰界面，并使两边立管中的溶胶界面近似保持在同一水平面上。

② 将铂电极分别插入电泳仪两边立管溶液中约 1cm 处，准确记录这时界面的刻度，然后接通电泳仪直流电源，使电压保持在 80V，20min 后观察界面位置的变化，记下准确的通电时间 t（s）和溶胶面上升的距离 d（cm），从伏特计上读取电压 E（V），沿 U 形管中线量出两电极间的距离 L（cm），此数值测量 5～6 次，取平均值。用 pH 试纸测量电泳前后两立管中 HCl 溶液酸度的变化，并解释此现象。

4. 整理实验器材

实验结束后，拆除线路。用自来水洗电泳管多次，最后用蒸馏水洗一次。

5. 实验数据计算

将数据代入式(10-18-1) 中计算 ζ 电位。

五、注意事项

① 利用式(10-18-1) 求算 ζ 电位时，除电压单位外，其他各物理量的单位都需用 c. g. s 制（厘米．克．秒制）。

② 电泳测定管必须洗净，以免其他离子干扰。

③ 制备 $Fe(OH)_3$ 溶胶时，$FeCl_3$ 一定要逐滴加入，并不断搅拌。

④ 电泳时，加辅助溶液一定要小心，务必保持界面清晰。

⑤ 测量两电极的距离时，要沿电泳管的中心线测量。

六、思考题

① 地表水常存在的大量胶体物质为什么不能自然沉淀？

② 为什么河川到海洋的出口处，胶体容易脱稳凝聚形成三角洲？

③ $Fe(OH)_3$ 溶胶胶粒带何种符号的电荷？为什么它会带此种符号的电荷？

附 1. 半透膜的制备

在一个内壁洁净、干燥的 250mL 锥形瓶中，加入约 100mL 火棉胶液，小心转动锥形瓶，使火棉胶液黏附在锥形瓶内壁上形成均匀薄层，倾出多余的火棉胶于回收瓶中。此时锥形瓶仍需倒置，并不断旋转，待剩余的火棉胶流尽，使瓶中的乙醚蒸发至已闻不出气味为止（此时用手轻触火棉胶膜，已不黏手）。然后再往瓶中注满水，(若乙醚未蒸发完全，加水过早，则半透膜发白）浸泡 10min。倒出瓶中的水，小心用手分开膜与瓶壁的间隙。慢慢注水于夹层中，使膜脱离瓶壁，轻轻取出，在膜袋中注入水，观察有无漏洞。制好的半透膜不用时，要浸放在蒸馏水中。

附 2. 用热渗析法纯化 $Fe(OH)_3$ 溶胶

将制得的 $Fe(OH)_3$ 溶胶注入半透膜内，用线拴住袋口，置于 800mL 的清洁烧杯中，杯中加蒸馏水约 300mL，维持温度在 60℃左右，进行渗析。每 20min 换一次蒸馏水，4 次后取出 1mL 渗析水，分别用 1% $AgNO_3$ 及 1% KSCN 溶液检查是否存在 Cl^- 及 Fe^{3+}，如果仍存在，应继续换水渗析，直到检查不出为止，将纯化过的 $Fe(OH)_3$ 溶胶移入一个清洁干燥的 100mL 小烧杯中待用。

第十一章
开放性实验

实验一　微污染源水处理再生利用实验研究

一、实验目的

通过中试实验，考察研究在涡流澄清池中投加常用混凝剂 PAC 对微污染原水中各种有机物的去除情况，并分析原因和机理，为其今后在工程中的应用提供相关依据。

二、实验内容简介

拟研究一种以微涡流强化混凝原理为核心的微污染源水处理及再生利用技术，优化该技术的设计参数和反应控制条件，为其工程应用提供设计依据。对混凝剂的优化与筛选进行研究：考察不同混凝剂及其投加量对混凝性能和污染物去除效果的影响，优选出适合该处理工艺的混凝剂。对微涡流强化混凝技术设计参数优化和反应条件控制研究：研究微涡流强化混凝技术设计参数和反应控制条件对混凝性能和污染物去除效果的影响，获取适合该工艺的设计参数和反应控制条件。

三、实验装置与方法

1. 原水水质

原水为华东交通大学孔目湖湖水。实验期间原水水质需自行测定。

2. 实验装置

实验装置主要由澄清池、涡流反应器、潜污泵、配药箱、投药计量泵和集水箱等组成。实验的工艺流程见图 11-1-1。

3. 分析方法

本实验检测的水质指标主要有水温、pH 值、浊度、化学需氧量（COD_{Cr}）、总磷

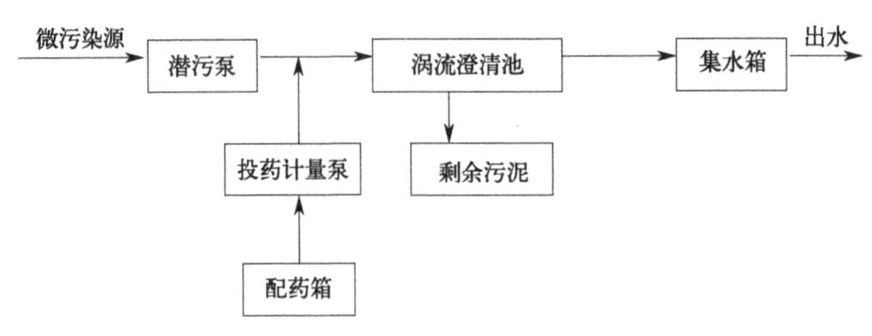

图 11-1-1 实验的工艺流程

(TP)、UV_{254} 和氨氮（NH_4^+-N）。分析项目的测试方法均采用《水和废水监测分析方法》（第四版）中的国家标准测试方法。水质指标与分析方法见表 11-1-1。

表 11-1-1 水质指标与分析方法

序号	水质指标	分析方法
1	水温	温度计
2	pH 值	METTLERTOLEDO 320 pH Meter
3	浊度	TDT-2 型浊度仪
4	COD	快速密闭催化消解法
5	TP	钼锑抗分光光度法
6	UV_{254}	紫外可见分光光度计
7	NH_4^+-N	纳氏试剂分光光度法

四、实验方案

采用潜污泵连续进水，待涡流澄清池运行稳定之后，控制涡流澄清池的进水流量和混凝剂投加量，每天连续取 6 个水样，每隔 1h 取一次水样，对 6 个水样的浊度、化学需氧量（COD_{Cr}）、总磷（TP）、UV_{254} 和氨氮（NH_4^+-N）进行检测，取其平均值，分析研究涡流澄清池对微污染原水的去除性能。

具体由开放实验小组成员与指导老师商议后确定。

五、实验结果与讨论

实验结果记录于表 11-1-2。

实验日期________年________月________日

水温：______℃；pH 值：______；原水浊度：______NTU；投药量：______mg/L。

表 11-1-2 不同流量下出水水质指标值

流量/(m^3/h)	实验次数	浊度/NTU	COD_{Cr}/(mg/L)	UV_{254}/(abs/cm)	TP/(mg/L)	NH_4^+-N/(mg/L)	自定实验检测项目
Q_1	1						
	2						
	3						
	4						
	5						
	6						

续表

流量/(m³/h)	实验次数	浊度/NTU	COD_{Cr}/(mg/L)	UV_{254}/(abs/cm)	TP/(mg/L)	NH_4^+-N/(mg/L)	自定实验检测项目
Q_2	1						
	2						
	3						
	4						
	5						
	6						
Q_3	1						
	2						
	3						
	4						
	5						
	6						

六、成果形式

根据实验结果形成实验报告。

实验二　涡流澄清池不同斜管长度下除浊效果的实验研究

一、实验目的

在澄清区增设斜管，是增强泥水分离效果、提高出水水质的有效措施之一。目前国内工程应用中的斜管管长多为1m，安装倾角与水平面呈60°。按照《室外给水设计规范》（GB 50013—2006）上向流设计，底部配水区和清水区保护高度分别为不小于1.5m和1.0m，由此导致目前设计和应用的涡流澄清池池体较深，因此需要较大的配水水头。若能在保证分离效果的前提下，缩短斜板的长度或改变其结构设计参数，使池体高度降低，则可节省配水水头，降低能量消耗。

本实验通过对涡流澄清池装置进行中试实验，考察研究在涡流澄清池中放置不同长度斜管时对浊度的去除效果。

二、实验内容简介

利用孔目湖教学实践基地现有的涡流澄清池装置（处理水量4～10m^3/h），在相同情况下，实验在涡流澄清池澄清区放置不同长度的斜管时（可考虑分别用斜长为70cm和100cm的斜管进行实验），分别考察在不同流量下涡流澄清池的除浊效果。使实验人员对涡流澄清工艺有更深入的认识，提高动手和思考能力。

三、实验装置与方法

1. 原水水质

原水为华东交通大学孔目湖湖水。实验期间原水水质需自行测定。

2. 实验装置

实验所用涡流澄清池参数如下：设计处理水量10m^3/h，絮凝反应时间6.8min，水力停留时间32min，清水区液面负荷5.1m^3/（m^2・h）。其结构和尺寸设计如图11-2-1所示，其实物如图11-2-2所示。

3. 实验方法

本实验为现场中试实验，涡流澄清装置，在混凝反应区设置涡流反应器，并在斜管沉淀区放置不同的斜管。考察进水流量为6m^3和10m^3时，不同投药量下澄清池的处理效果。

取样后对水样进行分析检测，具体的检测项目、分析方法及所需仪器如表11-2-1所示。

表11-2-1　实验检测项目及检测方法

分析项目	分析方法	所用仪器
水温/℃	直接测量	水银温度计
pH值	玻璃电极法	METTLERTOLEDO 320 pH Meter
浊度/NTU	浊度计法	TDT-2型浊度仪
COD_{Mn}/(mg/L)	酸性高锰酸钾法	电热恒温水浴锅
UV_{254}/(abs/cm)	紫外分光光度法	UV_{759}紫外可见分光光度计

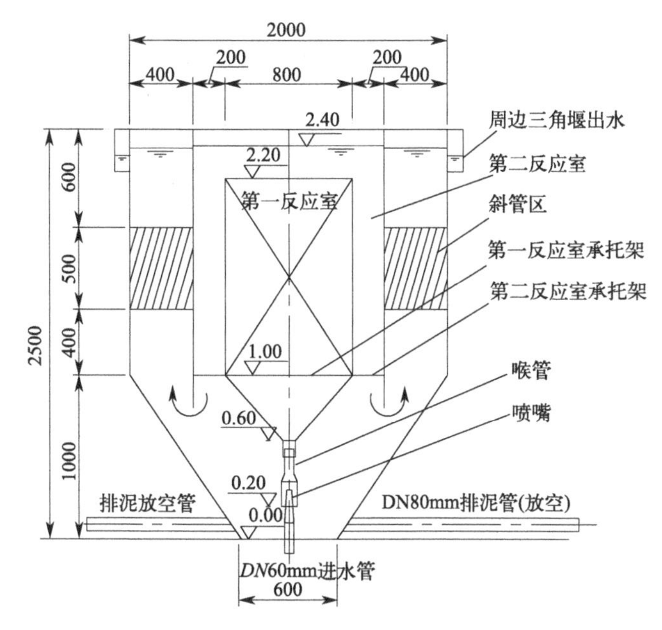

图 11-2-1　涡流澄清池示意

图 11-2-2　涡流澄清池实物

四、实验方案

相同液面负荷下，不同长度的处理效果实验：涡流澄清池 1＃放置斜长为 70cm 的正六边形蜂窝斜管，涡流澄清池 2＃放置斜长为 100cm 的正六边形蜂窝斜管。在启动澄清池以后，试验在不同投药量下澄清池的处理效果，每个工况均稳定运行 8h 以上，取样频次为 1 次/h。

相同长度下，不同液面负荷的处理效果实验：涡流澄清池同时放置斜长为 70cm 和 100cm 的斜管。在启动澄清池以后，试验进水流量为 $6m^3$ 和 $10m^3$ 时，不同投药量下两澄清池的处理效果，每个工况均稳定运行 8h 以上，取样频次为 1 次/h。

具体可由开放实验小组成员与指导老师商议后确定。

五、实验结果与讨论

实验结果记录于表 11-2-2 和表 11-2-3。

实验日期________年________月________日

水温：______℃；pH 值：______；原水浊度：______NTU；斜管长度：______cm。

表 11-2-2　不同流量下出水水质指标值

流量/(m^3/h)	实验次数	浊度/NTU	COD_{Mn}/(mg/L)	UV_{254}/(abs/cm)	自定实验检测项目
Q_1	1				
	2				
	3				
	4				
	5				
	6				
	7				
	8				

续表

流量/(m^3/h)	实验次数	浊度/NTU	COD_{Mn}/(mg/L)	UV_{254}/(abs/cm)	自定实验检测项目
Q_2	1				
	2				
	3				
	4				
	5				
	6				
	7				
	8				
Q_3	1				
	2				
	3				
	4				
	5				
	6				
	7				
	8				

注：流量自定。

水温：______℃；pH值：______；原水浊度：______NTU；进水流量：______m^3/h。

表11-2-3　不同斜管长度下出水水质指标值

斜管长度/cm	实验次数	浊度/NTU	COD_{Mn}/(mg/L)	UV_{254}/(abs/cm)	自定实验检测项目
L_1	1				
	2				
	3				
	4				
	5				
	6				
	7				
	8				
L_2	1				
	2				
	3				
	4				
	5				
	6				
	7				
	8				
L_3	1				
	2				
	3				
	4				
	5				
	6				
	7				
	8				

注：斜管长度自定。

六、成果形式

根据实验数据形成实验报告。

实验三　几种混凝剂对水源水处理效果的实验研究

一、实验目的

混凝实验是一个相对复杂的过程，因为分散在水中的胶体粒子带有电荷，同时由于水化膜以及分子布朗运动的作用，长期处于稳定状态，难以用自然沉降法去除。当向水中加入混凝剂以后，由于混凝剂可以降低分子之间的排斥势能，使得胶体“脱稳”，同时也能发生高聚物式高分子吸附架桥作用以及网捕卷扫作用，从而使得胶体颗粒凝聚成絮体，最终沉淀，从水中分离出来。

本实验首先通过混凝预处理，以期降低生化水样的 COD 以及色度。烧杯搅拌实验发生的条件不仅受混凝剂种类的影响，同时也受混凝剂发生作用的条件的影响，如混凝剂的投加剂量、实验的 pH 值等。本实验的目的是通过烧杯搅拌实验，优选出最佳的混凝剂以及混凝剂发生作用的最佳条件。

二、实验内容简介

本项目拟研究水源水在混凝剂下的处理效果，研究优化絮凝剂的种类以及投加量，优化该技术的反应控制条件，为其工程应用提供设计依据。

① 对混凝剂的优化与筛选进行研究：考察不同混凝剂及其投加量对混凝性能和污染物去除效果的影响，优选出适合该处理工艺的混凝剂。

② 研究适用于此类水源水的最佳絮凝剂，确定最佳絮凝条件。

三、实验设备与材料

1. 实验仪器

六联合搅拌器、重铬酸钾法所需的实验仪器、烧杯、容量瓶、洗耳球、移液管、pH 试纸、玻璃棒、比色管、量筒、物理天平等。

2. 实验药品

本实验所用的混凝剂主要有硫酸铝、PAC（聚合氯化铝）、PFS（聚合硫酸铁）。重铬酸钾法所需的一切实验药品、铂钴标准比色法所需的一切实验药剂。

四、实验方案

由开放实验小组成员与指导老师商议后确定。

五、成果形式

将实验数据总结形成实验报告。

实验四　过硫酸盐氧化处理垃圾渗滤液生化出水实验研究

一、实验目的

① 了解渗滤液深度处理工艺。

② 对垃圾渗滤液生化出水进行水质分析。

③ 开展过硫酸盐氧化处理垃圾渗滤液生化出水的实验研究。

二、实验内容简介

基于过硫酸盐活化产生的·SO_4^- 自由基治理有机废水，是国内外最近发展起来的新领域，通过活化过硫酸盐处理垃圾渗滤液研究处于起步阶段。采用热活化过硫酸盐方式产生·SO_4^- 自由基处理垃圾渗滤液，同时采用 Fenton 氧化作为对比，考察对渗滤液中出水的去除效果。

三、材料与方法

1. 实验方法

(1) 热活化

取 100mL 渗滤液生化尾水于 250mL 的锥形瓶中，调节 pH 值，加入一定剂量的过硫酸钠，置入恒温水浴振荡器中，设置一定的恒定温度，在 100r/min 的转速下振荡以使之充分反应，一定时间后取出水样冷却后分析上清液。

(2) 催化活化

取 100mL 渗滤液生化尾水于 250mL 的锥形瓶中，调节 pH 值，加入一定剂量的过硫酸钠与催化剂（硫酸亚铁或活性炭），在常温下反应一定时间后对水样进行分析。

2. 实验分析

COD（mg/L）采用快速密闭催化消解法，使用微波密闭消解 COD 快速测定仪测定；色度采用稀释倍数法测定。

3. 实验水样

实验水样取自南昌市麦园垃圾填埋场垃圾渗滤液处理厂 A^2O 工艺出水，具体水质指标如下：水温 14～25℃，COD 1500～2600mg/L，色度 300～500 度。

四、实验方案

① 研究 Fe^{2+} 和 $S_2O_8^{2-}$ 的摩尔比对氧化效果的影响；

根据亚铁盐活化过硫酸盐的反应式：

$$S_2O_8^{2-}+Fe^{2+}\longrightarrow \cdot SO_4^-+SO_4^{2-}+Fe^{3+}$$

可知适宜的 Fe^{2+} 和 $S_2O_8^{2-}$ 的摩尔比有利于过硫酸盐的活化，从而有效降解渗滤液生化尾水。

② 研究 pH 值对氧化效果的影响。

③ 研究过硫酸钠投加量对氧化效果的影响。

④ 研究反应时间对氧化效果的影响。

由开放实验小组成员与指导老师商议后确定。

五、实验结果与讨论

① 实验日期________年________月________日

② 本实验研究 Fe^{2+} 和 $S_2O_8^{2-}$ 的摩尔比对氧化效果的影响，实验数据记录于表 11-4-1 中。可设置摩尔比为 0.125、0.25、0.75 和其他自定义值。

表 11-4-1 不同 $Fe^{2+}/S_2O_8^{2-}$（摩尔比）出水水质指标值

水温______℃；pH 值______；氧化剂投加量______g/L

$Fe^{2+}/S_2O_8^{2-}$（摩尔比）	实验次数	浊度/NTU	色度/度	COD_{Cr}/(mg/L)	UV_{254}/(abs/cm)	自定实验检测项目
	1					
	2					
	3					
	4					
	5					
	1					
	2					
	3					
	4					
	5					
	1					
	2					
	3					
	4					
	5					
自定义						

③ 研究 pH 值对氧化效果的影响。

④ 研究过硫酸钠投加量对氧化效果的影响。

⑤ 反应时间对氧化效果的影响。

实验③～实验⑤由开放实验小组成员与指导老师商议后确定。

六、成果形式

将实验数据总结形成实验报告。

实验五　矿化垃圾吸附渗滤液的实验研究

一、实验目的

① 矿化垃圾的改性研究，对矿化垃圾做改性处理以提高矿化垃圾对渗滤液的吸附性能。

② 矿化垃圾解析性能研究，尽可能提高和延长矿化垃圾吸附柱的使用寿命。

③ 矿化垃圾生物床处理中、老年期垃圾渗滤液的研究。

二、实验内容

① 渗滤液生化出水的初始指标以及标准曲线的测定。

② 混凝处理渗滤液的生化出水，并考察其絮凝效果的影响因素，选定最佳混凝条件。

③ 氧化处理混凝生化出水，并考察其氧化效果的影响因素，选定最佳氧化条件。

三、实验装置与方法

1. 实验水样

实验所用水样为江西省南昌市麦园垃圾填埋场调节池的生化出水，其具体水质情况见表 11-5-1。

表 11-5-1　麦园垃圾填埋场垃圾渗滤液水质情况

项目	数值
COD_{Cr}	1500～1900mg/L
NH_4^+-N	90～110mg/L
pH 值	6～7

2. 实验设备

主要实验设备见表 11-5-2。

表 11-5-2　主要实验设备

设备名称	型号
电子天平	AL204
哈希分光光度计	
电热鼓风干燥箱	DHG-9101-2S
微波密封消解 COD 速测仪	G8023CSL-K3
智能型混凝试验搅拌器	

3. 实验药品

聚合硫酸铁 PFS、聚合氯化铝 PAC、聚丙烯酰胺 PAM、H_2SO_4（98%）、H_2O_2（30%）、$F_eSO_4 \cdot 7H_2O$、NaClO 溶液（5%含氯量）、$K_2Cr_2O_7$、Ag_2SO_4、$HgSO_4$、邻菲啰啉、$(NH_4)_2Fe(SO_4) \cdot 6H_2O$、$ZnSO_4$、NaOH、KI、$HgI_2$、酒石酸钾钠、$NH_4Cl$。

4. 主要检测指标

此次实验将重点检测 COD_{Cr} 和 NH_4^+-N 两个指标。

四、实验方案

研究不同混凝剂、pH 值、助凝剂以及反应时间等因素对处理水质的影响。正交试验设计可参考表 11-5-3 和表 11-5-4。

表 11-5-3　因素水平表

因素 内容	1	2	3	4
	1. PFS/(g/L)	2. pH 值	3. PAM/(mg/L)	4. 时间/min
水平	1、2、3	1、2、3	1、2、3	1、2、3
选值	0.8、1.2、1.6	6、7、8	0.3、0.5、0.7	20、30、40

表 11-5-4　正交表 L_9（3^4）

试验号	列号			
	1	2	3	4
1	1	1	1	1
2	1	2	2	2
3	1	3	3	3
4	2	1	2	3
5	2	2	3	1
6	2	3	1	2
7	3	1	3	2
8	3	2	1	3
9	3	3	2	1

具体由开放实验小组成员与指导老师商议后确定。

五、成果形式

将实验数据整理分析，形成实验报告。

实验六　苯酚对好氧颗粒污泥形成的影响实验研究

一、实验目的

通过实验研究了解好氧颗粒污泥的培养和性能指标，了解其在处理高浓度有机废水、难降解废水、有毒废水及吸附重金属等有毒物质等方面的特点，使学生了解本专业的新技术、新理论，提高分析问题、解决问题的能力。

二、实验内容简介

以葡萄糖和苯酚作为共生基质，进水中葡萄糖和苯酚的浓度同时递增，直至进水总COD浓度为1000mg/L，其后在维持进水COD为1000mg/L的情况下，逐渐增加苯酚投加量，并降低葡萄糖的投加量，直至苯酚成为唯一碳源，研究苯酚对好氧颗粒污泥形成过程中EPS（Extracelluar Polymeric Substance，胞外聚合物）、ζ电位、污泥形态以及其微观结构的影响，好氧颗粒污泥降解苯酚动力学研究，实验过程中苯酚、COD、氨氮、TP的去除效果的研究。

三、实验装置与方法

1. 实验装置运行控制

SBR反应器由有机玻璃制成，如图11-6-1所示，反应器有效高度为100cm，内径7cm，有效体积2L，排水口设在距反应器底部26cm处，排水量为1L，即排水比为50%。反应器底部设有曝气头，由空气泵供气并用转子流量计控制曝气量，曝气量控制采取递增模式，从最初的曝气量0.1m^3/h逐渐增加并最终稳定在0.4m^3/h，相当于表面气速为2.89cm/s。人工模拟废水装入配水箱，由小型抽水泵抽吸并从上部进入SBR反应器。反应器中部设置有排水口，由电磁阀控制排水。SBR反应器每个运行周期4h，进水3min、曝气227min、沉降5min、排水5min，水力停留时间为8h，SBR反应器在整个运行过程中由时间继电器自动控制。温度控制使用电热带和温控仪控制在（24±1）℃。

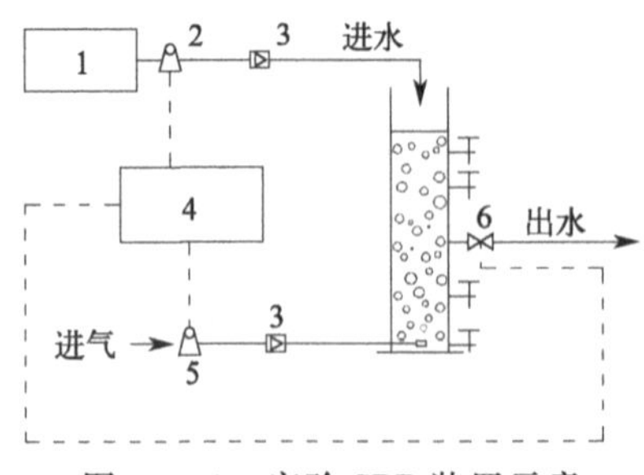

图11-6-1　实验SBR装置示意

1—储水箱；2—进水泵；3—流量计；4—时间控制器；5—气泵；6—电磁阀

2. 接种污泥

反应器的接种污泥取自当地生活污水厂 MBR 反应器曝气池内的普通絮状污泥，接种体积为 1L，占反应器容积的 1/2，接种污泥浓度 MLSS 为 3.08g/L，SVI_{30} = 85.52mL/g。接种污泥完全呈絮状，无颗粒污泥。

3. 测定项目与分析方法

① COD、NH_4^+-N、TP、MLSS、SVI_{30} 等采用标准方法测定。

② 污泥粒径分布采用湿筛法测定，使用光学显微镜和数码照相机观察和记录污泥形态。

③ 比重测定通过已知体积的均匀污泥样的质量和 4℃下相同体积蒸馏水的质量来作对比；沉降速率采用重力法测定。

四、实验方案

由开放实验小组成员与指导老师商议后确定。

五、成果形式

整理、分析实验数据，形成实验报告。

实验七　孔目湖沉积物磷的释放特性及影响因素实验研究

一、实验目的

通过查阅资料，掌握沉积物中释放磷的实验方法及上覆水样中磷的测定；熟悉湖泊沉积物的采样过程与采样方法，采集孔目湖沉积物样品，在室内模拟分析沉积物中磷的释放过程；最后探讨温度、pH 值等环境因子对沉积物中磷释放的影响。

二、实验内容简介

沉积物是氮、磷等营养盐的重要蓄积库和释放源，是湖泊水生生态系统的重要组成部分及湖泊富营养化过程研究的重点。沉积物中蓄积了大量的营养盐，在湖泊环境条件发生变化时，沉积物中的营养盐会逐步释放出来，补充上覆水体中的营养盐，从而影响水体的营养状态，成为湖泊水体的内污染源。沉积物-水界面磷的行为研究是揭示湖泊富营养化进程及机理的重要一环，沉积物中磷的释放是影响沉积物-水界面磷交换非常重要的过程。沉积物中的磷是湖泊水生生态系统的重要生态因子，其间磷的释放是湖泊水体磷的重要来源之一，而且是决定湖泊上覆水体中磷含量的重要因素。相关的研究表明，在外源输入逐步得到控制的情况下，沉积物向上覆水体释放磷的过程将成为湖泊水质恶化和水体富营养化的重要原因。沉积物中磷的释放受到各种环境因子的影响，影响城市小型浅水湖泊沉积物中磷释放的主要因素有温度、pH 值、微生物、氧化还原电位、水动力条件及沉积物性质等，其中温度和 pH 值对沉积物中磷的释放影响尤其明显。因此，探讨沉积物中磷的释放过程及特性，对深入认识湖泊生态系统内磷的生物地球化学循环及其对上覆水体的营养状况和生产力的贡献具有重要的理论意义。

三、材料与方法

1. 样品采集

孔目湖沉积物样品主要采自孔目湖湖区及边缘地带，在现场利用柱状采样器采集表层 0～10cm 的沉积物于封口塑料袋中，在冰盒中存放，带回实验室，冷冻干燥后过 100 目筛后进行实验。

2. 实验方法

(1) 磷释放模拟实验

装 100mL 已知浓度的由 5%人工湖水配制的标准磷溶液于 250mL 锥形瓶中，再在每个瓶中分别加入 1.00g 左右的孔目湖沉积物干样，将锥形瓶放入恒温振荡器于 25℃恒温振荡，转速为 125r/min，每隔一定的时间取下一个锥形瓶进行水样采集，每次取水样 10mL，水样在离心机上以 4000r/min 的速度离心 15min 后，用 0.45μm 微孔滤膜过滤，过滤后水样中的磷用标准方法测定，按释放前后的浓度差计算释放量。同时做空白实验监控分析误差。

单位质量沉积物中磷的吸附量 Q（mg/kg）为：

$$Q=\frac{(C_0-C)V}{W}$$

式中　V——加到锥形瓶中溶液的体积，L；

W——沉积物干样的质量，kg；

C_0——磷的初始浓度，mg/L；

C——释放后溶液中磷的浓度，mg/L。

（2）环境因子影响实验

① 温度对沉积物磷释放的影响。准确量取 150.00g 过 100 目筛的沉积物样品放入 2000mL 烧杯中，将沉积物摊平，小心加入经 0.45μm 微孔膜过滤的湖水水样 1500mL，将烧杯置于恒温磁力搅拌器上，转速为 600r/min，温度分别设置为 10℃、15℃、20℃、25℃，每隔 2h 采集一次水样，每次采样 10mL，然后 4000r/min 离心 30min 获取上清液，上清液经 0.45μm 微孔膜过滤后立即冷冻（−20℃），集中测定磷浓度，并计算磷释放量。

② 上覆水 pH 值对沉积物磷释放的影响。准确量取 0.25g 过 100 目筛的沉积物样品，分别放入 6 个 50mL 离心管中，加入磷浓度为 0.39mg/L 的原水 25mL，用 $NaHCO_3$ 和稀硫酸溶液调节体系的 pH 值，使其在 4～10 之间均匀分布，将离心管置于水浴恒温振荡器上连续振荡 24h，振荡频率设为 145 次/min，温度设为 20℃。然后 4000r/min 离心 30min 获取上清液，经 0.45μm 微孔膜过滤后测定滤液的 pH 值和磷浓度，并计算磷的释放量。

四、实验方案

由开放实验小组成员与指导老师商议后确定。

五、成果形式

整理、分析实验数据，形成实验报告。

实验八　几种吸附剂对废水中低浓度磷的吸附实验研究

一、实验目的

本实验研究常用吸附剂对模拟低磷废水的吸附效果，旨在选取高效除低磷的吸附剂，即选取对磷吸附速率快、吸附量大且投加量小的吸附剂，为二级出水除磷工程吸附剂的选择提供参考依据。

二、实验内容简介

拟采用阴离子交换树脂、氧化铝、硅藻土助滤剂、钠基改性膨润土、煤渣、沸石、核桃壳、热力贴八种常见吸附剂，对二级生物处理后的出水（含磷量较低）进行吸附除磷实验研究，分析吸附剂的投加量、吸附时间等因素对吸附除磷效果、吸附平衡、吸附容量的影响。

三、材料与方法

1. 实验水样

采用配水方式，称取一定量固体 KH_2PO_4，加蒸馏水配成 0.90mg/L 的含磷水样，用稀硫酸微调 pH 值至 7.3，待用。

2. 实验仪器

85-2 数显恒温磁力搅拌器；XFS-280MB 手提式压力蒸汽灭菌器；1000～5000 μL 移液枪；AB204-N 型电子天平；哈希分光光度计（DR/2500）。

3. 吸附材料

本实验材料有阴离子交换树脂、氧化铝、硅藻土助滤剂、钠基改性膨润土、煤渣、沸石、核桃壳、热力贴等。

四、实验方案

1. 吸附时间对磷的吸附影响

准确称取 0.1g 阴离子树脂、氧化铝、硅藻土助滤剂、钠基改性膨润土、煤渣、沸石、核桃壳、热力贴于 250mL 具塞锥形瓶中，加入 100mL 质量浓度为 0.9mg/L 的磷溶液，在（25±1)℃下，恒温磁力搅拌，转速为 180r/min。取样时间设定为 5min、15min、30min、45min、1h，用 0.45μm 针管滤头过滤悬浮液，采用钼锑抗分光光度法测定滤液中的磷含量，最后与初始的磷质量浓度对比，计算去除率。

本实验来源于江苏索普尾水吸附除磷工程的实验部分。由于需要处理的水量较大，且要求快速吸附除磷，故吸附取样时间选取较短，控制在 60min 内。

2. 吸附材料投加量对磷的吸附影响

八种吸附剂各取五个不同投加量于250mL具塞锥形瓶中，加入100mL质量浓度为0.9mg/L的磷溶液，在（25±1)℃下，恒温磁力搅拌30min，用0.45μm针管滤头过滤悬浮液，采用钼锑抗分光光度法测定滤液中的磷含量，最后与初始的磷质量浓度对比，计算去除率。投加量分别为0.05g、0.1g、0.2g、0.5g、1.0g（氧化铝除外，氧化铝投加量为0.01g、0.02g、0.03g、0.05g、0.10g）。

具体由开放实验小组成员与指导老师商议后确定。

五、成果形式

整理、分析实验数据，形成实验报告。

实验九　限域金属基催化剂对四环素高效降解的实验研究

一、实验目的

针对传统金属氧化物在高级氧化实际应用中不可避免地产生金属离子浸出以及转化效率的问题，采用二维材料限域的方法能够有效地限制颗粒的大小到纳米尺度，并抑制纳米颗粒的聚集。将 $CoFe_2O_4$ 纳米颗粒在水溶液中限制在 MoS_2 片中，通过水热法制备层状限域的异质结构催化剂 $CoFe_2O_4$@MoS_2。同时研究复合材料活化 PMS 用于降解四环素的催化性能，并基于材料的表征及实验的结果，分析其降解的可能机理。

二、实验内容简介

拟采用八种常见吸附剂对含磷量较低的二级生物处理后的出水吸附除磷，应用于工程实践中，需要选取对磷吸附速率快、吸附量大且投加量小的吸附剂。主要测试分析吸附剂投加量、水力停留时间、吸附除磷效果、吸附平衡、吸附容量等内容。

三、材料与方法

1. 材料制备与方法

通过使用一锅水热合成策略制备了 $CoFe_2O_4$@MoS_2（如图 11-9-1）。通常，在强磁搅下，将硫代乙酰胺（X＝90mg、270mg 和 450mg）和钼酸钠（Y＝45mg、135mg 和 225mg）作为制备二硫化钼的前体加入到 50mL 的水溶液中。30min 后，将 200mg 商用 $CoFe_2O_4$，分散在上述均匀的溶液中，并将上述混合物倒入特氟隆不锈钢高压釜（50mL 容量）。将高压釜加热并保持在 200℃ 18h，然后让其在室温下冷却。用去离子水和乙醇清洗 3 次，并在 60℃下干燥 6h。合成了一系列具有不同原子比（Mo/Fe＝0.1、0.3 和 0.5）的 $CoFe_2O_4$@MoS_2 样品。在没有 $CoFe_2O_4$ 和 MoS_2 的情况下，用水热法制备样品进行对比实验。

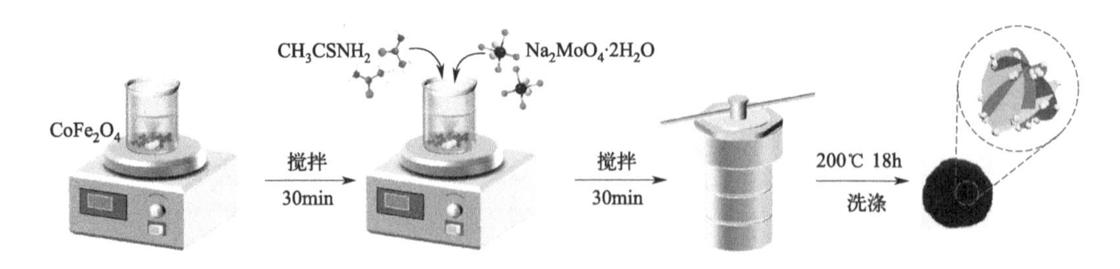

图 11-9-1　$CoFe_2O_4$@MoS_2 材料制备流程

2. 实验仪器与试剂

仪器：电子分析天平（AL204 型）、磁力加热搅拌器（78-1 型）、紫外分光光度计

(UV-1801)、温度计等。

试剂：钼酸钠、硫代乙酰胺、纳米铁酸钴、四环素、氢氧化钠、盐酸、乙醇。

四、实验方案

在装有50mL四环素溶液（10mg/L）的100mL玻璃烧杯中进行了一系列批量实验。反应溶液在室温（25℃）下用磁力搅拌器搅拌。为了启动反应，通过批量实验评估了一系列 $CoFe_2O_4@MoS_2$ 粉末作为催化剂的PMS活化性能，其中一些其他有机污染物包括抗生素、酚类和染料被选为目标有机污染物。在特定的时间间隔内，以一定的时间间隔提取3mL的样品，通过0.22μm的过滤器过滤，然后用紫外可见分光光度计(UV-1801)测量在波长为357nm处的吸光度，即可求得溶液中剩余四环素的浓度，并通过式(11-9-1)计算得到四环素的降解率。

$$\ln\left(\frac{C_0}{C_t}\right)=kt \tag{11-9-1}$$

式中　C_0——苯酚的初始浓度，mg/L；

C_t——取样测定时的苯酚浓度，mg/L；

k——一级反应速率常数，min^{-1}；

t——反应时间，min。

具体方案由开放实验小组成员与指导老师商议后确定。

五、成果形式

整理、分析实验数据，形成实验报告。

实验十　碱处理协同膨润土强化餐厨垃圾产甲烷特性的实验研究

一、实验目的

针对餐厨垃圾高固厌氧消化稳定性差、甲烷产率低等缺陷，研究强化高固厌氧消化技术和微生物机制。通过对餐厨垃圾进行碱预处理以及投加低成本的膨润土，可有效强化高固厌氧消化产气性能以及提高系统稳定性。通过分析微生物群落的变化，揭示碱预处理协同膨润土促进餐厨垃圾厌氧消化的产甲烷途径。

实验研究碱预处理协同膨润土对不同含固率餐厨垃圾厌氧消化产气性能的影响，并进一步分析微生物群落变化，揭示碱预处理协同膨润土对餐厨垃圾厌氧消化产甲烷途径的影响。

二、实验内容简介

对餐厨垃圾进行了碱预处理和添加膨润土处理（Alkali Pretreatment and Bentonite Addition Treatment，AP/Be)，并在不同的含固率（Total Solid，TS）（10%、13%、19%、22%、25%）下研究了微生物群落。

三、材料与装置

1. 实验材料

实验所用餐厨垃圾取自某高校食堂，主要包括米饭、米粉、面条、蔬菜、肉类、豆制品等。餐厨垃圾取回后去除骨头、枣核等杂质，使用粉碎机充分打碎，然后立即储存在－20℃的冰箱中保存备用，实验开始前一天置于4℃解冻。实验采用的接种物取自山东省济宁市某厌氧反应池，去除其中的石头、砂子、树枝、树叶和兔毛等杂质后密封保存备用。

2. 实验装置

如图11-10-1所示，实验采用500mL玻璃瓶，瓶口用橡皮塞密封，橡皮塞上钻有一个小孔连接乳胶管，外连装有3mol/L NaOH的洗气瓶，用于吸收沼气中的CO_2，本实验产生的沼气中H_2、H_2S等气体含量很少，因此本实验默认沼气中除CO_2之外的气体都是CH_4。洗气瓶上有两个接口，分别连接反应瓶和气袋。反应瓶放入恒温气浴摇床中持续振荡。

四、实验方案

厌氧消化实验在中温条件［(35±1)℃］下进行，采用容量为500mL，工作体积为

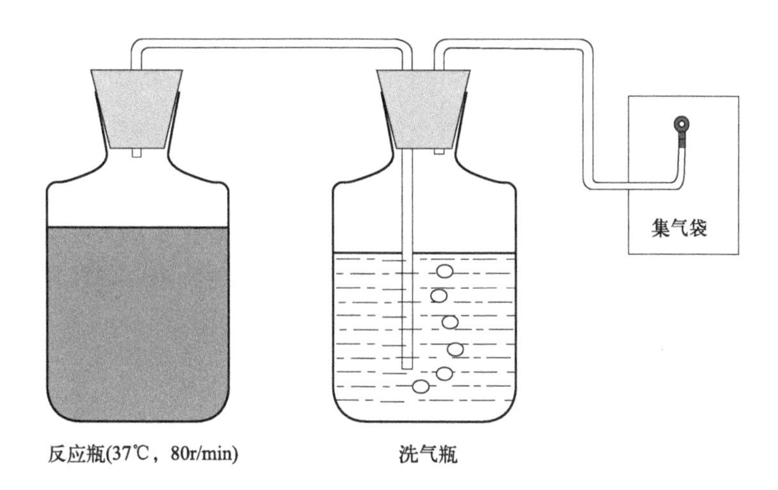

图 11-10-1　厌氧消化反应装置

400mL 的玻璃瓶作为反应器。将碱预处理过的餐厨垃圾（混合物，含液体部分）和接种物加入反应器中，设置 VS 比值（$VS_{底物}/VS_{接种物}$）为 1∶2。随后，分别用去离子水稀释混合物 TS 至 10%、13%、19%、22%、25%，对应 $ABe_{10\%}$、$ABe_{13\%}$、$ABe_{19\%}$、$ABe_{22\%}$ 和 $ABe_{25\%}$。随后投加 0.6g/gVS（KW[1]）的膨润土至 5 个处理组反应器中。设置不做任何预处理、不添加膨润土、TS 为 10% 反应器为对照组，即为 $C_{10\%}$。每个处理组和对照组均设置两个平行组。实验开始之前通入 3～5min N_2，以确保后续厌氧消化的厌氧条件。所有反应器放置在 35℃的气浴摇床中，转速为 80r/min。

具体由开放实验小组成员与指导老师商议后确定。

五、成果形式

整理分析实验数据，形成实验报告。

[1] KW 为餐厨垃圾的编写。

实验十一　人工湿地-塘组合系统处理污水的实验研究

一、实验目的

通过中试实验，了解人工湿地的组成、分类及工作原理；了解人工湿地塘组合系统的特点及优点，通过考察研究不同水力负荷条件下对污水中污染物的处理效果，分析组合系统的抗污染负荷能力，为工程应用提供相关参考。

二、实验内容简介

人工湿地在治理污染水体中以独特的优势得到广泛关注，而多级人工湿地-塘组合系统在充分发挥人工湿地和塘的优点的同时，弥补了人工湿地和塘本身的不足，在各种污水治理中具有广阔的应用前景。组合系统对污染物具有良好的去除效果，有较强的抗负荷能力，可以适应一定的水力负荷和污染负荷变化，出水水质稳定。故实验拟以多级人工湿地为主体，辅以稳定塘，开展人工湿地-塘系统处理污水的实验研究。

人工湿地-塘系统由两个单元组成，分别为水平潜流人工湿地床和沉水植物塘，装置平面图如图 11-11-1 所示，处理的工艺流程为截留生活污水⟶水平潜流人工湿地⟶稳定塘⟶出水排放。

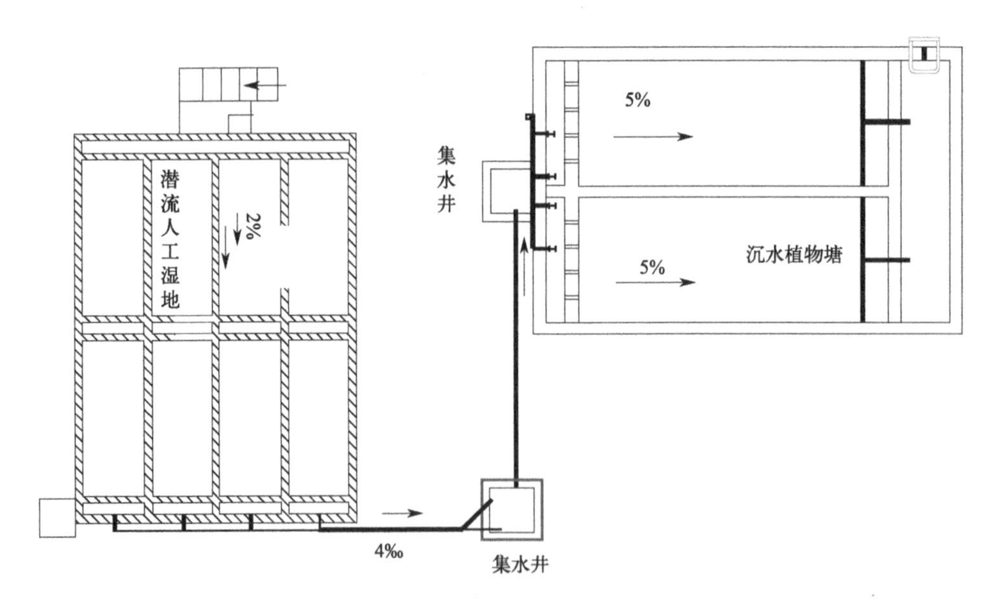

图 11-11-1　人工湿地-塘组合系统平面示意

实验拟分为两部分：水力实验和塘深实验，考察系统在不同水力负荷条件污染物的处理效果，并分析组合系统的抗污染负荷能力。

三、实验装置与方法

1. 实验装置

人工湿地-塘组合装置是在基地内原有的水平潜流人工湿地扩建沉水植物塘，并由两集水井将湿地和稳定塘串联起来。

其中，人工湿地系统是在原水平潜流人工湿地前设一高位水箱，水箱上设药箱，使系统既可处理由污水泵提升到水箱的污水，也可以处理实验配水。湿地床共分为 4 组，由左至右分别为香根草、芦竹、荻和芦苇组，砖混结构。每组有两段处理区，坡度为 2%，每段处理区长、宽分别为 2500mm、1000mm，第一段处理区高为 550mm，床体下部填充 450mm 厚、粒径为 3～5mm 的砾石，上部填充厚度约为 100mm 的当地土层；第二段处理区高为 500mm，下部填充 400mm 厚、粒径为 3～5mm 的砾石，上部填充厚度约为 100mm 的当地土层。四组池子并联，为保证进入各湿地床的水质水量均匀，每组池子前端采用配水槽配水，污水经由三角堰进入湿地床。进入湿地床的污水沿着水平方向流经湿地床，经处理后通过 UPVC 板上的多孔墙均匀出水。湿地出水系统采用旋转弯头来控制湿地床的水位，湿地配水槽和出水槽均设置放空阀，用于湿地系统的冲洗和放空。经人工湿地处理后的污水经排水管道（坡度 0.004）进入集水井后流入沉水植物稳定塘中，人工湿地的构造见图 11-11-2。

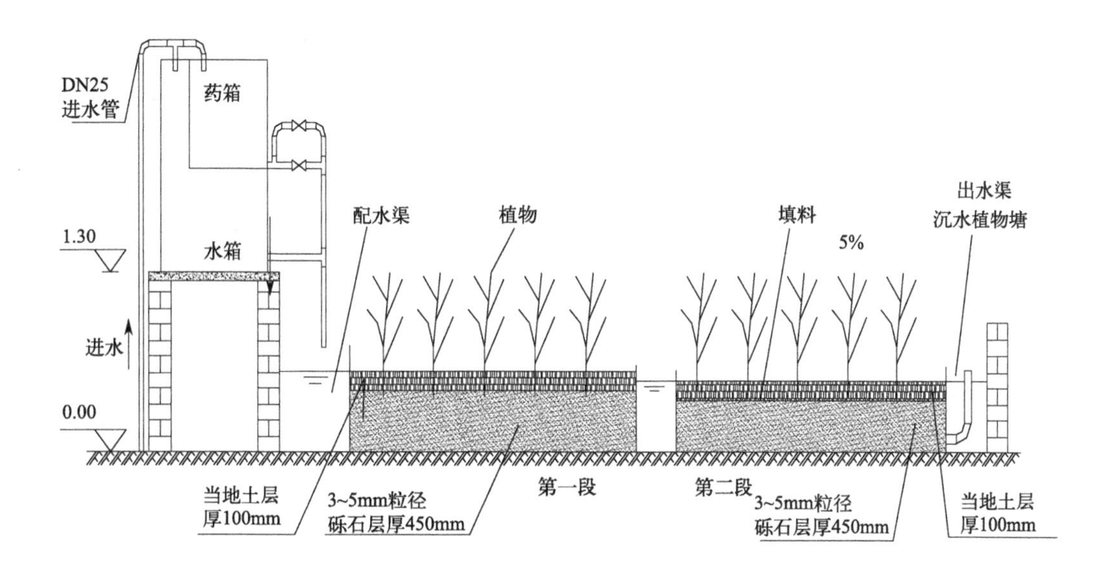

图 11-11-2 水平潜流人工湿地构造示意

稳定塘对人工湿地处理后的污水进行深化处理，共分两组，混凝土结构，分别为大聚藻组和无植物组，两组池子由一道宽 200mm 的混凝土墙隔开。每组池子长 5000mm、宽 2000mm，池底铺 200mm 厚、粒径 10～20mm 的砾石，并在砾石表层铺设 100mm 厚当地土壤，坡度 5%。两组池子并联，为保证由集水井进入稳定塘的污水均匀，在稳定塘前设置配水槽，污水经由坡度为 1%的流水堰均匀进入稳定塘中。在稳定塘尾砾石底部设置穿孔管，污水经处理后由穿孔管均匀排出。稳定塘出水系统采用旋转弯头来控制稳定塘的水位，也使得水深实验能顺利地进行。经处理后的污水重新排入学校排水管网。该稳定塘的构造见图 11-11-3。

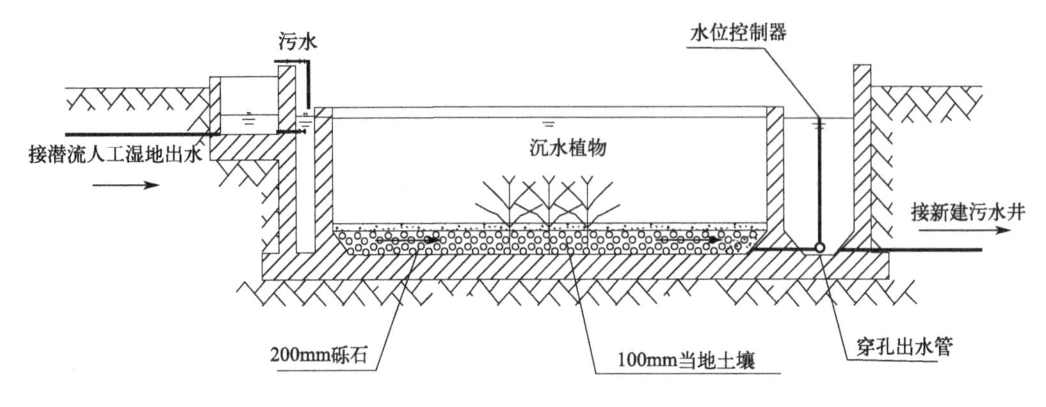

图 11-11-3　塘结构示意

2. 实验分析方法

测定方法参照《水和废水监测分析方法》（第四版）进行测定，总氮（TN）采用碱性过硫酸钾氧化紫外分光光度法；氨氮（NH_4^+-N）采用纳氏分光光度法；亚硝态氮（NO_2^--N）采用 *N*-（1-萘基）-乙二胺光度法；硝态氮（NO_3^--N）采用紫外分光光度法；总磷（TP）、可溶解性总磷采用过硫酸钾消解法，可溶性正磷酸盐采用钼锑抗分光光度法；COD 采用重铬酸钾法测定；DO 采用 JPB-607 型便携式溶氧测定仪。

四、实验方案

实验原水取自校园内生活污水，由潜水泵抽取到配水箱，进入人工湿地-塘组合系统进行处理。根据实验工况选取不同的水力负荷及污染负荷，运行稳定之后，进行取样测定。对水样的化学需氧量（COD_{Cr}）、总磷（TP）、总氮（TN）和硝态氮（NO_3^--N）、亚硝态氮（NO_2^--N）、氨氮（NH_4^+-N）等进行检测，取其平均值，分析研究人工湿地-塘组合系统对污染物各指标的去除性能。

具体由开放实验小组成员与指导老师商议后确定。

五、实验结果与讨论

实验数据记录于表 11-11-1 中。

实验日期________年________月________日

表 11-11-1　不同水力负荷（*q*）下进出水水质

水力负荷/(mm/d)	实验次数	COD_{Cr}/(mg/L)		TP/(mg/L)		TN/(mg/L)		NH_4^+-N/(mg/L)		自定实验检测项目	
		进水	出水	进水	出水	进水	出水	进水	出水	进水	出水
q_1=	1										

续表

水力负荷/(mm/d)	实验次数	COD_{Cr}/(mg/L)		TP/(mg/L)		TN/(mg/L)		NH_4^+-N/(mg/L)		自定实验检测项目	
		进水	出水	进水	出水	进水	出水	进水	出水	进水	出水
$q_1=$	2										
	3										
	4										
	5										
	6										
$q_2=$	1										
	2										
	3										
	4										
	5										
	6										
$q_3=$	1										
	2										
	3										
	4										
	5										
	6										

六、成果形式

整理分析实验数据，形成报告。

实验十二　好氧颗粒污泥的培养及其脱氮除碳性能的研究

一、实验目的

实验采用序批式活性污泥反应器（sequencing batch reactor activated sludge process，SBR）对好氧颗粒污泥进行培养，考察培养过程中污泥物理性质的变化及其脱氮除碳效果，为其今后在工程中的应用提供相关参考。

二、实验内容简介

我国现有污水厂大多数采用活性污泥法处理污水。但是活性污泥法有污泥易膨胀、沉降性能较差、剩余污泥量大等问题，制约了技术的应用。

好氧颗粒污泥是废水系统中微生物在好氧条件下，微生物自生自凝聚形成的一种颗粒状、结构紧密、沉降性能好、污染物处理效果明显的特殊的活性污泥，相较传统活性污泥，好氧颗粒污泥不会出现污泥膨胀、出水水质变差等问题。因此，研究好氧颗粒污泥的培养及其脱氮除碳能力具有重要的实际意义。

本实验以膜生物反应器中絮状兼性好氧活性污泥为种泥，利用人工配置的模拟废水，在SBR反应器中培养好氧颗粒污泥，并记录培养过程中污泥物理性质的变化及其对NH_4^--N与COD的去除效果。

三、实验装置与方法

1. 原水水质

原水为华东交通大学孔目湖湖水。实验期间原水水质需自行测定。

2. 实验装置

本实验采用的SBR反应器如图11-12-1所示，该反应器由有机玻璃制成，总高100cm，内径7cm，有效体积2L。反应器由空气泵供气，通过转子流量计可将曝气量控制在0.1～0.4 m^3/h。排水口设在距反应器底部40cm处，通过电磁阀控制排水，排水量为1L。人工模拟废水存储于配水箱中，由进水泵泵入反应器中。

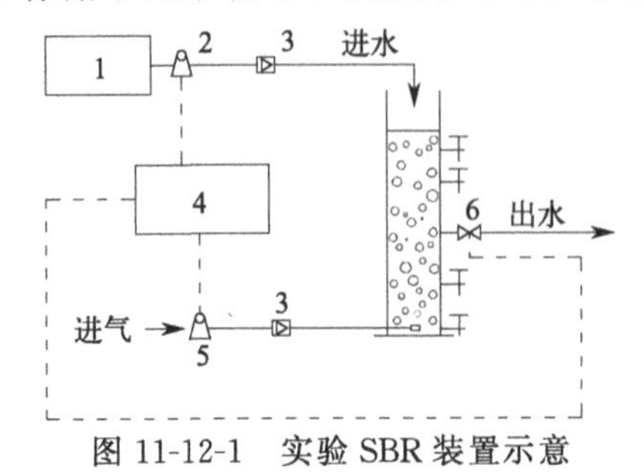

图11-12-1　实验SBR装置示意

1—配水箱；2—进水泵；3—流量计；4—时间控制器；5—气泵；6—电磁阀

3. 分析方法

COD采用快速密封催化消解法测定，NH_4^+-N采用纳氏试剂分光光度法测定，NO_2^--N采用*N*-（1-萘基）-乙二胺光度法测定，NO_3^--N采用紫外分光光度法测定。pH值采用PHS-3C雷磁pH计测定，TP采用钼酸铵分光光度法测定，颗粒污泥形成过程中污泥形态通过光学显微镜观察。

四、实验方案

实验所使用由SBR反应器长时间培养获得的成熟好氧颗粒污泥，具备良好的沉降性与生物活性。反应器运行周期为5h，由进水、曝气、沉降、出水等操作循环构成，其中进水为人工配置的模拟废水，曝气量为0.1～0.3m^3/h。实验用模拟废水的组成可参见表11-12-1。

表11-12-1　模拟废水的组成

主要污染物	*C*/(mg/L)	微量污染物	*C*/(g/L)
COD(NaAc)	500～1000	EDTA-二钠	20
TN(NH_4Cl)	50	$(NH_4)_6Mo_7O_{24}\cdot 4H_2O$	0.12
TP(KH_2PO_4)	10	KI	0.05
Ca^{2+}($CaCl_2$)	40	$CuSO_4\cdot 5H_2O$	0.03
Mg^{2+}($MgSO_4\cdot 7H_2O$)	40	$FeSO_4\cdot 7H_2O$	1.5
$NaHCO_3$	240	$ZnSO_4\cdot 7H_2O$	0.05
		$Ni(NO_3)\cdot 6H_2O$	0.03

注：接种污泥取自校内中水试验基地MBR反应器内的兼性好氧污泥，接种体积为1L，约占反应器容积的1/2。

具体由开放实验小组成员与指导老师商议后确定。

五、实验结果与讨论

实验数据记录于表11-12-2中。

实验日期________年________月________日

接种污泥的污泥浓度MLSS________mg/L；污泥体积指数SVI________mL/g；

水温________℃；pH值________；

表11-12-2　原始数据记录

污泥培养阶段	实验次数	COD_{Cr}/(mg/L)		TN/(mg/L)		NH_4^+-N/(mg/L)		自定实验检测项目	
		进水	出水	进水	出水	进水	出水	进水	出水
第一阶段（1～30d）	1								
	2								
	3								
	4								
	5								
	6								

续表

污泥培养阶段	实验次数	COD_{Cr}/(mg/L)		TN/(mg/L)		NH_4^+-N/(mg/L)		自定实验检测项目	
		进水	出水	进水	出水	进水	出水	进水	出水
第二阶段(31～60d)	1								
	2								
	3								
	4								
	5								
	6								
第三阶段(61～90d)	1								
	2								
	3								
	4								
	5								
	6								

注：检测项目可增设生物镜检。

六、成果形式

整理分析实验数据，形成实验报告。

实验十三　预氧化-粉末活性炭强化微涡流絮凝工艺处理含藻水的实验研究

一、实验目的

针对目前水厂传统的通过增加混凝剂投量来控制出水水质方式，不但增加水厂运行成本，而且存在出水混凝剂残余量过高的风险的情况，本实验尝试提出可考虑通过增加预处理手段强化絮凝工艺，即利用通过预氧化与活性炭吸附强化微涡流絮凝工艺，在产水率、处理效果方面均优于传统絮凝工艺，可将微涡流絮凝工艺运用到对含藻水的处理中。

本实验旨在将预氧化和活性炭吸附技术与微涡流絮凝工艺相结合，探究不同工况下联用工艺中氧化剂及活性炭投量的关系，为给水厂应对饮用水水源突发藻类污染提供一定的参考。

二、实验内容简介

预氧化法是向水中投加氯、高锰酸钾、过氧化氢、臭氧等氧化性较强的试剂，通过氧化或吸附等作用对水中污染物进行初步去除，减轻后续处理的工艺负荷，提高对水中污染物质的去除效果，改善出水水质。微涡流絮凝工艺是华东交通大学研制出且拥有自主知识产权的饮用水净化新工艺，其技术核心是ABS塑料制成的空心球体涡流反应器，在工程上已有实际应用，具有非线性、时变性和大时滞等特点。涡流反应器能增加水中微小涡旋的比例，产生类似异向絮凝中布朗运动的颗粒碰撞方式，促进胶体颗粒脱稳凝聚，提升絮凝效果，使其处理各类污染水体成为可能。选取预氧化来改善传统混凝工艺的不足，强化工艺处理效果是当前传统工艺优化的方向之一。

活性炭是一种经过特殊处理的碳素材料，有机原料被隔绝空气加热后与气体反应最终生成表面多微孔并具有巨大比表面积的结构。活性炭根据其炭化温度和灰分组成的不同，其种类及吸附特性也会有所不同。活性炭吸附技术是当今世界公认的净化吸附水中污染物的有效方法之一。它主要利用其超大比表面的表面微孔对水中的污染物进行强力的吸附净化，从而达到消除污染物的目的。虽然不同种类的活性炭对藻细胞的吸附能力不同，但是均可有效快速地去除水中的藻细胞。

实验可选用高锰酸钾、次氯酸钠和过氧化氢等氧化剂作为预氧化剂，与粉末活性炭相结合，分别研究预氧化剂的种类、投加量、氧化时间以及活性炭的投加位置、投加量对出水效能的影响，考察浊度、叶绿素a、UV_{254}、COD_{Mn}等水质指标的去除效果，以确定工况最优参数。

三、实验装置与方法

（一）原水水质

原水为华东交通大学孔目湖湖水。实验期间原水水质需自行测定。

（二）实验装置

实验装置主要由取水装置、澄清池、涡流反应器、配药箱、投药计量泵和集水箱等组成。原水由潜水泵抽吸至涡流澄清池，加药泵在设定的加药点位将粉末活性炭、预氧化剂、混凝剂泵入输水管道，充分混合后一起流至涡流澄清池完成混凝沉淀反应。实验工艺流程如图 11-13-1 所示。

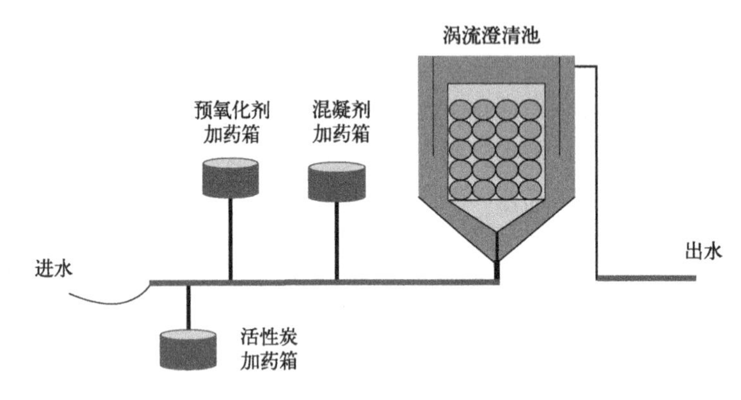

图 11-13-1　实验工艺流程

（三）分析方法

1. 主要仪器设备

实验所用的主要仪器设备如表 11-13-1 所示。

表 11-13-1　主要实验设备

仪器名称	仪器用途
TA6-1 程控混凝实验搅拌仪	混凝实验
HACH 型便携式浊度仪	测定浊度
90Plus PALS Zeta 电位仪	测定 ζ 电位
KZ-2 型颗粒计数器	测定水样颗粒数
HH-8 数显恒温水浴锅	COD_{Mn} 消解
蒸汽灭菌锅	总磷消解
UV1801 型分光光度计	测定叶绿素 a 浓度、UV_{254}、总磷
DHG-9070A 电热鼓风干燥箱	干燥药品
超声波清洗仪	振荡溶解药品

注：实验中所使用的玻璃仪器较多，不在此列出。

2. 分析项目及检测方法

本实验主要检测指标为：浊度、叶绿素 a 浓度、UV_{254}、COD_{Mn}、总磷、ζ 电位、颗粒数。

（1）浊度的测定

浊度表示光通过溶液时受到阻碍的程度，包括悬浮物对光的散射和溶质分子对光的吸收，反映水体中悬浮物浓度的高低。本实验使用 HACH 型便携式浊度仪进行测定，样品瓶加入充足均匀水样，用擦镜纸擦拭瓶身后放入仪器测定 3 次，记录浊度均值。

（2）叶绿素 a 浓度的测定

藻类依靠光合作用生长，而叶绿素 a 是所有藻类的主要光合色素。它是衡量藻类生长状况的重要生物学指标，由于藻类计数方法测量误差较大，因此采用测定叶绿素 a 含量代替藻密度来反映水体藻类生物量的多少。实验中叶绿素 a 测定方法如下。

① 将 0.45μm 乙酸纤维滤膜固定于抽滤器中央，在刻度漏斗内加入定量体积水量进行抽滤。

② 抽滤完成后，将滤纸取出低温干燥 6～8h 后剪碎放入组织研磨器，加入少量碳酸镁粉末和 2～3mL 90％的丙酮溶液，充分研磨后倒入离心管在 3000r/min 转速下离心 10min，将上清液倒入容量瓶中。

③ 继续向组织研磨器内加入 2～3mL 90％的丙酮溶液研磨提取，按照步骤②重复 1～2 次，用 90％的丙酮溶液定容至 10mL。

④ 取适量上清液于 1cm 光程的比色皿中，以 90％的丙酮作为参比，用分光光度计分别读取 750nm、663nm、645nm、630nm 波长的吸光值。

叶绿素 a 浓度（mg/m^3）的计算公式如式（11-13-1）所示：

$$\text{Chl-a}=\frac{[11.64\times(D_{663}-D_{750})-2.16\times(D_{645}-D_{750})+0.10\times(D_{630}-D_{750})]V_1}{V\delta} \tag{11-13-1}$$

式中　Chl-a——叶绿素 a 的浓度，mg/m^3；

V_1——提取液定容后的体积，mL；

V——水样体积，L；

δ——比色皿光程，cm；

D——吸光值。

（3）UV_{254} 的测定

水中一般的饱和有机物在 254nm 波长处无吸收，而含有共轭双键或苯环的有机物在 254nm 波长处有明显的吸收峰，这些有机物构成了天然水体中的主体有机物。因此，UV_{254} 值能够反映水中天然存在的腐殖质类大分子有机物以及含 C═C 双键和 C═O 双键的芳香族化合物的多少。本实验采用 UV1801 型分光光度计测定 UV_{254} 含量。

计算公式见式(11-13-2)：

$$UV_{254}=\frac{A}{b}\times D \tag{11-13-2}$$

式中　UV_{254}——UV 值，cm^{-1}；

A——实测的吸光度；

b——比色皿光程，cm；

D——稀释因子（最终水样量/初始水样量）。

(4) COD_{Mn} 的测定

COD_{Mn}（高锰酸盐指数）是指一定条件下，采用高锰酸钾氧化处理水样时由高锰酸钾消耗量计算得到的氧消耗量。能反映水中的有机物和亚硝酸盐、亚铁盐、硫化物等还原性无机物的含量，是表明地表水体受有机污染和还原性无机污染程度的综合指标。本实验采用酸性高锰酸钾法测定 COD_{Mn}。

(5) 总磷的测定

磷是造成水体富营养化的关键元素之一，水体中含磷量过高会引起藻类大量繁殖，造成水生生物死亡，导致生态失衡。富磷水体中的大量藻类会干扰水厂的混凝过程，直接影响水厂的净水效果。本实验采用钼锑抗分光光度法测定总磷含量。

(6) ζ 电位的测定

ζ 电位是连续相与附着在分散粒子上的流体稳定层之间的电势差，反映胶体分散系的稳定性，其绝对值越低，颗粒越易于聚集沉降。本实验采用 Zeta 电位仪进行测定。

(7) 颗粒数测定

出水颗粒数能反映水处理中各构筑物的运行情况，通过对待滤水颗粒物粒径和含量的分析，调整混凝剂和助凝剂的投加量、排泥周期，优化有关工艺参数。本实验采用 KZ-2 型颗粒计数器进行测定。

四、实验方案

实验原水取自校园内生活污水，由潜水泵抽取到配水箱，进入微涡流絮凝池进行处理。以出水浊度、叶绿素 a 浓度、TP、UV_{254} 等污染物作为去除指标，开展预氧化-粉末活性炭强化混凝工艺的静态实验和中试实验研究，考察不同条件下各工艺对原水的净化效果，每组工况均设置三次重复性实验以减小误差。实验具体方法如下。

1. 静态混凝实验

(1) 混凝实验

各取 1L 原水于六联混凝搅拌仪的烧杯中，分别加入 5mg/L、10mg/L、15mg/L、20mg/L、25mg/L、30mg/L 聚合氯化铝，按设定程序运行，结束后取液面下 2～3cm 处水样检测。

(2) 预氧化剂投加量强化混凝实验

各取 1L 原水于六联混凝搅拌仪的烧杯中，按照设定的高锰酸钾、次氯酸钠、过氧化氢浓度梯度改变预氧化剂投加量。搅拌预氧化一定时间后加入混凝剂，之后按照设定程序运行，结束后取液面下 2～3cm 处水样检测。

(3) 预氧化时间强化混凝实验

各取 1L 原水于六联混凝搅拌仪的烧杯中，通过程序设置改变氧化时间，预氧化结束后加入混凝剂，之后按照设定程序运行，结束后取液面下 2～3cm 处水样检测。

(4) 预氧化-粉末活性炭强化混凝实验

各取 1L 原水于六联混凝搅拌仪的烧杯中，设定粉末活性炭为 10mg/L，按照活性炭投加于预氧化阶段之前、预氧化阶段之中和预氧化阶段之后分组实验，每组的活性炭吸附时间由相应阶段反应时间确定；在确定的活性炭投加点位下，按照不同活性炭含量改变投加量，按设定程序运行，结束后取液面下 2～3cm 处水样检测。

2. 工艺中试实验

以流量（X_1 表示）、混凝剂投加量（X_2 表示）、预氧化剂投加量（X_3 表示）为响应因子，以浊度（Y_1 表示）、叶绿素 a 浓度（Y_2 表示）及 COD_{Mn} 去除率（Y_3 表示）为响应值设计响应面实验，其分析因素与水平值见表 11-13-2。

表 11-13-2 响应面中试实验响应面分析因素与水平值

水平	流量/(m^3/h)	混凝剂投加量/(mg/L)	预氧化剂投加量/(mg/L)
−1	4	20	0.4
0	6	25	0.6
1	8	30	0.8

具体由开放实验小组成员与指导老师商议后确定。

五、实验结果与讨论

记录实验日期________年________月________日。

1. 静态混凝实验

对比是否投加预氧化剂-活性炭的实验数据，记录于表 11-13-3 和表 11-13-4 中。
混合时间________min；混合搅拌速度________r/min；反应时间________min；
反应搅拌速度________r/min；沉淀时间________min。
混凝剂种类________溶液浓度________%，
原水浊度________NTU；原水 pH 值________；原水水温________℃。

表 11-13-3 未投预氧化剂-活性炭的实验数据

水样编号		1	2	3	4	5	6
混凝剂投药量	V/mL						
	C/(mg/L)						
上清液浊度/NTU							
叶绿素 a 浓度/(mg/m^3)							
TP/(mg/L)							
UV_{254}/cm^{-1}							
矾花沉淀情况							
矾花出现时间/min							
矾花大小							

表 11-13-4 投加预氧化剂-活性炭后的实验数据

预氧化剂种类：________；溶液浓度：________%；

水样编号		1	2	3	4	5	6
混凝剂投药量	V/mL						
	C/(mg/L)						
上清液浊度/NTU							
叶绿素 a 浓度/(mg/m^3)							
TP/(mg/L)							
UV_{254}/cm^{-1}							
矾花沉淀情况							
矾花出现时间/min							
矾花大小							

2. 预氧化剂投加量强化混凝实验

以流量（X_1）、混凝剂投加量（X_2）、预氧化剂投加量（X_3）为响应因子，以浊度（Y_1）、叶绿素 a（Y_2）及 COD_{Mn} 去除率（Y_3）为响应值的响应面实验数据表见 11-13-5。

表 11-13-5 响应面实验设计及结果数据表

工况序号	X_1:流量/(m^3/h)	X_2:混凝剂投加量/(mg/L)	X_3:预氧化剂投加量/(mg/L)	Y_1:浊度去除率/%	Y_2:叶绿素 a 去除率/%	Y_3:COD_{Mn}去除率/%
1	6	25	0.6			
2	8	20	0.6			
3	8	30	0.6			
4	6	25	0.6			
5	8	25	0.4			
6	6	25	0.6			
7	6	25	0.6			
8	6	30	0.4			
9	4	30	0.6			
10	6	20	0.8			
11	4	25	0.4			
12	4	20	0.6			
13	8	25	0.8			
14	4	25	0.8			
15	6	20	0.4			

续表

工况序号	X_1:流量/(m^3/h)	X_2:混凝剂投加量/(mg/L)	X_3:预氧化剂投加量/(mg/L)	Y_1:浊度去除率/%	Y_2:叶绿素 a 去除率/%	Y_3:COD_{Mn}去除率/%
16	6	30	0.8			
17	6	25	0.8			

注：响应因子及响应值根据实际方案调整。

六、成果形式

整理分析实验数据，形成实验报告。

实验十四　羟基磷灰石炭化稻谷壳吸附 Cu（Ⅱ）离子性能实验研究

一、实验目的

为了提高稻谷壳生物炭对重金属离子的吸附性能，在制备的稻谷壳炭上负载纳米羟基磷灰石进行复合改性，开发出羟基磷灰石炭化稻谷壳（HAP@BC），通过对 Cu（Ⅱ）离子的吸附实验，分析改性材料的吸附性能，确定其最佳使用条件。基于吸附动力学、吸附等温模型及吸附热力学，分析吸附过程的作用机理。

二、实验内容简介

本实验通过改性引入活性官能团或增加其活性点位制备出新型稻谷壳吸附材料，改性过程中先将稻谷壳原材料炭化制备炭化稻谷壳，然后在其表面负载羟基磷灰石制备改性稻谷壳。构建重金属离子吸附实验，对改性稻谷壳的吸附性能进行分析与评价，探索吸附过程中作用机理和适宜的应用条件范围；进一步通过吸附动力学、吸附等温模型以及热力学对吸附过程作用机理进行详细分析，为材料的应用提供可参照的理论依据。根据研究目的，主要研究内容如下。

对稻谷壳材料进行炭化改性，利用 FT-IR、XRD、SEM、BET 比表面积等方法对制备的改性稻谷壳样品的化学成分、比表面积、微观形貌特征等进行表征分析，考察改性条件对产品物理化学结构变化的影响，为其吸附重金属离子性能研究提供支撑。

构建重金属离子吸附实验，考察改性稻谷壳的制备条件、吸附时间、pH 值、温度、炭化稻谷壳用量、重金属离子浓度等因素对材料吸附重金属离子效果的影响，探索吸附过程中最适宜的应用条件范围。

三、实验材料与试剂

稻壳：本研究所用稻壳取于江西省南昌市某稻米加工厂，将稻谷壳清洗，烘干，并粉碎过 100 目筛备用。

实验所使用的试剂：$(NH_4)_2HPO_4$、$CaCl_2$、盐酸羟胺、柠檬酸钠、乙酸、乙酸钠、$CHCl_3$、六水合硝酸铜、2,9-二甲基-1,10-菲啰啉、NaOH、盐酸、甲醇，均为分析纯。

四、实验方案

1. 改性生物炭的制备

取一定质量稻谷壳粉于马弗炉中（N_2 氛围），以 5℃/min 升温速率升温至 500℃并热解 2.0h，制得稻谷壳炭（BC）；取一定质量的 BC 置于一定体积的 0.4mol/L 的 $CaCl_2$ 溶液中，然后采用 $NH_3 \cdot H_2O$ 调节溶液 pH 值至 10；取同体积 0.24mol/L 的 $(NH_4)_2HPO_4$ 溶液（钙磷摩尔比为 1.67），在快速搅拌条件下将其逐滴加入混合液中，

同时滴加 $NH_3 \cdot H_2O$ 维持 pH 值在 10；混合溶液在 40℃条件下继续搅拌反应 1h 并在室温下老化 40h；将混合物沉淀离心分离后采用去离子水洗涤 3 次，然后在 60℃烘干，最后研磨并过 80 目筛制得羟基磷灰石炭化稻谷壳（HAP@BC）。

2. 吸附实验

采用 Cu $(NO_3)_2$ 配置浓度为 200mg/L 的 Cu（Ⅱ）离子储备液，使用时取一定体积用去离子水稀释至所需浓度后置于 250mL 锥形瓶中，采用 0.10mol/L 的 HCl 和 NaOH 调节溶液 pH 值到设定值，加入一定质量制备的 HAP@BC，并置于恒温振荡器中（160r/min）在一定温度下振荡反应，吸附过程定期取样，并采用 0.45μm 微孔滤膜过滤，滤液中 Cu（Ⅱ）离子的浓度采用 2,9-二甲基-1,10-菲啰啉分光光度法测定。

Cu（Ⅱ）的去除率 r 和吸附量 q_t 分别按式(11-14-1）和式(11-14-2）进行计算：

$$r=\frac{C_0-C_e}{C_0}\times 100\% \tag{11-14-1}$$

$$q_t=\frac{(C_0-C_t)V}{m} \tag{11-14-2}$$

式中　r——Cu（Ⅱ）离子的去除率，%；

q_t——吸附过程中 t 时刻的 Cu（Ⅱ）离子吸附量，mg/g；

C_t——吸附过程中 t 时刻溶液中 Cu（Ⅱ）的离子浓度，mg/L；

C_0，C_e——溶液中 Cu（Ⅱ）离子的初始浓度和平衡浓度，mg/L；

V——吸附溶液体积，L；

m——吸附剂质量，g。

具体由开放实验小组成员与指导老师商议后确定。

五、实验结果与讨论

实验数据记录于表 11-14-1 中。

实验日期________年________月________日。

水温________℃；pH 值________。

表 11-14-1　原始数据记录

项目	1	2	3	4	5
水样初始浓度/(mg/L)					
投入吸附剂/(mg/L)					
滤出液浓度/(mg/L)					
$\frac{X}{M}\left(\frac{C_0-C_1}{1000M}V\right)$					
$\lg C$					
$\lg\frac{X}{M}$					

六、成果形式

整理分析实验数据，形成实验报告。

参考文献

[1] 教育部高等学校给排水科学与工程专业指导分委员会．高等学校给排水科学与工程本科专业指南[M]．北京：中国建筑工业出版社,2023.
[2] 刘振学,王力．实验设计与数据处理:2版[M]．北京:化学工业出版社,2015.
[3] 卢智先,张霜银．材料力学实验[M]．北京:机械工业出版社,2021.
[4] 邹广平．材料力学实验基础:2版[M]．哈尔滨:哈尔滨工程大学出版社,2018.
[5] 孙尔康,高卫,徐维清,等．物理化学实验:3版[M]．南京:南京大学出版社,2022.
[6] 宿辉,白青子．物理化学实验[M]．北京:北京大学出版社,2011.
[7] 天津大学物理化学教研室,冯霞,朱莉娜,朱荣娇．物理化学实验[M]．北京:高等教育出版社,2015.
[8] 夏海涛．物理化学实验:2版[M]．南京:南京大学出版社,2014.
[9] 贺五洲,陈嘉范,李春华．水力学实验[M]．北京:清华大学出版社,2004.
[10] 裴国霞,唐朝春．水力学实验[M]．北京:机械工业出版社,2019.
[11] 俞永辉,赵红晓．流体力学和水力学实验[M]．上海:同济大学出版社,2017.
[12] 冬俊瑞,黄继汤．水力学实验[M]．北京:清华大学出版社,1991.
[13] 钱存柔,黄秀仪．微生物学实验教程:2版[M]．北京:北京大学出版社,2008.
[14] 周德庆,徐德强．微生物学实验教程:3版[M]．北京:高等教育出版社,2013.
[15] 肖琳,杨柳燕,尹大强,等．环境微生物实验技术[M]．北京:中国环境科学出版社,2004.
[16] 李素玉．环境微生物分类与检测技术[M]．北京:化学工业出版社,2005.
[17] 周德庆．微生物学实验教程:3版[M]．北京:高等教育出版社,2013.
[18] 周群英,王士芬．环境工程微生物学:4版[M]．北京:高等教育出版社,2015.
[19] 刘兆昌,李广贺,朱琨．供水水文地质:5版[M]．北京:中国建筑工业出版社,2021.
[20] 张忠学,马耀光,周金龙．工程地质与水文地质[M]．北京:中国水利水电出版社,2009.
[21] 许仕荣．泵与泵站:5版[M]．北京:中国建筑工业出版社,2021.
[22] 刘家春,杨鹏志．水泵运行原理与泵站管理[M]．北京:中国水利水电出版社,2009.
[23] 王国惠．水分析化学:3版[M]．北京:化学工业出版社,2015.
[24] 国家环境保护总局《水和废水监测分析方法》编委会．水和废水监测分析方法:4版:增补版[M]．北京:中国环境科学出版社,2002.
[25] 黄君礼．水分析化学:4版[M]．北京:中国建筑工业出版社,2013.
[26] 夏淑梅．水分析化学[M]．北京:北京大学出版社,2012.
[27] 谢协忠．水分析化学:2版[M]．北京:中国电力出版社,2014.
[28] 王增长,岳秀萍．建筑给水排水工程:8版[M]．北京:中国建筑工业出版社,2021.
[29] 樊建军．建筑给水排水及消防工程:2版[M]．北京:中国建筑工业出版社,2009.
[30] 张可方．水处理实验技术:2版[M]．广州:暨南大学出版社,2009.
[31] 孙丽欣．水处理工程应用实验:3版[M]．哈尔滨:哈尔滨工业大学出版社,2015.
[32] 许保玖,龙腾锐．当代给水与废水处理原理:2版[M]．北京:高等教育出版社,2000.

[33] 严煦世,高乃云. 给水工程:5版[M]. 北京:中国建筑工业出版社,2021.
[34] 张自杰. 排水工程:下册:5版[M]. 北京:中国建筑工业出版社,2015.
[35] 吴俊奇,李燕城,吕亚芹. 水处理实验技术:5版[M]. 北京:中国建筑工业出版社,2021.
[36] 张自杰. 废水处理理论与设计[M]. 北京:中国建筑工业出版社,2003.
[37] 许保玖. 给水处理理论[M]. 北京:中国建筑工业出版社,2000.
[38] 彭党聪. 水污染控制工程实践教程:2版[M]. 北京:化学工业出版社,2011.
[39] 严子春. 水处理实验与技术[M]. 北京:中国环境科学出版社,2008.